工业机器人结构及维护

龚仲华　编著

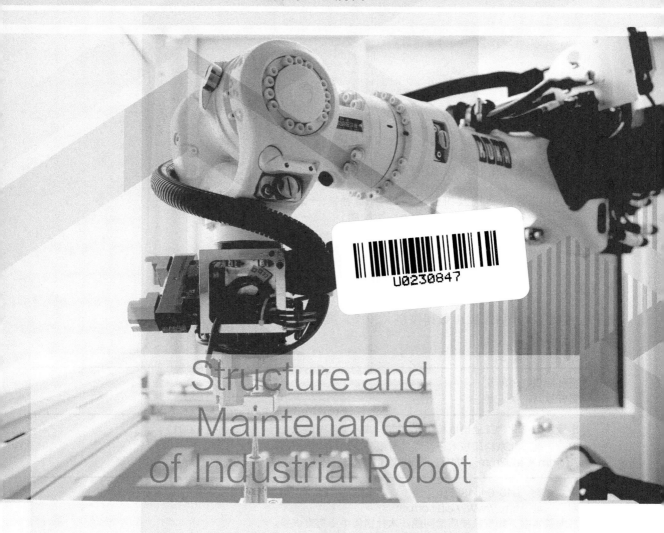

Structure and Maintenance of Industrial Robot

化学工业出版社

·北京·

本书介绍了机器人的产生、发展、分类及产品与应用概况，工业机器人的组成与特点、机构形态、技术性能、坐标系及姿态、操作与编程等基础知识；系统阐述了工业机器人的机械结构与特点；详尽介绍了CBR轴承、同步皮带、滚珠丝杠、滚动导轨等重要基础件，以及谐波减速器、RV减速器等机械核心部件的结构原理、技术参数、安装维护要求；并对垂直串联、水平串联SCARA、并联Delta工业机器人的机械传动系统结构进行了深入、具体的分析和说明。

本书选材典型、技术先进、内容全面、案例丰富，理论联系实际，面向工程应用，是工业机器人机械设计、使用、维修人员和高等学校师生的优秀参考书。

图书在版编目（CIP）数据

工业机器人结构及维护/龚仲华编著．—北京：化学工业出版社，2017.7（2023.7重印）

ISBN 978-7-122-29831-7

Ⅰ.①工… Ⅱ.①龚… Ⅲ.①工业机器人-结构 ②工业机器人-维修 Ⅳ.①TP242.2

中国版本图书馆CIP数据核字（2017）第126414号

责任编辑：潘新文　　装帧设计：张　辉

责任校对：吴　静

出版发行：化学工业出版社（北京市东城区青年湖南街13号　邮政编码100011）

印　　装：北京科印技术咨询服务有限公司数码印刷分部

787mm×1092mm　1/16　印张14¾　字数360千字　2023年7月北京第1版第6次印刷

购书咨询：010-64518888　　售后服务：010-64518899

网　　址：http://www.cip.com.cn

凡购买本书，如有缺损质量问题，本社销售中心负责调换。

定　　价：49.00元

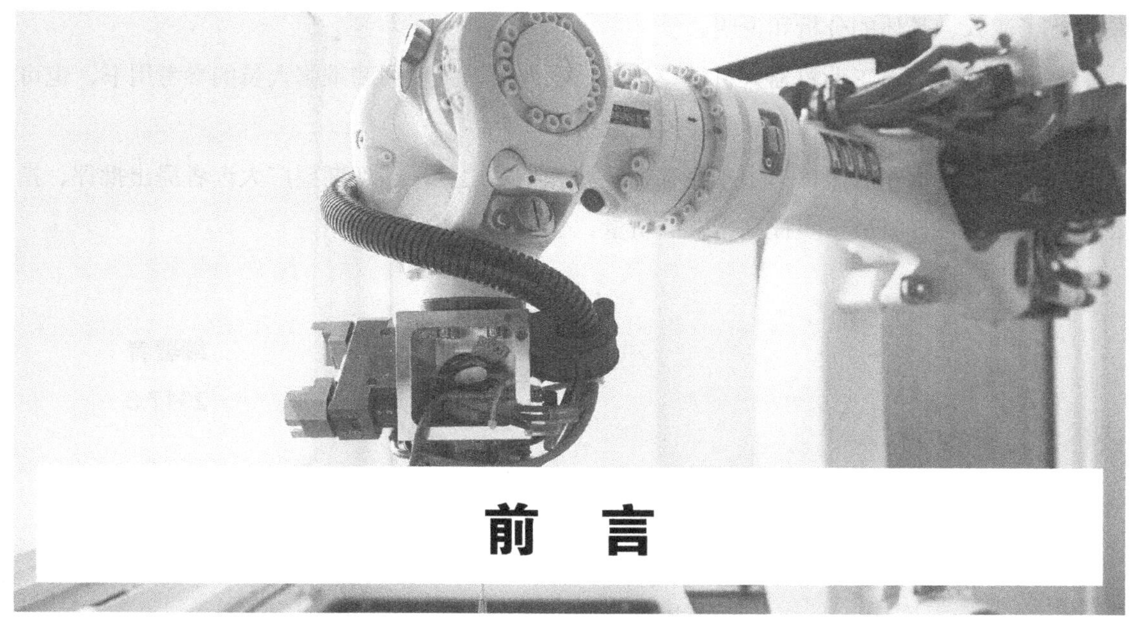

前 言

工业机器人是集机械、电子、控制、计算机、传感器、人工智能等多学科先进技术于一体的机电一体化设备，被称为工业自动化的三大主持技术之一。随着社会的进步和劳动力成本的增加，工业机器人在我国的应用已越来越广。

工业机器人是一种功能完整、可独立运行的自动化设备，它有自身的控制系统，能依靠自身的控制能力来完成规定的作业任务。对工业机器人进行设计、调试、使用、维修，都需要相关技术人员熟悉机器人的结构，掌握其安装维护、调试维修技术，才能充分发挥机器人的功能，确保其正常可靠运行。

本书第1章简要介绍了机器人的产生、发展、分类概况，对工业机器人的技术发展、产品应用及主要生产企业，进行了简要介绍。

第2章系统介绍了工业机器人的组成特点、结构形态、技术性能、坐标系与姿态、操作与编程等基础知识。

第3章中，通过对典型工业机器人的结构剖析，归纳了工业机器人的机械核心部件，并对CRB轴承、同步皮带、滚珠丝杠、直线导轨等重要基础部件的结构原理、主要技术参数及使用维护要求进行了深入具体的阐述。

第4、5章中，对工业机器人的机械核心部件——谐波减速器、RV减速器的结构原理、主要技术参数及使用维护要求进行了详尽说明。

第6章中，对垂直串联、水平串联SCARA、并联Delta等工业机器人的机械传动系统结构进行了深入、具体的分析和说明。

本书可作为从事工业机器人机械设计的技术人员以及使用和维修人员的参考用书，也可供机器人爱好者使用，或作为高等院校的教材。

由于编著者水平有限，书中难免存在疏漏和不足之处，殷切期望广大读者提出批评、指正，以便将来修订时进一步提高本书的质量。

编著者

2017.3

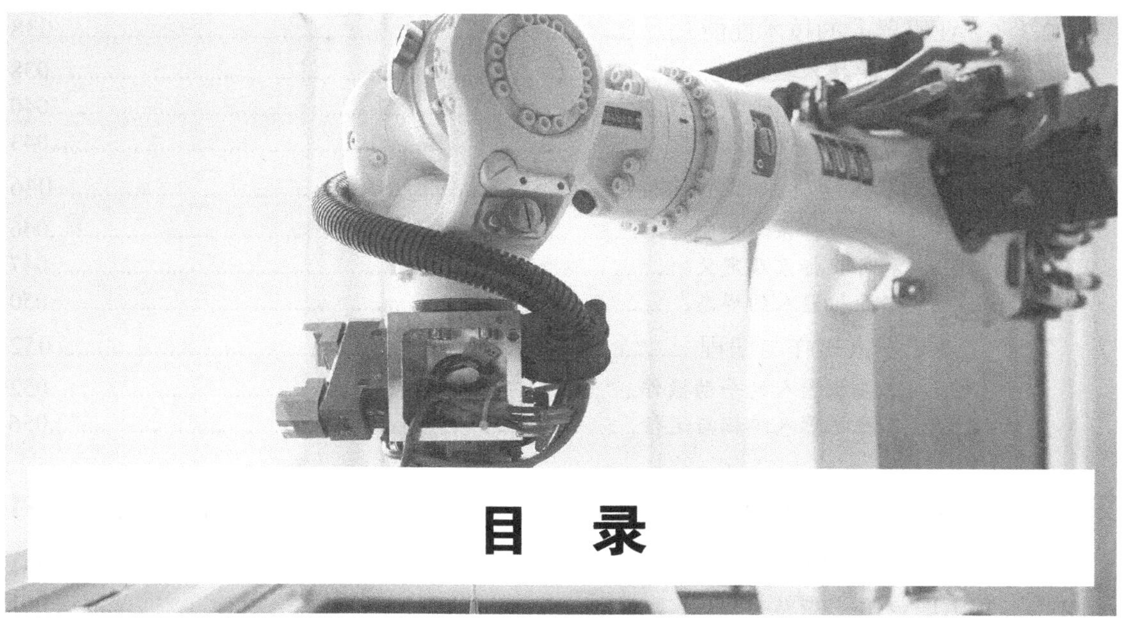

目　录

第1章　工业机器人概述

1.1　机器人的产生与发展

1.1.1　机器人产生及定义

1. 机器人概念的出现

机器人（Robot）自从1959年问世以来，由于它能够协助、代替人类完成那些重复频繁、单调、长时间的工作，并能完成在危险、恶劣环境下的作业，因此其发展较迅速。随着人们对机器人研究的不断深入，目前已形成了Robotics（机器人学）这一新兴的综合性学科，有人将机器人技术、数控技术、PLC技术并称为工业自动化的三大支持技术。

机器人（Robot）一词源自于捷克著名剧作家Karel Čapek（卡雷尔·恰佩克）1921年创作的剧本《Rossumovi univerzální roboti》（罗萨姆的万能机器人，简称R.U.R），由于R.U.R剧中的人造机器被取名为Robota（捷克语，即奴隶、苦力），因此，英文Robot一词开始代表机器人。

机器人概念的出现，首先引起了科幻小说家的广泛关注。自20世纪20年代起，机器人成为了很多科幻小说、电影的主角，如星球大战中的C3P0等。科幻小说家的想象力是无限的，1942年，美国科幻小说家Isaac Asimov（艾萨克·阿西莫夫）在《I，Robot》的第4个短篇《Runaround》中，首次提出了“机器人学三原则”，它被称为“现代机器人学的基石”，这也是“机器人学（Robotics）”这个名词在人类历史上的首度亮相。

机器人学三原则的主要内容如下：

原则1：机器人不能伤害人类，或因其不作为而使人类受到伤害；

原则2：机器人必须执行人类的命令，除非这些命令与原则1相抵触；

原则3：在不违背原则1、原则2的前提下，机器人应保护自身不受伤害。

1985年，Isaac Asimov在机器人系列最后一部作品《Robots and Empire》中，又补充了凌驾于“机器人学三原则”之上的“0原则”：机器人必须保护人类的整体利益不受伤害，其他3条原则都必须在这一前提下才能成立。

继Isaac Asimov之后，其他科幻作家陆续提出了对“机器人学三原则”的补充、修正意见，但是这些大都是科幻小说家对想象中的机器人所施加的限制；实际上，“人类整体利益”等概念本身就是模糊的，甚至连人类自己都搞不明白，更不要说机器人了。因此，目前人类的认识和科学技术，实际上还远未达到制造科幻片中的机器人的水平；制造出具有类似人类智慧、感情、思维的机器人，仍属于科学家的梦想和追求。

2. 现代机器人的产生

现代机器人的研究起源于20世纪中叶的美国，它从工业机器人的研究开始。

第二次世界大战期间（1938～1945年），由于军事、核工业的发展需要，在原子能实验室的恶劣环境下，需要有操作机械来代替人类进行放射性物质的处理。为此，美国的Argonne National Laboratory（阿尔贡国家实验室）开发了一种遥控机械手（Teleoperator）。接着，在1947年，又开发出了一种伺服控制的主-从机械手（Master-Slave Manipulator），这些都是工业机器人的雏形。

工业机器人的概念由美国发明家George Devol（乔治·德沃尔）最早提出，他在1954年申请了专利，并在1961年获得授权。1958年，美国著名的机器人专家Joseph F·Engelberger（约瑟夫·恩盖尔柏格）建立了的Unimation公司，并利用George Devol的专利，于1959年研制出了图1.1-1所示的世界上第一台真正意义上的工业机器人Unimate，开创了机器人发展的新纪元。

图1.1-1 工业机器人Unimate

Joseph F·Engelberger对世界机器人工业的发展作出了杰出的贡献，被人们称为“机器人之父”。1983年，就在工业机器人销售日渐增长的情况下，他又毅然地将Unimation公司出让给了美国Westinghouse Electric Corporation公司（西屋电气，又译威斯汀豪斯），并创建了TRC公司，前瞻性地开始了服务机器人的研发工作。

从1968年起，Unimation公司先后将机器人的制造技术转让给了日本KAWASAKI（川崎）和英国GKN公司，机器人开始在日本和欧洲得到了快速发展。据有关方面的统计，目前世界上至少有48个国家在发展机器人，其中的25个国家已在进行智能机器人开发，美国、日本、德国、法国等都是机器人的研发和制造大国，无论在基础研究或是产品研发、制造方面都居世界领先水平。

3. 国际标准化组织

随着机器人技术的快速发展，在发达国家，机器人及其零部件的生产已逐步形成产业，为了能够宣传、规范和引导机器人产业的发展，世界各国相继成立了相应的行业协会。目前，世界主要机器人生产与使用国的机器人行业协会如下。

1）International Federation of Robotics（IFR，国际机器人联合会）

该联合会成立于1987年，目前已有25个成员国，它是世界公认的机器人行业代表性组织，已被联合国列为非政府正式组织。

2）Japan Robot Association（JRA，日本机器人协会）

该协会原名Japan Robot Industrial Robot Association（JIRA，日本工业机器人协会），它成立于1971年3月，是全世界最早的机器人行业协会。JIRA最初称“工业机器人恳谈会”，1972年10月更名为Japan Robot Industrial Robot Association（JIRA）；1973年10月成为正式法人团体；1994年更名为Japan Robot Association（JRA）。

3）Robotics Industries Association（RIA，美国机器人协会）

该协会成立于1974年，是美国机器人行业的专门协会。

4）Verband Deutscher Maschinen Und Anlagebau（VDMA，德国机械设备制造业联合会）

VDMA是拥有3100多家会员企业、400余名专家的大型行业协会，它下设有37个专业协会和一系列跨专业的技术论坛、委员会及工作组，是欧洲目前最大的工业联合会，以及工业投资品领域中最大、最重要的组织机构。自2000年起，VDMA设立了专业协会Deutschen Gesellschaft Association für Robotik（DGR，德国机器人协会），专门进行机器人产业的规划和发展等相关工作。

5）French Research Group in Robotics（FRGR，法国机器人协会）

该协会原名Association Frencaise de Robotique Industrielle（AFR，法国工业机器人协会），后来随着服务机器人的发展，在2007年更为现名。

6）Korea Association of Robotics（KAR，韩国机器人协会）

该协会是亚洲较早的机器人协会之一，成立于1999年。

4. 机器人的定义

由于机器人的应用领域众多、发展速度快，加上它又涉及人类的有关概念，因此，对于机器人，世界各国标准化机构，甚至同一国家的不同标准化机构，至今尚未形成一个统一、准确、世所公认的严格定义。

例如，欧美国家一般认为，机器人是一种“由计算机控制、可通过编程改变动作的多功能、自动化机械”。而日本作为机器人生产的大国，则将机器人分为“能够执行人体上肢（手和臂）类似动作”的工业机器人和“具有感觉和识别能力、并能够控制自身行为”的智能机器人两大类。

客观地说，欧美国家的机器人定义侧重其控制方式和功能，其定义和现行的工业机器人较接近；而日本的机器人定义，关注的是机器人的结构和行为特性，且已经考虑到了现代智能服务机器人的发展需要，其定义更为准确。

作为参考，目前在相关资料中使用较多的机器人定义主要有以下几种。

① International Organization for Standardization（ISO，国际标准化组织）定义：机器人是一种“自动的、位置可控的、具有编程能力的多功能机械手，这种机械手具有几个轴，能够借助可编程序操作来处理各种材料、零件、工具和专用装置，执行各种任务”。

② Japan Robot Association（JRA，日本机器人协会）将机器人分为了工业机器人和智能机器人两大类，工业机器人是一种“能够执行人体上肢（手和臂）类似动作的多功能机器”；智能机器人是一种“具有感觉和识别能力，并能够控制自身行为的机器”。

③ NBS（美国国家标准局）定义：机器人是一种“能够进行编程，并在自动控制下执行某些操作和移动作业任务的机械装置”。

④ Robotics Industries Association（RIA，美国机器人协会）定义：机器人是一种“用于移动各种材料、零件、工具或专用装置的，通过可编程的动作来执行各种任务的，具有编程能力的多功能机械手”。

⑤ 我国GB/T12643标准定义：工业机器人是一种“能够自动定位控制，可重复编程的，多功能的、多自由度的操作机，能搬运材料、零件或操持工具，用于完成各种作业”。

由于以上标准化机构及专门组织对机器人的定义，都是在特定时间所得出的结论，多偏重于工业机器人。但科学技术对未来是无限开放的，当代智能机器人无论在外观还是功能、智能化程度等方面，都已超出了传统工业机器人的范畴。机器人正在源源不断地向人类活动的各个领域渗透，它所涵盖的内容越来越丰富，其应用领域和发展空间正在不断延伸和扩大，这也是机器人与其他自动化设备的重要区别。

可以想象，未来的机器人不但可接受人类指挥、运行预先编制的程序，而且也可根据人工智能技术所制定的原则纲领，选择自身的行动，甚至可能像科幻片所描述的那样，脱离人们的意志而自行其是。

1.1.2 机器人的发展

1. 技术发展水平

机器人最早用于工业领域，它主要用来协助人类完成重复、频繁、单调、长时间的工作，或进行高温、粉尘、有毒、辐射、易燃、易爆等恶劣、危险环境下的作业。但是，随着社会进步、科学技术发展和智能化技术研究的深入，各式各样具有感知、决策、行动和交互能力，可适应不同领域特殊要求的智能机器人相继被研发，机器人已开始进入人们生产、生活的各个领域，并在某些逐步取代人类独立从事相关作业。

根据机器人现有的技术水平，人们一般将机器人产品分为如下三代。

1）第一代机器人

第一代机器人一般是指能通过离线编程或示教操作生成程序，并再现动作的机器人。第一代机器人所使用的技术和数控机床十分相似，它既可通过离线编制的程序控制机器人的运动；也可通过手动示教操作（数控机床称为Teach in操作），记录运动过程并生成程序，并进行再现运行。

第一代机器人的全部行为完全由人控制，它没有分析和推理能力，不能改变程序动作，无智能性，其控制以示教、再现为主，故又称示教再现机器人。第一代机器人现已实用和普及，图1.1-2所示的大多数工业机器人都属于第一代机器人。

2）第二代机器人

第二代机器人装备有一定数量的传感器，它能获取作业环境、操作对象等的简单信息，并通过计算机的分析与处理，作出简单的推理，并适当调整自身的动作和行为。例如，在图1.1-3所示的探测机器人上，可通过所安装的摄像头及视觉传感系统，识别图像，判断和规划探测车的运动轨迹，它对外部环境具有了一定的适应能力。

图1.1–2　第一代机器人

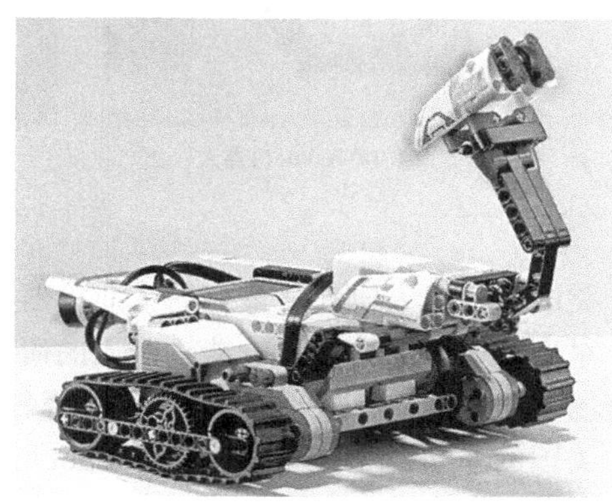

图1.1–3　探测机器人

第二代机器人已具备一定的感知和简单推理等能力，有一定程度上的智能，故又称感知机器人或低级智能机器人，当前所使用的大多数服务机器人或多或少都已经具备第二代机器人的特征。

3）第三代机器人

第三代机器人应具有高度的自适应能力，它有多种感知机能，可通过复杂的推理，作出判断和决策，自主决定机器人的行为，具有相当程度的智能，故称为智能机器人。第三代机器人目前主要用于家庭、个人服务及军事、航天等行业，总体尚处于实验和研究阶段，目前还只有美国、日本、德国等少数发达国家能掌握和应用。

例如，日本HONDA（本田）公司最新研发的图1.1-4（a）所示的Asimo机器人，不仅能实现跑步、爬楼梯、跳舞等动作，且还能进行踢球、倒饮料、打手语等简单智能动作。日本Riken Institute（理化学研究所）最新研发的图1.1-4（b）所示的Robear护理机器人，其肩部、关节等部位都安装有测力感应系统，可模拟人的怀抱感，它能够像人一样，柔和地能将卧床者从床上扶起，或将坐着的人抱起，其样子亲切可爱、充满活力。

2. 主要生产国及产品水平

机器人问世以来，得到了世界各国的广泛重视，美国、日本和德国为机器人研究、制造和应用大国，英国、法国、意大利、瑞士等国的机器人研发水平也居世界前列。目前，世界主要机器人生产制造国的研发、应用情况如下。

1）美国

美国是机器人的发源地，其机器人研究领域广泛、产品技术先进，机器人的研究实力和产品水平均领先于世界，Adept Technology、American Robot、Emerson Industrial Automation、S-T

Robotics、IRobot、Remotec等都是美国著名的机器人生产企业。

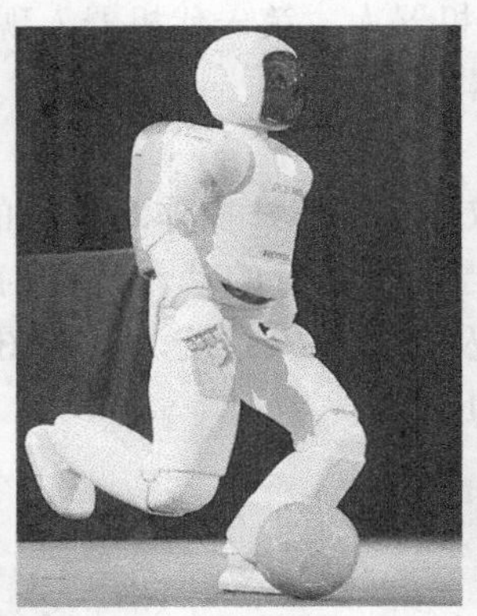
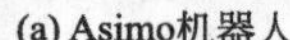
(a) Asimo机器人

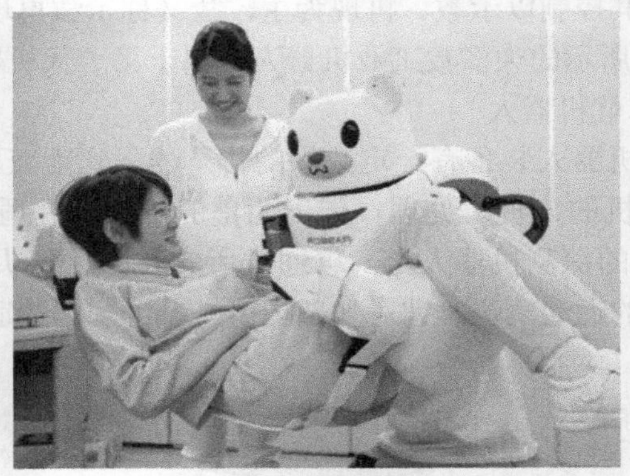
(b) Robear护理机器人

图1.1-4　第三代机器人

美国的机器人研究从最初的工业机器人开始，但目前已更多地转向军用、医疗、家用服务及军事、场地等高层次智能机器人的研发。据统计，美国的智能机器人占据了全球约60%的市场，IRobot、Remotec等都是全球著名的服务机器人生产企业。

美国的军事机器人（Military Robot）更是遥遥领先于其他国家，无论在基础技术研究、系统开发、生产配套方面，或是在技术转化、实战应用方面等都具有强大的优势，其产品研发与应用已涵盖陆、海、空、天等诸多兵种，它是目前全世界唯一具有综合开发、试验和实战应用能力的国家。Boston Dynamics（波士顿动力，现已被Google并购）、Lockheed Martin（洛克希德马丁）等公司均为世界闻名的军事机器人研发制造企业。

美国现有的军事机器人产品包括无人驾驶飞行器、无人地面车、机器人武装战车及多功能后勤保障机器人、机器人战士等多种。

图1.1-5（a）为Boston Dynamics（波士顿动力）研制的多功能后勤保障机器人BigDog-LS3，即BigDog（大狗）系列机器人的军用产品LS3（Legged Squad Support Systems，又名阿尔法狗），它重达1250磅（约570公斤），可在搭载400磅（约181公斤）重物情况下连续行走20英里（约32公里），并能穿过复杂地形、应答士官指令；图1.1-5（b）为机器人WildCat，它能在各种地形上，以超过25km/h的速度奔跑和跳跃。

此外，为了避免战争中的牺牲，Boston Dynamics还研制出了类似科幻片中的“机器人战士”。如“哨兵”机器人已经能够自动识别声音、烟雾、风速、火等环境数据，而且还可说300多单词，向可疑目标发出口令，一旦目标不能正确回答，便可迅速、准确地瞄准和加以射击。该公司最新研发的、图1.1-5（c）所示的机器人Atlas，高1.88m、重150kg，其四肢共拥有28个自由度，能够直立行走、攀爬、自动调整重心，其灵活性已接近于人类，堪称当今世界上最先进的机器人战士。

美国的场地机器人（Field Robots）研究水平同样令其他各国望尘莫及，其研究遍及空间、陆地、水下，并已经用于月球、火星等天体的探测。

早在1967年，National Aeronautics and Space Administration（NASA，美国宇航局）所发射的“海盗”号火星探测器已着落火星，并对土壤等进行了采集和分析，以寻找生命迹象；同年，还发射了“观察者”3号月球探测器，对月球土壤进行了分析和处理。到了2003

(a) BigDog-LS3

(b) WildCat

(c) Atlas

图1.1–5 Boston Dynamics研制的军事机器人

年，NASA又接连发射了Spirit，MER-A（勇气号）和Opportunity（机遇号）两个火星探测器，并于2004年1月先后着落火星表面，它可在地面的遥控下，在火星上自由行走，通过它们对火星岩石和土壤的分析，收集到了表明火星上曾经有水流动的强有力证据，发现了形成于酸性湖泊的岩石、陨石等。2011年11月，又成功发射了图1.1-6（a）所示的核动力驱动的Curiosity火星探测器，并于2012年8月6日安全着落火星，开启了人类探寻火星生命元素的历程；图1.1-6（b）是Google公司最新研发的Andy月球车。

(a) Curiosity火星探测器

(b) Andy月球车

图1.1–6 美国的场地机器人

2）日本

日本是目前全球产量最大的机器人研发、生产和使用国，在工业机器人及家用服务、护理机、医疗等智能机器人的研发上具有世界领先水平。

日本在工业机器人的生产和应用居世界领先地位。20世纪90年代，日本就开始普及第一代和第二代工业机器人，截至目前，它仍保持工业机器人产量、安装数量世界第一的地位。据统计，日本的工业机器人产量约占全球的50%；安装数量约占全球的23%。

日本在工业机器人的主要零部件供给、研究等方面同样居世界领先地位，其主要零部件（精密减速机、伺服电机、传感器等）占全球市场的90%以上。日本的Harmonic Drive System（哈默纳科）是全球最早生产谐波减速器企业和目前全球最大、最著名的谐波减速器生产企业，其产品规格齐全、产量占全世界总量的15%左右。日本的Nabtesco Corporation（纳博特斯克公司）是全球最大、技术最领先的RV减速器生产企业，其产品占据了全球60%以上的工业机器人RV减速器市场及日本80%以上的数控机床自动换刀（ATC）装置RV减速器市场。世界著名的工业机器人几乎都使用Harmonic Drive System生产的谐波减速器和Nabtesco Corporation生产的RV减速器。

日本在发展第3代智能机器人上，同样取得了举世瞩目的成就。为了攻克智能机器人的关键技术，自2006年起，政府每年都投入巨资用于服务机器人的研发，如前述的HONDA公司Asimo机器人、Riken Institute的Robear护理机器人等家用服务机器人的技术水平均居世界前列。

3）德国

德国的机器人研发稍晚于日本，但其发展十分迅速。在20世纪70年代中后期，德国政府在“改善劳动条件计划”中，强制规定了部分有危险、有毒、有害的工作岗位必须用机器人来代替人工的要求，它为机器人的应用开辟了广大的市场。据VDMA（德国机械设备制造业联合会）统计，目前德国的工业机器人密度已在法国的2倍和英国的4倍以上，它是目前欧洲最大的工业机器人生产和使用国。

德国的工业机器人以及军事机器人中的地面无人作战平台、水下无人航行体的研究和应用水平，居世界领先地位。德国的KUKA（库卡）、REIS（徕斯，现为KUKA成员）、Carl-Cloos（卡尔-克鲁斯）等都是全球著名的工业机器人生产企业；德国宇航中心、德国机器人技术商业集团、karcher公司、Fraunhofer Institute for Manufacturing Engineering and Automatic（弗劳恩霍夫制造技术和自动化研究所）及STN公司、HDW公司等是有名的服务机器人及军事机器人研发企业。

德国在智能服务机器人的研究和应用上，同样具有世界公认的领先水平。例如，弗劳恩霍夫制造技术和自动化研究所最新研发的服务机器人Care-O-Bot4，不但能够识别日常的生活用品，且还能听懂语音命令和看懂手势命令、按声控或手势的要求进行自我学习。

4）中国

中国是目前全世界工业机器人销售增长速度最快的市场，总销量已经连续3年位居全球第一。2013年，工业机器人销量接近3.7万台，占全球总销售量的五分之一；2014年的销量为5.7万台，达到全球总销售量的四分之一；2015年的销量更是高达7.5万台，占全球总销售量的三分之一。

我国的机器人研发起始于20世纪70年代初期，到了20世纪90年代，先后研制出了点焊、弧焊、装配、喷漆、切割、搬运、包装码垛等工业机器人，在工业机器人及零部件研发等方面取得了一定的成绩。上海交通大学、哈尔滨工业大学、天津大学、南开大学、北京航空航天大学等高校都设立了机器人研究所或实验室，进行工业机器人和服务机器人的基础研究；广州数控、南京埃斯顿、沈阳新松等企业也开发了部分机器人产品。但是，总体而言，我国的机器人研发水平目前还处于初级阶段，和先进国家的差距依旧十分明显，产品以低档工业机器人为主，核心技术尚未掌握，关键部件几乎完全依赖进口，国产机器人的市场占有率十分有限，目前还没有真正意义上的完全自主机器人生产商。

高端装备制造产业是国家重点支持的战略新兴产业，工业机器人作为高端装备制造业的重要组成部分，有望在此今后一段时期得到快速发展。

1.2　机器人分类与概况

1.2.1　机器人的分类

机器人的分类方法很多，但由于人们观察问题的角度有所不同，直到今天，还没有一种分类方法能够满意地对机器人进行世所公认的分类。总体而言，通常的机器人分类方法主要有专业分类法和应用分类法两种，简介如下。

1. 专业分类法

专业分类法一般是机器人设计、制造和使用厂家技术人员所使用的分类方法，其专业性较强，业外较少使用。目前，专业分类法又可按机器人控制系统的技术水平、机械机构形态和运动控制方式3种方式进行分类。

1）按控制系统水平分类

根据机器人目前的控制系统技术水平，一般可分为示教再现机器人（第一代）、感知机器人（第二代）、智能机器人（第三代）三类。第一代机器人已在工业领域得到普及，绝大多数工业机器人都属于第一代机器人，第二代机器人已部分实用化，第三代机器人尚处于实验和研究阶段。

2）按机械结构形态分类

根据机器人现有的机械结构形态，可将其分为圆柱坐标（Cylindrical Coordinate）型、球坐标（Polar Coordinate）型、直角坐标（Cartesian Coordinate）型及关节（Articulated）型、并联（Parallel）型等，其中以关节型机器人为最常用。不同形态机器人在外观、机械结构、控制要求、工作空间等方面均有较大的区别。例如，关节型机器人的结构类似人类手臂，而直角坐标型及并联型机器人的外形和结构则与数控机床十分类似等。

3）按运动控制方式分类

根据机器人的控制方式，可将其分为顺序控制型、轨迹控制型、远程控制型、智能控制型等。顺序控制型又称点位控制型，这种机器人只需要按照规定的次序和移动速度运动到指定点进行定位，而不需要控制移动过程中的运动轨迹，它可以用于物品搬运等。轨迹控制型机器人需要同时控制移动轨迹、移动速度和运动终点，它可用于焊接、喷漆等连续移动作业。远程控制型机器人可实现无线遥控，多用于特定的领域，它包括军事机器人、空间机器人、水下机器人等。智能控制型机器人属于第三代机器人，多用于军事、医疗等行业。

2. 应用分类法

应用分类法是根据机器人应用环境（用途）进行分类的大众分类方法，这种分类法易为公众所接受。例如，日本将机器人分为工业机器人和智能机器人两类，我国则分为工业机器人和特种机器人两类等。然而，由于对机器人的智能性判别尚缺乏严格、科学的标准，工业机器人和特种机器人的界限也较难划分。本书参照国际机器人联合会（IFR）的相关定义，根据机器人的应用环境，将机器人分为工业机器人和服务机器人两类，前者用于环境已知的工业领域，后者用于环境未知的服务领域。如进一步细分，目前常用的机器人基本上可分为图1.2-1所示的几类。

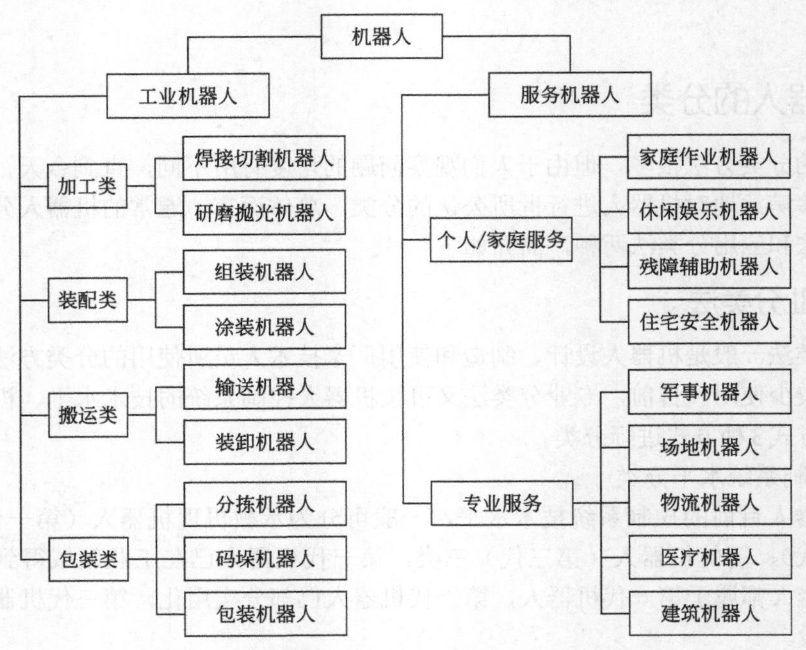

图1.2–1　机器人的分类

1）工业机器人

工业机器人（Industrial Robot，简称IR）是指在工业环境下应用的机器人，它是一种可编程的多用途自动化设备。当前实用化的工业机器人以第一代示教再现机器人居多，但部分工业机器人（如焊接、装配机器人等）已能通过图像的识别、判断来规划或探测途径，对外部环境具有了一定的适应能力，初步具备了第二代感知机器人的一些功能。

工业机器人可根据其用途和功能分为加工、装配、搬运、包装4大类，在此基础上还可对每类进行细分。

2）服务机器人

服务机器人（Personal Robot，简称PR）是服务于人类非生产性活动的机器人的总称，它在机器人中占的比例高达95%以上。根据IFR（国际机器人联合会）的定义，服务机器人是一种半自主或全自主工作的机械设备，它能完成有益于人类的服务工作，但不直接从事工业品的生产。

服务机器人的涵盖范围非常广。简而言之，除工业生产用的机器人外，其他所有的机器人均属于服务机器人的范畴。因此，人们根据其用途，将服务机器人分为个人/家庭服务机器人（Personal/Domestic Robots）和专业服务机器人（Professional Service Robots）两类，在此基础上还可对每类进行细分。

1.2.2　工业机器人概况

用工业机器人替代人工操作，不仅可保障人身安全、改善劳动环境、减轻劳动强度、提高劳动生产率，而且还能够起到提高产品质量、节约原材料及降低生产成本等多方面作用，因而，工业机器人在工业生产各领域的应用也越来越广泛。

工业机器人自1959年问世以来，经过五十多年的发展，在性能和用途等方面都有了很大的变化；现代工业机器人的结构越来越合理，控制越来越先进，功能越来越强大。根据工业机器人的功能与用途，可将其分为图1.2-1所示的加工、装配、搬运、包装4大类。

1. 加工机器人

加工机器人是直接用于工业产品加工作业的工业机器人，常用的有金属材料焊接、切割、折弯、冲压、研磨、抛光等；此外，也有部分用于建筑、木材、石材、玻璃等行业的非金属材料切割、研磨、雕刻、抛光等加工作业。

焊接、切割、研磨、雕刻、抛光加工的环境通常较恶劣，加工时所产生的强弧光、高温、烟尘、飞溅、电磁干扰等都有害于人体健康。这些行业采用机器人自动作业，不仅可改善工作环境，避免人体伤害；而且还可自动连续工作，提高工作效率和改善加工质量。

焊接机器人（Welding Robot）是目前工业机器人中产量最大、应用最广的产品，被广泛用于汽车、铁路、航空航天、军工、冶金、电器等行业。自1969年美国GM公司（通用汽车）在美国Lordstown汽车组装生产线上装备首台汽车点焊机器人以来，机器人焊接技术已日臻成熟，通过机器人的自动化焊接作业，可提高生产率、确保焊接质量、改善劳动环境，它是当前工业机器人应用的重要方向之一。

材料切割是工业生产不可缺少的加工方式，从传统的金属材料火焰切割、等离子切割、到可用于多种材料的激光切割加工都可通过机器人完成。目前，薄板类材料的切割大多采用数控火焰切割机、数控等离子切割机和数控激光切割机等数控机床加工；但异形、大型材料或船舶、车辆等大型废旧设备的切割已开始逐步使用工业机器人。

研磨、雕刻、抛光机器人主要用于汽车、摩托车、工程机械、家具建材、电子电气、陶瓷卫浴等行业的表面处理。使用研磨、雕刻、抛光机器人不仅能使操作者远离高温、粉尘、有毒、易燃、易爆的工作环境，而且能够提高加工质量和生产效率。

2. 装配机器人

装配机器人（Assembly Robot）是将不同的零件或材料组合成组件或成品的工业机器人，常用的有组装和涂装2大类。

计算机（Computer）、通信（Communication）和消费性电子（Consumer Electronic）行业（简称3C行业）是目前组装机器人最大的应用市场。3C行业是典型的劳动密集型产业，采用人工装配，不仅需要使用大量的员工，而且操作工人的工作高度重复、频繁，劳动强度极大，致使人工难以承受；此外，随着电子产品不断向轻薄化、精细化方向发展，产品对零部件装配的精细程度在日益提高，部分作业已是人工无法完成。

涂装类机器人用于部件或成品的油漆、喷涂等表面处理，这类处理通常含有影响人体健康的有害、有毒气体，采用机器人自动作业后，不仅可改善工作环境，避免有害、有毒气体的危害；而且还可自动连续工作，提高工作效率和改善加工质量。

3. 搬运机器人

搬运机器人（Transfer Robot）是从事物体移动作业的工业机器人的总称，常用的主要有输送机器人和装卸机器人2大类。

工业生产中的输送机器人以无人搬运车（Automated Guided Vehicle，简称AGV）为主。AGV具有自身的计算机控制系统和路径识别传感器，能够自动行走和定位停止，可广泛应用于机械、电子、纺织、卷烟、医疗、食品、造纸等行业的物品搬运和输送。在机械加工行业，AGV大多用于无人化工厂、柔性制造系统（Flexible Manufacturing System，简称FMS）的工件、刀具搬运、输送，它通常需要与自动化仓库、刀具中心及数控加工设备、柔性加工单元（Flexible Manufacturing Cell，简称FMC）的控制系统互连，以构成无人化工厂、柔性制造系统的自动化物流系统。

装卸机器人多用于机械加工设备的工件装卸（上下料），它通常和数控机床等自动化加工设备组合，构成柔性加工单元（FMC），成为无人化工厂、柔性制造系统（FMS）的一部分。装卸机器人还经常用于冲剪、锻压、铸造等设备的上下料，以替代人工完成高风险、高温等恶劣环境下的危险作业或繁重作业。

4. 包装机器人

包装机器人（Packaging Robot）是用于物品分类、成品包装、码垛的工业机器人，常用的主要有分拣、包装和码垛3类。

计算机、通信和消费性电子行业（3C行业）和化工、食品、饮料、药品工业是包装机器人的主要应用领域。3C行业的产品产量大、周转速度快，成品包装任务繁重；化工、食品、饮料、药品包装由于行业特殊性，人工作业涉及安全、卫生、清洁、防水、防菌等方面的问题；因此，都需要利用装配机器人，来完成物品的分拣、包装和码垛作业。

1.2.3　服务机器人简介

1. 基本情况

服务机器人是服务于人类非生产性活动的机器人总称。从控制要求、功能、特点等方面看，服务机器人与工业机器人的本质区别在于：工业机器人所处的工作环境在大多数情况下是已知的，因此，利用第一代机器人技术已可满足其要求；然而，服务机器人的工作环境在绝大多数场合是未知的，故都需要使用第二代、第三代机器人技术。从行为方式上看，服务机器人一般没有固定的活动范围和规定的动作行为，它需要有良好的自主感知、自主规划、自主行动和自主协同等方面的能力，因此，服务机器人较多地采用仿人或生物、车辆等结构形态。

早在1967年，在日本举办的第一届机器人学术会议上，人们就提出了两种描述服务技术人特点的代表性意见。一种意见认为服务机器人是一种“具有自动性、个体性、智能性、通用性、半机械半人性、移动性、作业性、信息性、柔性、有限性等特征的自动化机器”；另一种意见认为具备如下3个条件的机器，可称为服务机器人：

① 具有类似人类的脑、手、脚等功能要素；

② 具有非接触和接触传感器；

③ 具有平衡觉和固有觉的传感器。

当然，鉴于当时的情况，以上定义都强调了服务机器人的“类人”含义，突出了由“脑”统一指挥、靠“手”进行作业、靠“脚”实现移动；通过非接触传感器和接触传感器，使机器人识别外界环境；利用平衡觉和固有觉等传感器感知本身状态等基本属性，但它对服务机器人的研发仍具有参考价值。

服务机器人的出现虽然晚于工业机器人，但由于它与人类进步、社会发展、公共安全等诸多重大问题息息相关，应用领域众多，市场广阔，因此，其发展非常迅速、潜力巨大。有国外专家预测，在不久的将来，服务机器人产业可能成为继汽车、计算机后的另一新兴产业。据国际机器人联合会（IFR）2013年世界服务机器人统计报告等有关统计资料显示，目前已有20多个国家在进行服务型机器人的研发，有40余种服务型机器人已进入商业化应用或试用阶段。2012年全球服务机器人的总销量约为301.6万台，约为工业机器人（15.9万台）的20倍；其中，个人/家用服务机器人的销量约为300万台，销售额约为12亿美元；专业服务机器人的销量为1.6万台，销售额为34.2亿美元。

在服务机器人中，个人/家用服务机器人（Personal/Domestic Robots）为大众化、低价位产品，其市场最大。在专业服务机器人中，则以涉及公共安全的军事机器人（Military Robot）、场地机器人（Field Robots）、医疗机器人的应用较广。

在服务机器人的研发领域，美国不但在军事、场地、医疗等高科技专业服务机器人的研究上遥遥领先于其他国家；而且在个人/家用服务机器人的研发上，同样占有显著的优势，其服务机器人总量约占全球服务机器人市场的60%。此外，日本的个人/家用服务机器人产量约占全球市场的50%；欧洲的德国、法国也是服务机器人的研发和使用大国。我国在服务机器人领域的研发起步较晚，直到2005年才开始初具市场规模，总体水平与发达国家相比存在很大的差距；目前，我国的个人/家用服务机器人主要有吸尘、教育娱乐、保安、智能玩具等；专用服务机器人主要有医疗及部分军事、场地机器人等。

2. 个人/家用机器人

个人/家用服务机器人（Personal/Domestic Robots）泛指为人们日常生活服务的机器人，包括家庭作业、娱乐休闲、残障辅助、住宅安全等。个人/家用服务机器人是被人们普遍看好的未来最具发展潜力的新兴产业之一。

在个人/家用服务机器人中，以家庭作业和娱乐休闲机器人的产量为最大，两者占个人/家用服务机器人总量的90%以上；残障辅助、住宅安全机器人的普及率目前还较低，但市场前景被人们普遍看好。

家用清洁机器人是家庭作业机器人中最早被实用化和最成熟的产品之一。早在20世纪80年代，美国已经开始进行吸尘机器人的研究，iRobot等公司是目前家用服务机器人行业公认的领先企业，其产品技术先进、市场占有率为全球最大；德国的Karcher公司也是著名的家庭作业机器人生产商，它在2006年研发的Rc3000家用清洁机器人是世界上第一台能够自行完成所有家庭地面清洁工作的家用清洁机器人。此外，美国的Neato、Mint，日本的SHINK、PANASONIC（松下），韩国的LG、三星等公司也都是全球较著名的家用清洁机器人研发、制造企业。

在我国，由于家庭经济条件和发达国家的差距巨大，加上传统文化的影响，绝大多数家庭的作业服务目前还是由自己或家政服务人员承担，所使用的设备以传统工具和普通吸尘器、洗碗机等简单设备为主，家庭作业服务机器人的使用率非常低。

3. 专业服务机器人

专业服务机器人（Professional Service Robots）的涵盖范围非常广，简言之，除工业生产用的工业机器人和为人们日常生活服务的个人/家用机器人外，其他所有的机器人均属于专业服务机器人。在专业服务机器人中，军事、场地和医疗机器人是应用最广的产品，3类产品的概况如下。

1）军事机器人

军事机器人（Military Robot）是为了军事目的而研制的自主、半自主式或遥控的智能化装备，它可用来帮助或替代军人，完成特定的战术或战略任务。军事机器人具备全方位、全天候的作战能力和极强的战场生存能力，可在超过人类承受能力的恶劣环境，或在遭到毒气、冲击波、热辐射等袭击时，继续进行工作；加上军事机器人也不存在人类的恐惧心理，可严格地服从命令、听从指挥，有利于指挥者对战局的掌控；在未来战争中，机器人战士完全可能成为军事行动中的主力军。

军事机器人的研发早在上世纪60年代就已经开始，产品已从第一代的遥控操作器，发展到了现在的第三代智能机器人。目前，世界各国的军用机器人已达上百个品种，其应用涵盖侦察、排雷、防化、进攻、防御及后勤保障等各个方面。用于监视、勘察、获取危险领域信息的无人驾驶飞行器（UAV）和地面车（UGV）、具有强大运输功能和精密侦查设备的机器人武装战车（ARV）、在战斗中担任补充作战物资的多功能后勤保障机器人（MULE）是当前军事机器人的主要产品。

目前，美国是世界上唯一具有综合开发、试验和实战应用各类军事机器人的国家，其军事机器人的应用已涵盖陆、海、空、天等诸兵种。据报道，美军已装配了超过7500架的无人机和15000个的地面机器人，现阶段正在大量研制和应用无人作战系统、智能机器人集成作战系统等，以全面提升陆、海、空军事实力。此外，德国的智能地面无人作战平台、反水雷及反潜水下无人航行体的研究和应用；英国的战斗工程牵引车（CET）、工程坦克（FET）、排爆机器人的研究和应用；法国的警戒机器人和低空防御机器人、无人侦察车、野外快速巡逻机器人的研究和应用；以色列的机器人自主导航车、“守护者（Guardium）”监视与巡逻系统、步兵城市作战用的手携式机器人的研究和应用等，也具有世界领先水平。

2）场地机器人

场地机器人（Field Robots）是除军事机器人外，其他可进行大范围作业的服务机器人的总称。场地机器人多用于科学研究和公共服务，如太空探测、水下作业、危险作业、消防救援、园林作业等。

美国的场地机器人研究始于上世纪60年代，其产品已遍及空间、陆地和水下，从1967年的海盗号火星探测器，到2003年的Spirit MER-A（勇气号）和Opportunity（机遇号）火星探测器、2011年的Curiosity（好奇号）核动力驱动的火星探测器，都无一例外地代表了全球空间机器人研究的最高水平。此外，俄罗斯和欧盟在太空探测机器人等方面的研究和应用也居世界领先水平，如早期的空间站飞行器对接、燃料加注机器人等；德国于1993年研制、由哥伦比亚号航天飞机携带升空的ROTEX远距离遥控机器人等，也都代表了当时的空间机器人技术水平；我国在探月、水下机器人方面的研究也取得了较大的进展。

3）医疗机器人

医疗机器人是今后专业服务机器人的重点发展领域之一。医疗机器人主要用于伤病员的手术、救援、转运和康复，它包括诊断机器人、外科手术或手术辅助机器人、康复机器人等。例如，通过外科手术机器人，医生可利用其精准性和微创性，大面积减小手术伤口、迅速恢复正常生活等。据统计，目前全世界已有30个国家、近千家医院成功开展了数十万例机器人手术，手术种类涵盖泌尿外科、妇产科、心脏外科、胸外科、肝胆外科、胃肠外科、耳鼻喉科等学科。

当前，医疗机器人的研发与应用大部分都集中于美国、欧洲、日本等发达国家，发展中国家的普及率还很低。美国的Intuitive Surgical（直觉外科）公司是全球领先的医疗机器人研发、制造企业，该公司研发的达·芬奇机器人是目前世界上最先进的手术机器人系统，它可模仿外科医生的手部动作，进行微创手术，目前已经成功用于普通外科、胸外科、泌尿外科、妇产科、头颈外科及心脏等手术。

1.3 工业机器人产品与应用

1.3.1 技术发展与产品应用

1. 技术发展简史

工业机器人自1959年问世以来，经过五十多年的发展，在性能和用途等方面都有了很大的变化；现代工业机器人的结构越来越合理、控制越来越先进、功能越来越强大、应用越来越广泛。世界工业机器人的简要发展历程、重大事件和重要产品研制的简况如下。

1959年，Joseph F · Engelberger（约瑟夫 · 恩盖尔柏格）利用George Devol（乔治 · 德沃尔）的专利技术，研制出了世界上第一台真正意义上的工业机器人Unimate。该机器人具有水平回转、上下摆动和手臂伸缩3个自由度，可用于点对点搬运。

1961年，美国GM公司（通用汽车）首次将Unimate工业机器人应用于生产线，机器人承担了压铸件叠放等部分工序。

1968年，美国斯坦福大学研制出了首台具有感知功能的第二代机器人Shakey。同年，Unimation公司将机器人的制造技术转让给了日本KAWASAKI（川崎）公司，日本开始研制、生产机器人。次年，瑞典的ASEA公司（阿西亚，现为ABB集团）研制了首台喷涂机器人，并在挪威投入使用。

1972年，日本KAWASAKI（川崎）公司研制出了日本首台工业机器人“Kawasaki-Unimate2000”。次年，日本HITACHI（日立）公司研制出了世界首台装备有动态视觉传感器的工业机器人；而德国KUKA（库卡）公司则研制出了世界首台6轴工业机器人Famulus。

1974年，美国Cincinnati Milacron（辛辛那提 · 米拉克隆，著名的数控机床生产企业）公司研制出了首台微机控制的商用工业机器人Tomorrow Tool（T3）；瑞典ASEA公司（阿西亚，现为ABB集团）研制出了世界首台微机控制、全电气驱动的5轴涂装机器人IRB6；全球最著名的数控系统（CNC）生产商、日本FANUC公司（发那科）开始研发、制造工业机器人。

1977年，日本YASKAWA（安川）公司开始工业机器人研发生产，并研制出了日本首台采用全电气驱动的机器人MOTOMAN-L10（MOTOMAN 1号）。次年，美国Unimate公司和

GM公司（通用汽车）联合研制出了用于汽车生产线的垂直串联型（Vertical Series）可编程通用装配操作人PUMA（Programmable Universal Manipulator for Assembly）；日本山梨大学研制出了水平串联型（Horizontal Series）自动选料、装配机器人SCARA（Selective Compliance Assembly Robot Arm）；德国REIS（徕斯，现为KUKA成员）公司研制出了世界首台具有独立控制系统、用于压铸生产线的工件装卸的6轴机器人RE15。

1983年，日本DAIHEN公司（大阪变压器集团Osaka Transformer Co.，Ltd所属，国内称OTC或欧希地）公司研发了世界首台具有示教编程功能的焊接机器人。次年，美国Adept Technology公司（娴熟技术）研制出了世界首台电机直接驱动、无传动齿轮和铰链的SCARA机器人Adept One。

1985年，德国KUKA（库卡）公司研制出了世界首台具有3个平移自由度和3个转动自由度的Z型6自由度机器人。

1992年，瑞士Demaurex公司研制出了世界首台采用3轴并联结构（Parallel）的包装机器人Delta。

2005年，日本YASKAWA（安川）公司推出了新一代、双腕7轴工业机器人。次年，意大利COMAU（柯马，菲亚特成员、著名的数控机床生产企业）公司推出了首款WiTP无线示教器。

2008年，日本FANUC公司（发那科）、YASKAWA（安川）公司的工业机器人累计销量相继突破20万台，成为全球工业机器人累计销量最大的企业。次年，ABB公司研制出全球精度最高、速度最快六轴小型机器人IRB 120。

2013年，谷歌公司开始大规模并购机器人公司，至今已相继并购了Autofuss、Boston Dynamics（波士顿动力）、Bot & Dolly、DeepMind（英）、Holomni、Industrial Perception、Meka、Redwood Robotics、Schaft（日）、Nest Labs、Spree、Savioke等多家公司。

2014年，ABB公司研制出世界上首台真正实现人机协作的机器人YuMi。同年，德国REIS（徕斯）公司并入KUKA（库卡）公司。

2. 工业机器人应用

根据国际机器人联合会（IFR）公布的统计数据，2006～2015年间的全球工业机器人总产量如图1.3-1所示。数据反映，自2012年来，全球工业机器人的产量呈逐年增长的趋势，2014年的增幅达31.6%。

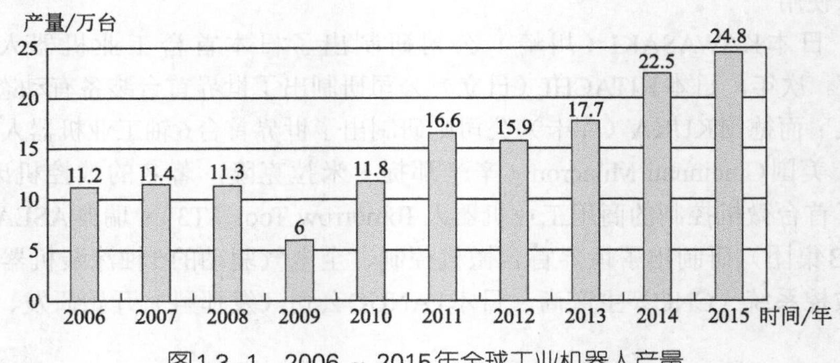

图1.3-1　2006～2015年全球工业机器人产量

全球工业机器人的销售增长，在很大程度上得益于中国市场的成长，2006～2015年间的中国机器人总销量如图1.3-2所示。

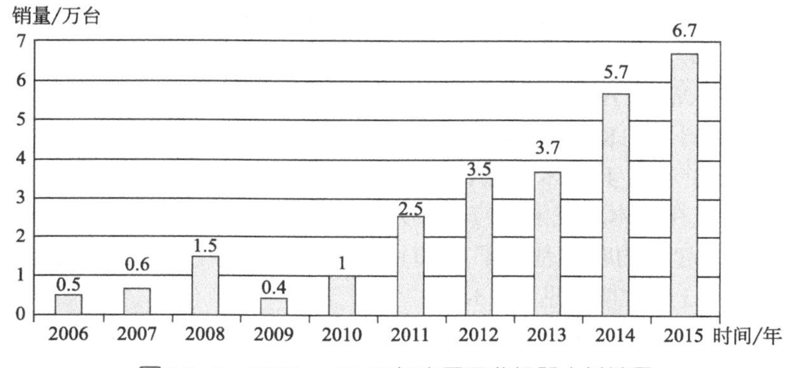

图1.3-2　2006 ~ 2015年中国工业机器人总销量

数据反映，2013年中国市场的工业机器人年销量已占全球总产量的1/5，并超过日本、成为全球工业机器人的最大消费国；2014年、2015年年销量更是达到了全球总产量的1/4以上，是目前工业机器人的最大市场。

根据国际机器人联合会（IFR）等部门的最新统计，当前工业机器人的应用行业分布情况大致如图1.3-3所示。其中，汽车制造业、电子电气工业、金属制品及加工业是目前工业机器人的主要应用领域。

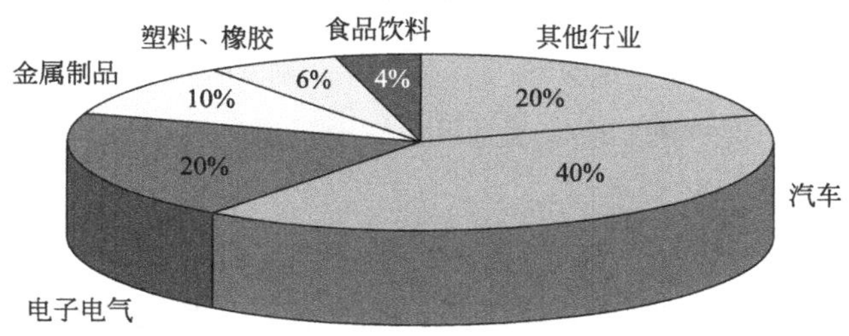

图1.3-3　当前工业机器人的应用行业分布情况

汽车及汽车零部件制造业历来是工业机器人用量最大的行业，其使用量长期保持在工业机器人总量的40%以上，使用的产品以加工、装配类机器人为主，是焊接、研磨、抛光及装配、涂装机器人的主要应用领域。

电子电气（包括计算机、通信、家电、仪器仪表等）是工业机器人应用的另一主要行业，其使用量也保持在工业机器人总量的20%以上，使用的主要产品为装配、包装类机器人。

金属制品及加工业的机器人用量大致在工业机器人总量的10%左右，使用的产品主要为搬运类的输送机器人和装卸机器人。

建筑、化工、橡胶、塑料以及食品、饮料、药品等其他行业的机器人用量都在工业机器人总量的10%以下，橡胶、塑料、化工、建筑行业使用的机器人种类较多；食品、饮料、药品行业使用的机器人通常以加工、包装类为主。

1.3.2　主要生产企业及产品

目前，全球工业机器人的主要生产厂家主要有日本的FANUC（发那科）、YASKAWA（安

川)、KAWASAKI（川崎)、NACHI（不二越)、DAIHEN（OTC或欧希地)、PANASONIC（松下)，瑞士和瑞典的ABB，德国KUKA（库卡)、REIS（徕斯，现为KUKA成员)，意大利COMAU（柯马)，奥地利IGM（艾捷默)，韩国的HYUDAI（现代）等。

FANUC、YASKAWA、ABB、KUKA是当前工业机器人研发、生产的代表性企业，在全球拥有广泛的市场；日本的KAWASAKI（川崎)、NACHI（不二越）公司是全球最早从事工业机器人研发生产的企业，其技术成熟、产品规格齐全；DAIHEN（欧希地)、PANASONIC（松下）的焊接机器人在日本和我国的应用较为广泛。

工业机器人研发起始的时间基本都在20世纪70年代前后，并可分为20世纪60年代末、70年代中、70年代末3个时期，见图1.3-4。

根据生产国及研发时间，以上主要工业机器人生产企业以及与工业机器人相关的主要产品研发情况简介如下。

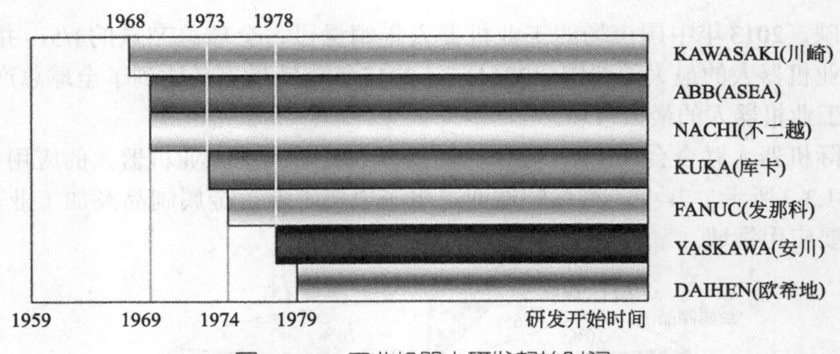

图1.3-4　工业机器人研发起始时间

1. KAWASAKI（川崎）

KAWASAKI（川崎）公司成立于1878年，是具有悠久历史的日本著名大型企业集团，集团公司以川崎重工业株式会社（KAWASAKI）为核心，下辖有车辆、航空宇宙、燃气轮机、机械、通用机、船舶等公司和部门及上百家分公司和企业。KAWASAKI（川崎）公司的业务范围涵盖航空、航天、军事、电力、铁路、造船、工程机械、钢结构、发动机、摩托车、机器人等众多领域，其产品代表了日本科技的先进水平。

KAWASAKI（川崎）公司的主营业务实际上以大型装备为主，其产品包括飞机（特别直升飞机)、坦克、桥梁、电气机车及火力发电、金属冶炼设备等。日本第一台蒸汽机车、新干线的电气机车等大都由KAWASAKI（川崎）公司制造，显示了该公司在装备制造业的强劲实力。KAWASAKI也是日本仅次于三菱重工的著名军工企业，是日本自卫队飞机和潜艇的主要生产商。日本第一艘潜艇、“榛名”号战列舰、“加贺”号航空母舰、“飞燕”战斗机、“五式”战斗机、“一式”运输机等军用产品也都由KAWASAKI公司参与建造。此外，KAWASAKI（川崎）公司也是世界著名的摩托车和体育运动器材生产厂家。KAWASAKI（川崎）公司的摩托车产品主要为运动车、赛车、越野赛车、美式车及四轮全地形摩托车等高档车，它是世界首家批量生产DOHC并列四缸式发动机摩托车的厂家，所生产的中量级摩托车曾连续四年获得世界冠军。KAWASAKI(川崎）公司所生产的羽毛球拍是世界两大品牌之一，此外其球鞋、服装等体育运动产品也很著名。

KAWASAKI（川崎）公司的工业机器人研发始于1968年，是日本最早研发、生产工业机器人的著名企业，曾研制出了图1.3-5所示的日本首台工业机器人Unimation2000和全球首台用于摩托车车身焊接的弧焊机器人等标志性产品，在焊接机器人技术方面居世界领先水平。

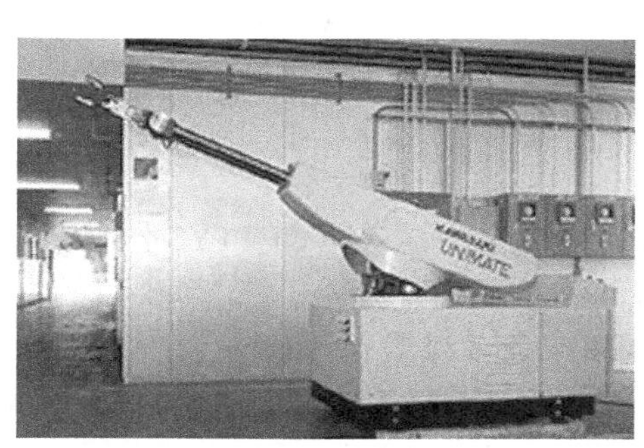

(a) Unimation2000

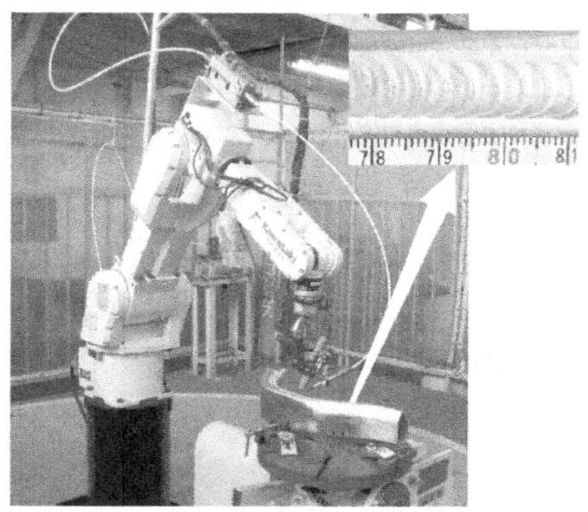

(b) 弧焊机器人

图1.3-5　Kawasaki代表性产品

2. NACHI（不二越）

NACHI（不二越）是日本著名的机床企业集团，其主要产品有轴承、液压元件、刀具、机床、工业机器人等。

NACHI从1925年的锯条研发起步，1928年正式成立NACHI公司。1934年，公司产品拓展到综合刀具生产；1939年开始批量生产轴承；1958年开始进入液压件生产；1969年开始研发生产机床和工业机器人。

NACHI是日本最早研发生产和世界著名的工业机器人生产厂家之一，其焊接机器、搬运机器人技术居世界领先水平。NACHI公司曾在1979年成功研制出了世界首台电机驱动多关节焊接机器人；2013年，成功研制出300mm往复时间达0.31s的世界最快轻量机器人MZ07；这些产品都代表了当时工业机器人在某一方面的最高技术水平。NACHI公司的中国机器人商业中心成立于2010年，进入中国市场较晚。

图1.3-6为NACHI公司工业机器人的标志性产品。

(a) 电动多关节焊接机器人

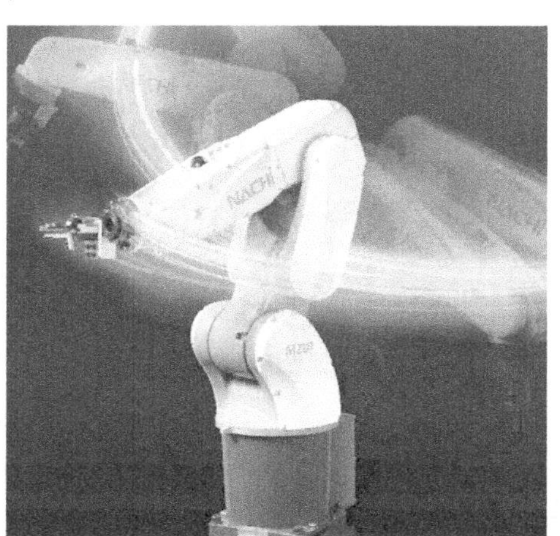

(b) MZ07机器人

图1.3-6　NACHI公司工业机器人

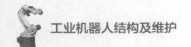

3. FANUC（发那科）

FANUC（发那科）是目前全球最大、最著名的数控系统（CNC）生产厂家和全球产量最大的工业机器人生产厂家，其产品的技术水平居世界领先地位。FANUC（发那科）从1956年起就开始从事数控和伺服的民间研究，1972年正式成立FANUC公司；1974年开始研发、生产工业机器人。FANUC（发那科）公司的工业机器人及关键部件的研发、生产简况如下。

1972年，FANUC公司正式成立。

1974年，开始进入工业机器人的研发、生产领域；并从美国GETTYS公司引进了直流伺服电机的制造技术，进行商品化与产业化生产。

1977年，开始批量生产、销售ROBOT-MODEL1工业机器人。

1982年，FANUC和GM公司合资，在美国成立了GM Fanuc机器人公司（GM Fanuc Robotics Corporation），专门从事工业机器人的研发、生产；同年，还成功研发了交流伺服电机产品。

1992年，FANUC在美国成立了全资子公司GE Fanuc机器人公司（GE Fanuc Robotics Corporation）；同年，和我国机械电子工业部北京机床研究所合资，成立了北京发那科（FANUC）机电有限公司。

1997年，和上海电气集团合资，成立了上海发那科（FANUC）机器人有限公司，成为最早进入中国市场的国外工业机器人企业之一。

2003年，图1.3-7（a）所示的智能焊接机器人研发成功，并开始批量生产。

2008年，工业机器人总产量位居全世界第一，成为全球首家突破20万台工业机器人的生产企业。

2009年，图1.3-7（b）所示的并联结构机器人研发成功，并开始批量生产。

2011年，成为全球首家突破25万台工业机器人的生产企业，工业机器人总产量继续位居全世界第一。

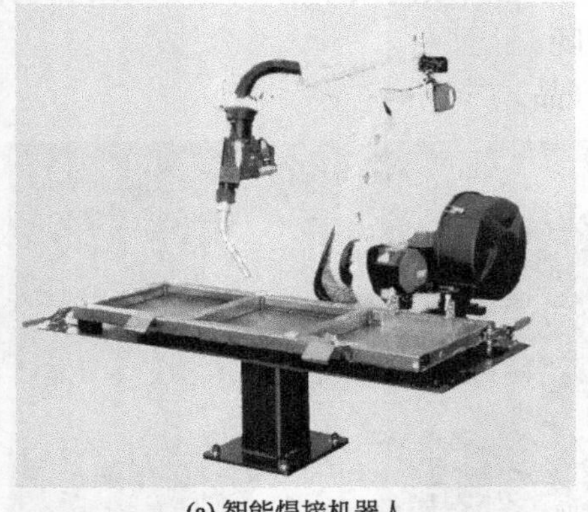
(a) 智能焊接机器人

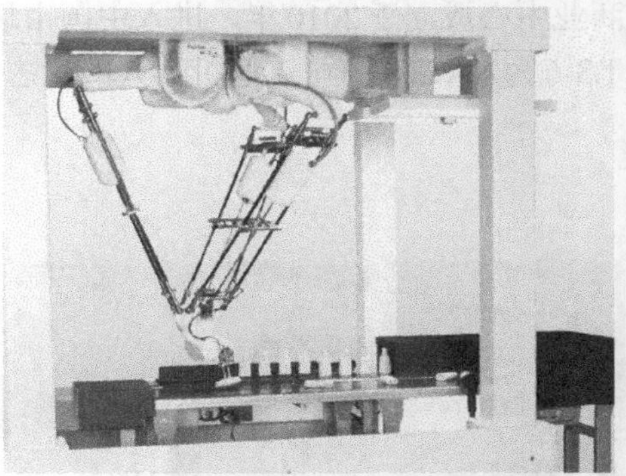
(b) 并联结构机器人

图1.3–7　FANUC公司代表性产品

4. YASKAWA（安川）

YASKAWA（安川）公司成立于1915年，是全球著名的伺服电机、伺服驱动器、变频器和工业机器人生产厂家，其工业机器人的总产量目前名列全球前二，它也是首家进入中国的工业机器人企业。YASKAWA（安川）公司的工业机器人及关键部件的研发、生产简况如下。

1915年，YASKAWA（安川）公司正式成立。

1954年，与BBC（Brown.Boveri & Co.，Ltd）德国公司合作，开始研发直流电机产品。

1958年，发明直流伺服电机。

1977年，垂直多关节工业机器人MOTOMAN-L10研发成功，创立了MOTOMAN工业机器人品牌。

1983年，开始产业化生产交流伺服驱动产品。

1990年，带电作业机器人研发成功，MOTOMAN机器人中心成立。

1996年，北京工业机器人合资公司正式成立，成为首家进入中国的工业机器人企业。

2003年，MOTOMAN机器人总销量突破10万台，成为当时全球工业机器人产量最大的企业之一。

2005年，推出新一代双腕、7轴工业机器人，并批量生产。

2006年，安川MOTOMAN机器人总销量突破15万台，继续保持工业机器人产量全球领先地位。

2008年，安川MOTOMAN机器人总销量突破20万台，与FANUC公司同时成为全球工业机器人总产量超20万台的企业。

2014年，安川MOTOMAN机器人总销量突破30万台。

YASKAWA公司工业机器人代表性产品如图1.3-8所示。

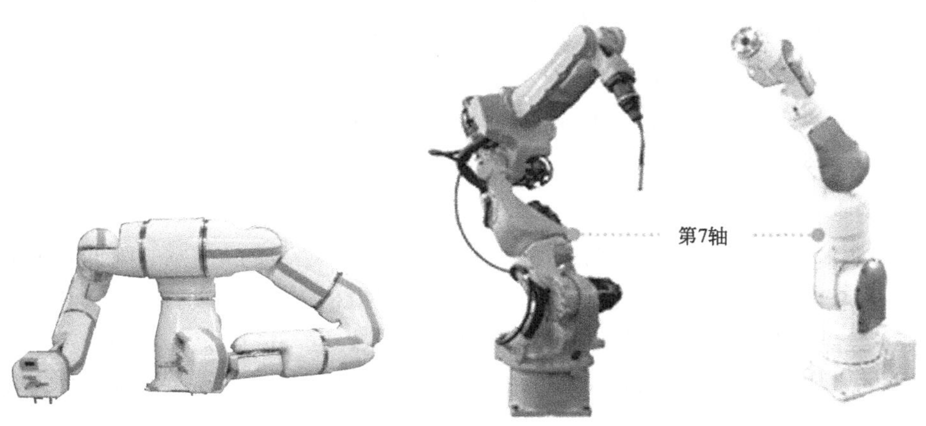

(a) 双腕、6自由度机器人　　(b) 7轴机器人

图1.3-8　YASKAWA公司工业机器人代表性产品

5. DAIHEN（欧希地）

DAIHEN公司为日本大阪变压器集团（Osaka Transformer Co.，Ltd，简称OTC）所属企业，国内称为“欧希地（OTC）”公司。

DAIHEN公司是日本著名的焊接机器人生产企业。公司自1979年起开始从事焊接机器人生产；在1983年，研发了全球首台具有示教编程功能的焊接机器人；在1991年，研发了全球首个协同作业机器人焊接系统；这些产品的研发，都对工业机器人的技术进步和行业发展起到了重大的促进作用。

DAIHEN公司自2001年起开始和NACHI（不二越）合作研发工业机器人。自2002年起，

先后在我国成立了欧希地机电（上海）有限公司、欧希地机电（青岛）有限公司及欧希地机电（上海）有限公司广州、重庆、天津分公司，进行工业机器人产品的生产和销售。

DAIHEN公司工业机器人代表性产品如图1.3-9所示。

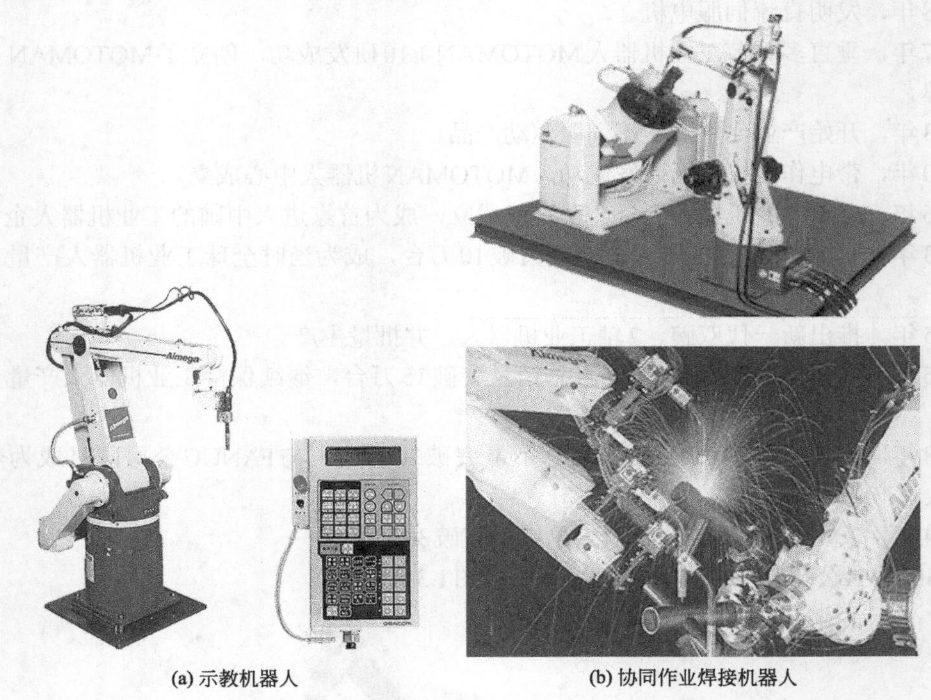

(a) 示教机器人　(b) 协同作业焊接机器人

图1.3-9　DAIHEN公司工业机器人代表性产品

6. ABB

ABB（Asea Brown Boveri）集团公司是由原总部位于瑞典的ASEA（阿西亚）和总部位于瑞士的Brown.Boveri & Co.，Ltd（布朗勃法瑞，简称BBC）两个具有百年历史的著名电气公司于1988年合并而成。ABB的集团总部位于瑞士苏黎世，低压交流传动研发中心位于芬兰赫尔辛基；中压传动研发中心位于瑞士；直流传动及传统低压电器等产品的研发中心位于德国法兰克福。

在组建ABB集团公司前，ASEA公司和BBC公司都是全球著名的电力和自动化技术设备大型生产企业。

ASEA公司成立于1890年。在1942年，研发制造了世界首台120MVA/220kV变压器；1954年，建造了世界首条100千伏高压直流输电线路等重大产品和工程；1969年，ASEA公司研发出全球第一台喷涂机器人，开始进入工业机器人的研发制造领域。

BBC公司成立于1891年。在1891年，成为全球首家高压输电设备生产供应商；在1901年，研发制造了欧洲首台蒸汽涡轮机等重大产品。BBC又是著名的低压电器和电气传动设备生产企业，其产品遍及工商业、民用建筑配电、各类自动化设备和大型基础设施工程。

组建后的ABB公司业务范围更广，它是世界电力和自动化技术领域的领导厂商之一。ABB公司负责建造了我国第一艘采用电力推进装置的科学考察船、第一座自主设计的半潜式钻井平台、第一条全自动重型卡车冲压生产线等重大装备；以及四川锦屏至苏南的

2090km、7200MW/800kV输电线路（世界最长、容量最大的特高压直流输电线路），武广高铁（中国第一条高速铁路，全长1068km、设计时速350km /h），江苏如东海上风电基地（中国最大的海上风电基地），上海罗泾港码头（中国第一座全自动散货码头），江苏沙钢集团（全球最先进、高效的轧钢厂）等重大工程建设。

ABB公司的工业机器人研发始于1969年的瑞典ASEA公司，它是全球最早从事工业机器人研发制造的企业之一，其累计销量已超过20万台，产品规格全、产量大，是世界著名的工业机器人制造商和我国工业机器人的主要供应商。ABB公司的工业机器人及关键部件的研发、生产简况如下。

1969年，ASEA公司研制出全球首台喷涂机器人，并在挪威投入使用。

1974年，ASEA公司研制出了世界首台微机控制、全电气驱动的5轴涂装机器人IRB6。

1998年，ABB公司研制出了Flex Picker柔性手指和Robot Studio离线编程和仿真软件。

2005年，ABB在上海成立机器人研发中心，并建成了机器人生产线。

2009年，研制出当时全球精度最高、速度最快、重量为25kg的6轴小型工业机器人IRB 120。

2010年，ABB最大的工业机器人生产基地和唯一的喷涂机器人生产基地——中国机器人整车喷涂实验中心建成。

2011年，ABB公司研制出全球最快码垛机器人IRB 460。

2014年，ABB公司研制出当前全球首台真正意义上可实现人机协作的机器人YuMi。

ABB公司工业机器人代表性产品如图1.3-10所示。

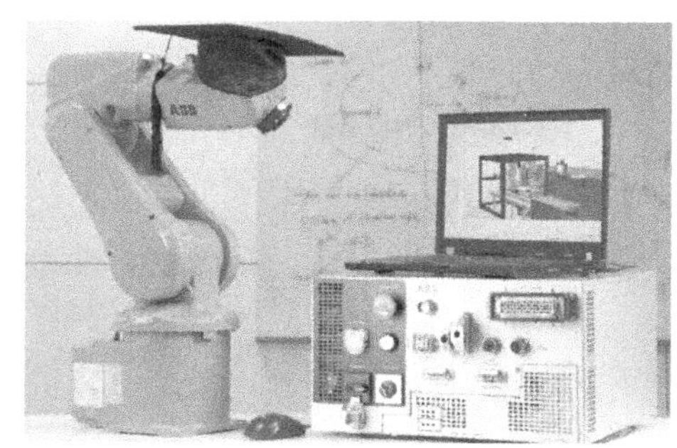

(a) IRB120机器人

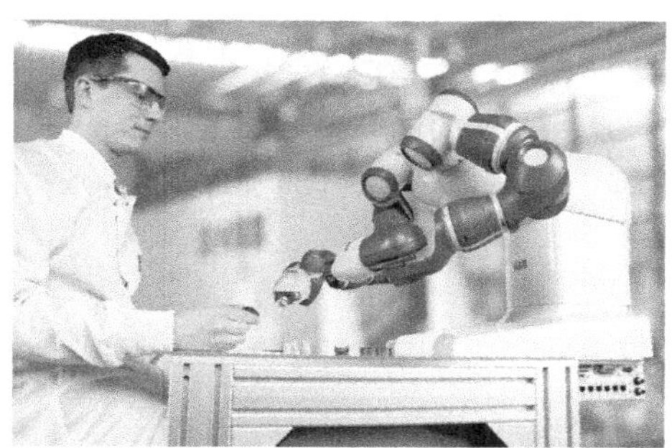
(b) YuMi机器人

图1.3-10 ABB公司工业机器人代表性产品

7. KUKA（库卡）

KUKA（库卡）公司的创始人为Johann Josef Keller和Jakob Knappich，公司于1898年在德国巴伐利亚州的奥格斯堡（Augsburg）正式成立，取名为“Keller und Knappich Augsburg”，简称KUKA。KUKA（库卡）公司最初的主要业务为室内及城市照明；后开始从事焊接设备、大型容器、市政车辆的研发生产；1966年，成为欧洲市政车辆的主要生产商。

KUKA（库卡）公司的工业机器人研发始于1973年。1995年，其机器人事业部与焊接设备事业部分离，成立KUKA机器人有限公司。KUKA（库卡）公司是世界著名的工业机器人制造商之一，其产品规格全、产量大，是我国目前工业机器人的主要供应商。KUKA（库卡）公司的工业机器人及关键部件的研发、生产简况如下。

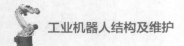

1973年，研发出世界首台6轴工业机器人FAMULUS。

1985年，研制出世界首台具有3个平移和3个转动自由度的Z型6自由度机器人。

1989年，研发出交流伺服驱动的工业机器人产品。

2007年，“KUKA titan” 6轴工业机器人研发成功，产品被收入吉尼斯纪录。

2010年，研发出工作范围3100mm、载重300kg的KR Quantec系列大型工业机器人。

2012年，研发出小型工业机器人产品系列KR Agilus。

2013年，研发出概念机器车moiros，并获2013年汉诺威工业展机器人应用方案冠军和Robotics Award大奖。

2014年，德国REIS（徕斯）公司并入KUKA（库卡）公司。

2017年，中国美的集团收购了库卡公司。

KUKA公司工业机器人的标志性产品如图1.3-11所示。

(a) 高标

(b) moiros概念机器车

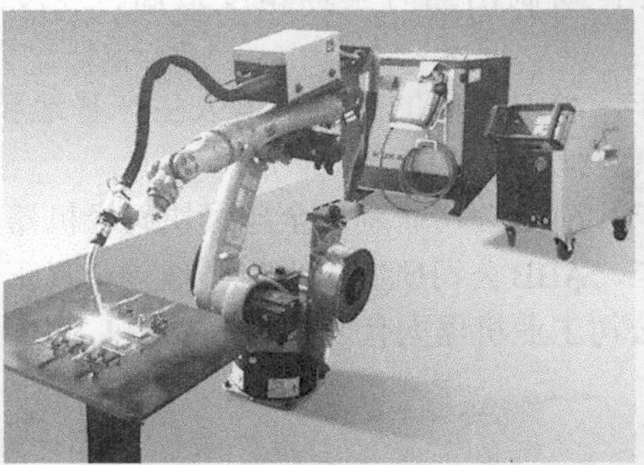

(c) 机器人焊接系统

图1.3-11　KUKA公司工业机器人标志性产品

第2章 工业机器人的基本特性

2.1 工业机器人组成与特点

2.1.1 工业机器人的组成

1. 工业机器人系统的组成

工业机器人是一种功能完整、可独立运行的典型机电一体化设备，它有自身的控制器、驱动系统和操作界面，可对其进行手动、自动操作及编程，它能依靠自身的控制能力来实现所需要的功能。广义上的工业机器人是由机器人本体及相关附加设备组成的完整系统，见图2.1-1，它总体可分为机械部件和电气控制系统两大部分。

工业机器人（以下简称机器人）系统的机械部件包括机器人本体、末端执行器、变位器等；控制系统主要包括控制器、驱动器、操作单元、上级控制器等。其中，机器人本体、末端执行器以及控制器、驱动器、操作单元是机器人必需的基本组成部件，在所有机器人都必须配备。

末端执行器又称工具，它是机器人的作业机构，与作业对象和要求有关，其种类繁多，它一般需要由机器人制造厂和用户共同设计、制造与集成。变位器是用于机器人或工件的整体移动或进行系统协同作业的附加装置，它可根据需要选配。

在控制系统中，上级控制器是用于机器人系统协同控制、管理的附加设备，既可用于机器人与机器人、机器人与变位器的协同作业控制，也可用于机器人和数控机床、机器人和自动生产线其他机电一体化设备的集中控制，此外，还可用于机器人的操作、编程与调试。上级控制器同样可根据实际系统的需要选配，在柔性加工单元（FMC）、自动生产线等自动化设备上，上级控制器的功能也可直接由数控机床所配套的数控系统（CNC）、生产线控制用的PLC等承担。

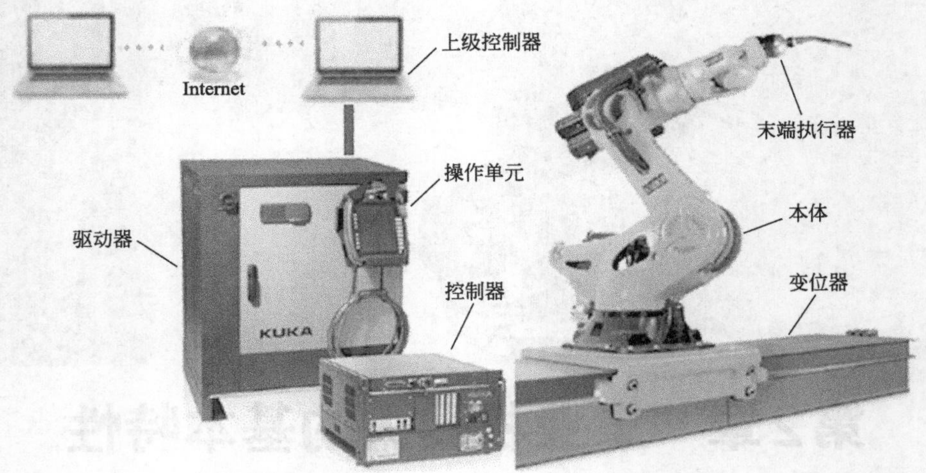

图2.1–1　工业机器人系统的组成

2. 机器人本体

机器人本体又称操作机，它是用来完成各种作业的执行机构，包括机械部件及安装在机械部件上的驱动电机、传感器等。

机器人本体的形态各异，但绝大多数都是由若干关节（Joint）和连杆（Link）连接而成。以常用的6轴垂直串联型（Vertical Articulated）工业机器人为例，其运动主要包括整体回转（腰关节）、下臂摆动（肩关节）、上臂摆动（肘关节）、腕回转和弯曲（腕关节）等，工业机器人本体的典型结构如图2.1-2所示，其主要组成部件包括手部、腕部、上臂、下臂、腰部、基座等。

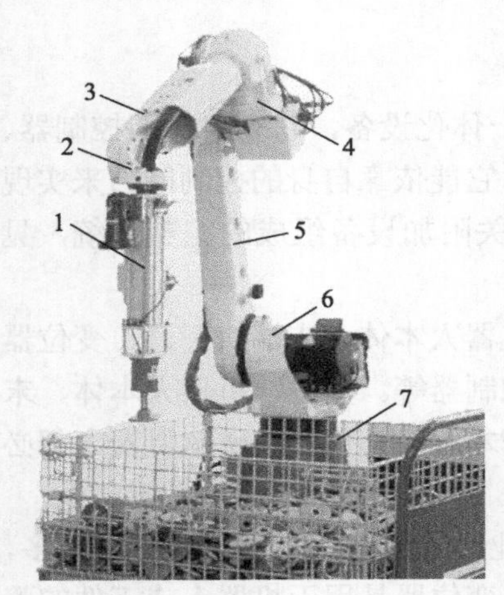

图2.1–2　工业机器人本体的典型结构

1—末端执行器；2—手部；3—腕部；4—上臂；5—下臂；6—腰部；7—基座

机器人的手部用来安装末端执行器，它既可以安装类似人类的手爪，也可以安装吸盘或其他各种作业工具；腕部用来连接手部和手臂，起到支撑手部的作用；上臂用来连接腕部和下臂。上臂可回绕下臂摆动，实现手腕大范围的上下（俯仰）运动；下臂用来连接上臂和腰部，并可回绕腰部摆动，以实现手腕大范围的前后运动；腰部用来连接下臂和基座，它可以在基座上回转，以改变整个机器人的作业方向；基座是整个机器人的支持部分。机器人的基座、腰、下臂、上臂通称机身；机器人的腕部和手部通称手腕。

机器人的末端执行器又称工具，它是安装在机器人手腕上的作业机构。末端执行器与机器人的作业要求、作业对象密切相关，一般需要由机器人制造厂和用户共同设计与制造。例如，用于装配、搬运、包装的机器人则需要配置吸盘、手爪等用来抓取零件、物品的夹持器；而加工类机器人需要配置用于焊接、切割、打磨等加工的焊枪、割枪、铣头、磨头等各种工具或刀具等。

3. 变位器

变位器是用于机器人或工件整体移动，进行协同作业的附加装置，它既可选配机器人生产厂家的标准部件，也可用用户根据需要设计、制作，如图2.1-3所示。通过选配变位器，可增加机器人的自由度和作业空间；此外，还可实现作业对象或其他机器人的协同运动，增强机器人的功能和作业能力。简单机器人系统的变位器一般由机器人控制器直接控制，多机器人复杂系统的变位器需要由上级控制器进行集中控制。

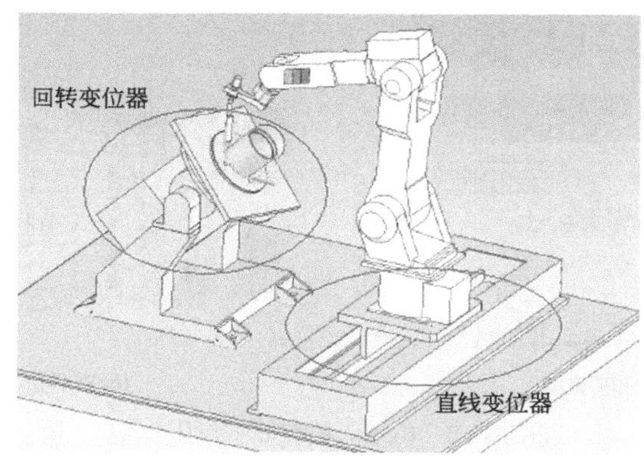

图2.1-3 变位器

机器人变位器可分通用型和专用型两类，其运动轴数可以是单轴、双轴、3轴或多轴。通用型变位器又可分图2.1-4所示的回转变位器和直线变位器两类，回转变位器与数控机床回转工作台类似，可用于机器人或作业对象的大范围回转；直线变位器与数控机床工作台类似，多用于机器人本体的大范围直线运动。专用型变位器一般用于作业对象的移动，其结构各异、种类较多，难以尽述。

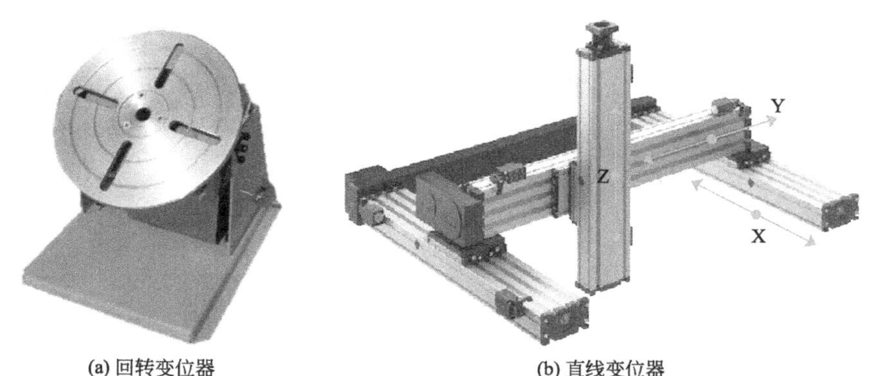

(a) 回转变位器　(b) 直线变位器

图2.1-4 通用型变位器类型

4. 电气控制系统

在机器人电气控制系统中，上级控制器仅用于复杂系统各种机电一体化设备的协同控制、运行管理和调试编程，它通常以网络通信的形式与机器人控制器进行信息交换，因此，

实际上属于机器人电气控制系统的外部设备；而机器人控制器、操作单元、伺服驱动器及辅助控制电路，则是机器人控制必不可少的系统部件。

1）机器人控制器

机器人控制器是用于机器人坐标轴位置和运动轨迹控制的装置，输出运动轴的插补脉冲，其功能与数控装置（CNC）非常类似，机器人控制器的常用类型有图2.1-5所示的工业PC机型和PLC型2种。

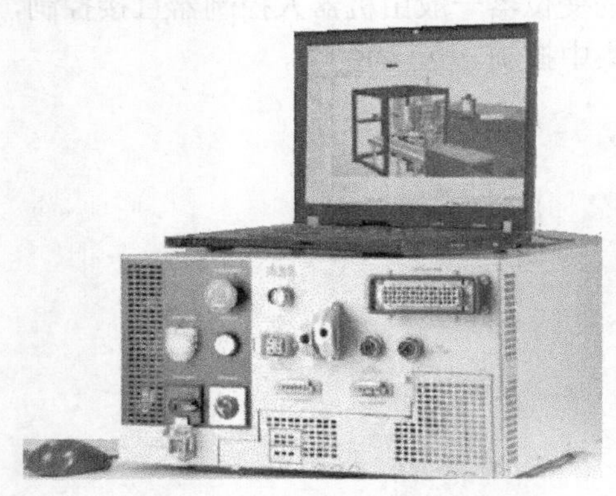

(a) 工业PC机型

(b) PLC型

图2.1–5　机器人控制器的常用类型

工业PC机型机器人控制器的主机和通用计算机并无本质的区别，但机器人控制器需要增加传感器、驱动器接口等硬件，这种控制器的兼容性好、软件安装方便、网络通信容易。PLC（可编程序控制器）型控制器以类似PLC的CPU模块作为中央处理器，然后通过选配各种PLC功能模块，如测量模块、轴控制模块等，来实现对机器人的控制，这种控制器的配置灵活，模块通用性好、可靠性高。

2）操作单元

工业机器人的现场编程一般通过示教操作实现，它对操作单元的移动性能和手动性能的要求较高，但其显示功能一般不及数控系统，因此，机器人的操作单元以手持式为主，习惯上称之为示教器或教导盒。目前，工业机器人常用的示教器有图2.1-6所示的按键型和触摸屏2类。

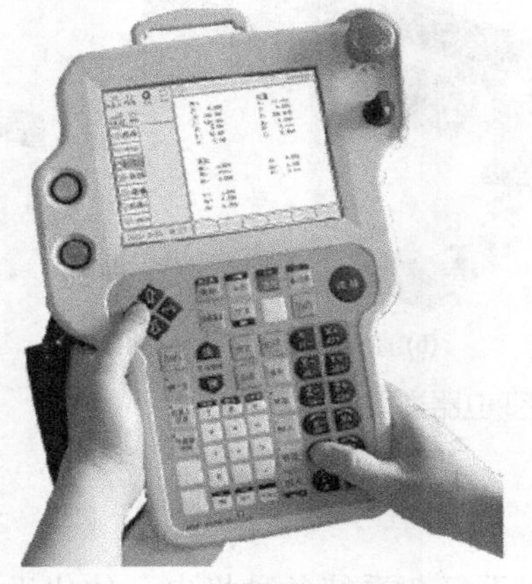

(a) 按键型

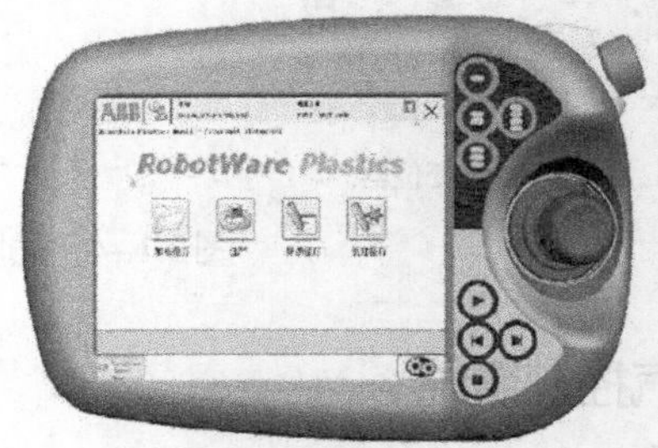

(b) 触摸屏

图2.1–6　工业机器人常用的示教器

传统的示教器由显示器和按键组成，操作者可根据系统的显示器提示和按键，直接输入命令和进行所需的操作。按键型示教器的操作简单、直观，但由于手持操作单元的外形、体积和重量均所到限制，其显示器通常较小、其按键的数量也不像数控机床等设备的固定式操作单元那样完整、齐全。

采用触摸屏的示教器可大幅度减少操作键的数量，最大限度增加显示器尺寸。这种示教器通常只有急停、功能选择、手动与自动运行控制等少量常用按键，其他的操作均需要通过触摸键进行。

随着技术的进步，目前已出现了通过WiFi连接的智能手机型示教器，这种示教器的最大优点是省略了示教器和控制器间的连接电缆；其使用更加灵活、方便，是适用于网络环境的新型操作单元。

3）驱动器

驱动器实际上是用于控制器的插补脉冲功率放大的装置，实现驱动电机位置、速度、转矩控制，驱动器通常安装在控制柜内。驱动器的形式决定于驱动电机的类型，伺服电机需要配套伺服驱动器、步进电机则需要使用步进驱动器。机器人目前常用的驱动器以交流伺服驱动器为主，它有图2.1-7所示的集成式、模块式和独立型3种基本结构形式。

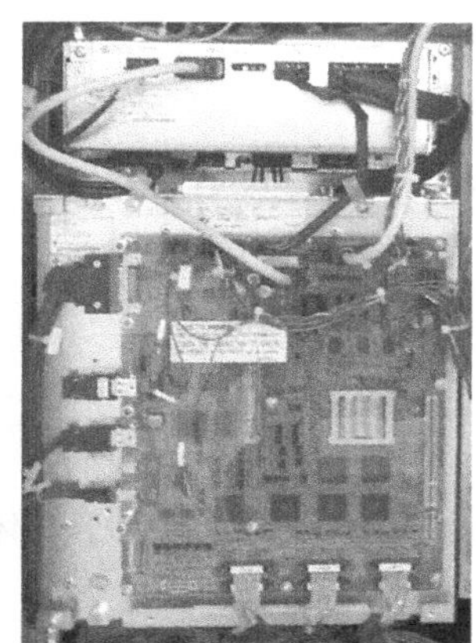

(a) 集成式

(b) 模块式

(c) 独立型

图2.1-7 交流伺服驱动器

集成式驱动器的全部运动轴的控制板、逆变模块均集成于一体，驱动器的电源模块可独立或集成，这种驱动器的结构紧凑、生产成本低，是目前使用较为广泛的结构形式。

模块式驱动器由电源模块和驱动模块组成，电源模块为所有轴公用，驱动模块可根据需要灵活选配，整个驱动器需要统一安装。

独立型驱动器的每一运动轴都使用电源和驱动电路集成一体的独立单元，驱动器使用灵活、安装简单、通用性好，调试、维修和更换方便。

4）辅助控制电路

辅助电路主要用于控制器、驱动器电源的通断控制和接口信号的转换。由于工业机器人的控制要求类似，接口信号的类型基本统一，为了缩小体积、降低成本、方便安装，辅助控制电路常被制成标准的控制模块。

由于不同机器人的电气控制系统组成部件和功能类似，因此，在机器人生产厂家，通常将电气控制系统统一设计成图2.1-8所示的通用控制柜结构。在控制柜中，示教器是用于工

业机器人操作、编程及数据输入/显示的人机界面，为了方便使用，它一般为可移动式悬挂部件，系统其他的组成部件，如机器人控制器、伺服驱动器、辅助控制电路等均统一安装在控制柜内。

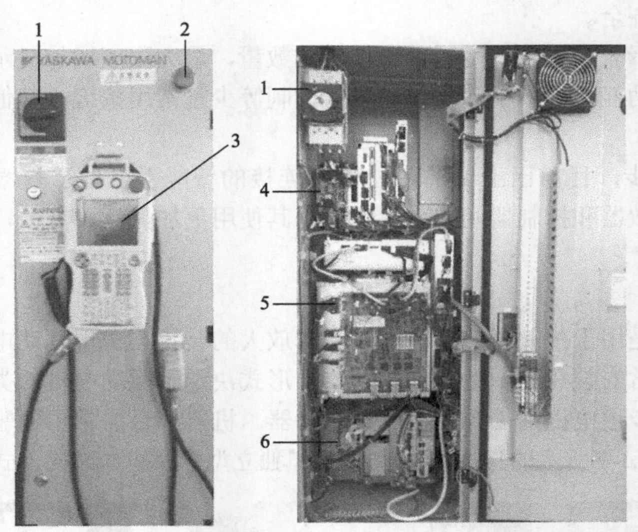

图2.1–8　通用控制柜结构

1—电源开关；2—急停按钮；3—示教器；4—辅助控制电路；5—驱动器；6—机器人控制器

2.1.2　工业机器人的特点

1. 基本特点

工业机器人是集机械、电子、控制、检测、计算机、人工智能等多学科先进技术于一体的典型机电一体化设备，其主要技术特点如下

1）拟人

在结构形态上，大多数工业机器人的本体有类似人类的腰转、大臂、小臂、手腕、手爪等部件，并接受其控制器的控制。在智能工业机器人上，还安装有模拟人类等生物的传感器，如：模拟感官的接触传感器、力传感器、负载传感器、光传感器；模拟视觉的图像识别传感器；模拟听觉的声传感器、语音传感器等；这样的工业机器人具有类似人类的环境自适应能力。

2）柔性

工业机器人有完整、独立的控制系统，它可通过编程来改变其动作和行为，此外，还可通过安装不同的末端执行器，来满足不同的应用要求，因此，它具有适应对象变化的柔性。

3）通用

除了部分专用工业机器人外，大多数工业机器人都可通过更换工业机器人手部的末端操作器，如更换手爪、夹具、工具等，来完成不同的作业。因此，它具有一定的、执行不同作业任务的通用性。

工业机器人、数控机床、机械手三者在结构组成、控制方式、行为动作等方面有许多相似之处，以至于非专业人士很难区分，有时引起误解。以下通过三者的比较，来介绍相互间的区别。

2. 工业机器人与数控机床

世界首台数控机床出现于1952年，它由美国麻省理工学院率先研发，其诞生比工业机器人早7年，因此，工业机器人的很多技术都来自于数控机床。

George Devol（乔治·德沃尔）最初设想的机器人实际就是工业机器人，他所申请的专利就是利用数控机床的伺服轴驱动连杆机构，然后通过操纵、控制器对伺服轴的控制，来实现机器人的功能。按照相关标准的定义，工业机器人是“具有自动定位控制、可重复编程的多功能、多自由度的操作机”，这点也与数控机床十分类似。

因此，工业机器人和数控机床的控制系统类似，它们都有控制面板、控制器、伺服驱动等基本部件，操作者可利用控制面板对它们进行手动操作或进行程序自动运行、程序输入与编辑等操作控制。但是，由于工业机器人和数控机床的研发目的有着本质的区别，因此，其地位、用途、结构、性能等各方面均存在较大的差异。图2.1-9是数控机床和工业机器人，总体而言，两者的区别主要有以下几点。

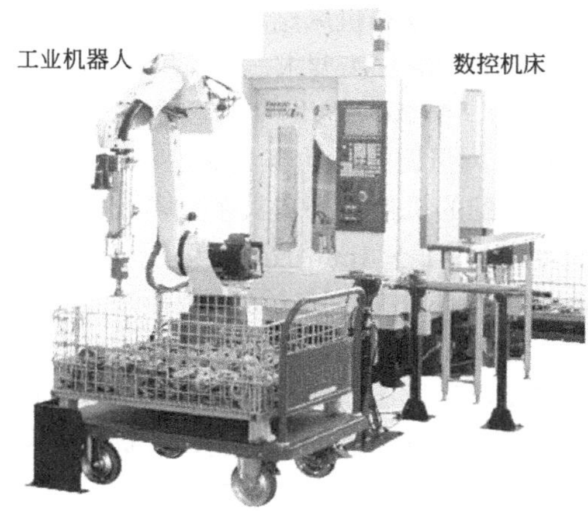

图2.1-9　数控机床与工业机器人

1）作用和地位

机床是用来加工机器零件的设备，是制造机器的机器，故称为工作母机；没有机床就几乎不能制造机器，没有机器就不能生产工业产品。因此，机床被称为国民经济基础的基础，在现有的制造模式中，它仍处于制造业的核心地位。工业机器人尽管发展速度很快，但目前绝大多数还只是用于零件搬运、装卸、包装、装配的生产辅助设备，或是进行焊接、切割、打磨、抛光等简单粗加工的生产设备，它在机械加工自动生产线上（焊接、涂装生产线除外）所占的价值一般还只有15%左右。因此，除非现有的制造模式发生颠覆性变革，否则，工业机器人的体量很难超越机床；所以，那些认为“随着自动化大趋势的发展，机器人将取代机床成为新一代工业生产的基础”的观点，至少在目前看来是不正确的。

2）目的和用途

研发数控机床的根本目的是解决轮廓加工的刀具运动轨迹控制问题；而研发工业机器人的根本目的是用来协助或代替人类完成那些单调、重复、频繁或长时间、繁重的工作或进行高温、粉尘、有毒、易燃、易爆等危险环境下的作业。由于两者研发目不同，因此，其用途也有根本的区别。简言之，数控机床是直接用来加工零件的生产设备；而大部分工业机器人则是用来替代或部分替代操作者进行零件搬运、装卸、装配、包装等作业的生产辅助设备，两者目前尚无法相互完全替代。

3）结构形态

工业机器人需要模拟人的动作和行为，在结构上以回转摆动轴为主、直线轴为辅（可能无直线轴），多关节串联、并联轴是其常见的形态；部分机器人（如无人搬运车等）的作业空间也是开放的。数控机床的结构以直线轴为主、回转摆动轴为辅（可能无回转摆动轴），绝大多数都采用直角坐标结构；其作业空间（加工范围）局限于设备本身。但是，随着技术的发展，两者的结构形态也在逐步融合，如机器人有时也采用直角坐标结构；采用并联虚拟轴结构的数控机床也已有实用化的产品等。

4）技术性能

数控机床是用来加工零件的精密加工设备，其轮廓加工能力、定位精度和加工精度等是衡量数控机床性能最重要的技术指标。高精度数控机床的定位精度和加工精度通常需要达到0.01mm或0.001mm的数量级，甚至更高，且其精度检测和计算标准的要求高于机器人。数控机床的轮廓加工能力决定于工件要求和机床结构，通常而言，能同时控制5轴（5轴联动）的机床，就可满足几乎所有零件的轮廓加工要求。

工业机器人是用于零件搬运、装卸、码垛、装配的生产辅助设备，或是进行焊接、切割、打磨、抛光等粗加工的设备，强调的是动作灵活性、作业空间、承载能力和感知能力。因此，除少数用于精密加工或装配的机器人外，其余大多数工业机器人对定位精度和轨迹精度的要求并不高，通常只需要达到0.1 ～ 1mm的数量级便可满足要求，且精度检测和计算标准的低于数控机床。但是，工业机器人的控制轴数将直接决定自由度、动作灵活性等关键指标，其要求很高；理论上说，需要工业机器人有6个自由度（6轴控制），才能完全描述一个物体在三维空间的位姿，如需要避障，还需要有更多的自由度。此外，智能工业机器人还需要有一定的感知能力，故需要配备位置、触觉、视觉、听觉等多种传感器；而数控机床一般只需要检测速度与位置，因此，工业机器人对检测技术的要求高于数控机床。

3. 工业机器人与机械手

用于零件搬运、装卸、码垛、装配的工业机器人功能和自动化生产设备中的辅助机械手类似。例如，国际标准化组织（ISO）将工业机器人定义为“自动的、位置可控的、具有编程能力的多功能机械手”；日本机器人协会（JRA）将工业机器人定义为“能够执行人体上肢（手和臂）类似动作的多功能机器”，表明两者的功能存在很大的相似之处。但是，工业机器人与生产设备中的辅助机械手的控制系统、操作编程、驱动系统均有明显的不同。图2.1-10是工业机器人和机械手，两者的主要区别如下。

1）控制系统

工业机器人需要有独立的控制器、驱动系统、操作界面等，可对其进行手动、自动操作和编程，因此，它是一种可独立运行的完整设备，能依靠自身的控制能力来实现所需要的功能。机械手只是用来实现换刀或工件装卸等操作的辅助装置，其控制一般需要通过设备的控制器（如CNC，PLC等）实现，它没有自身的控制系统和操作界面，故不能独立运行。

2）操作编程

工业机器人具有适应动作和对象变化的柔性，其动作是随时可变的，如需要，最终用户可随时通过手动操作或编程来改变其动作，现代工业机器人还可根据人工智能技术所制定的原则纲领自主行动。但是，辅助机械手的动作和对象是固定，其控制程序通常由设备生产厂家编制；即使在调整和维修时，用户通常也只能按照设备生产厂的规定进行操作，而不能改变其动作的位置与次序。

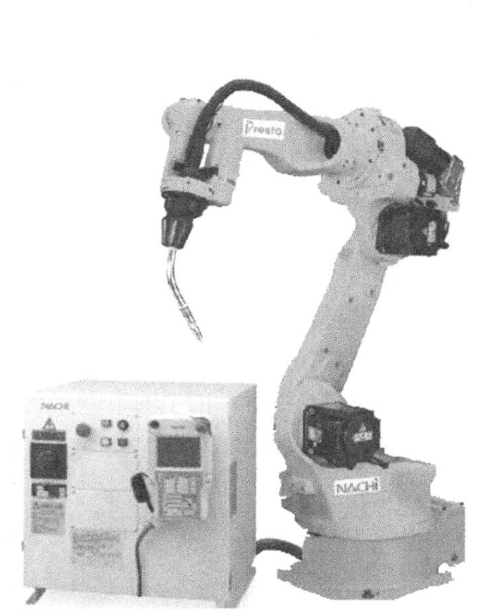

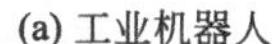

(a) 工业机器人

(b) 机械手

图2.1-10 工业机器人与机械手

3）驱动系统

工业机器人需要灵活改变位姿，绝大多数运动轴都需要有任意位置定位功能，需要使用伺服驱动系统；在无人搬运车（Automated Guided Vehicle，简称AGV）等输送机器人上，还需要配备相应的行走机构及相应的驱动系统。而辅助机械手的安装位置、定位点和动作次序样板都是固定不变的，大多数运动部件只需要控制起点和终点，故较多地采用气动、液压驱动系统。

2.2 工业机器人的结构形态

2.2.1 垂直串联机器人

从运动学原理上说，绝大多数机器人的本体都是由若干关节（Joint）和连杆（Link）组成的运动链。根据关节间的连接形式，多关节工业机器人的典型结构主要有垂直串联、水平串联（或SCARA）和并联3大类。

垂直串联（Vertical Articulated）是工业机器人最常见的结构形式，机器人的本体部分一般由5～7个关节在垂直方向依次串联而成，它可以模拟人类从腰部到手腕的运动，用于加工、搬运、装配、包装等各种场合。

1. 六轴串联结构

图2.2-1所示的6轴串联结构是垂直串联机器人的典型结构。机器人的6个运动轴分别为腰部回转轴S（Swing）、下臂摆动轴L（Lower Arm Wiggle）、上臂摆动轴U（Upper Arm Wiggle）、腕回转轴R（Wrist Rotation）、腕弯曲轴B（Wrist Bending）、手回转轴T（Turning）；其中，图中用实线表示的腰部回转轴S、腕回转轴R、手回转轴T为可在4象限进行360°或接近360°回转，称为回转轴（Roll）；用虚线表示的下臂摆动轴L、上臂摆动轴U、腕弯曲轴B一般只能在3象限内进行小于270°回转，称摆动轴（Bend）。

六轴垂直串联结构机器人的末端执行器作业点的运动，由手臂和手腕、手的运动合成；其中，腰、下臂、上臂3个关节，可用来改变手腕基准点的位置，称为定位机构。手腕部分的腕回转、弯曲和手回转3个关节，可用来改变末端执行器的姿态，称为定向机构。

2. 七轴串联结构

6轴垂直串联结构机器人较好地实现了三维空间内的任意位置和姿态控制，它对于各种作业都有良好的适应性，故可用于加工、搬运、装配、包装等各种场合。但是，由于结构所限，6轴垂直串联结构机器人存在运动干涉区域，在上部或正面运动受限时，进行下部、反向作业非常困难，为此，在先进的工业机器人有时也采图2.2-2所示的7轴串联结构。

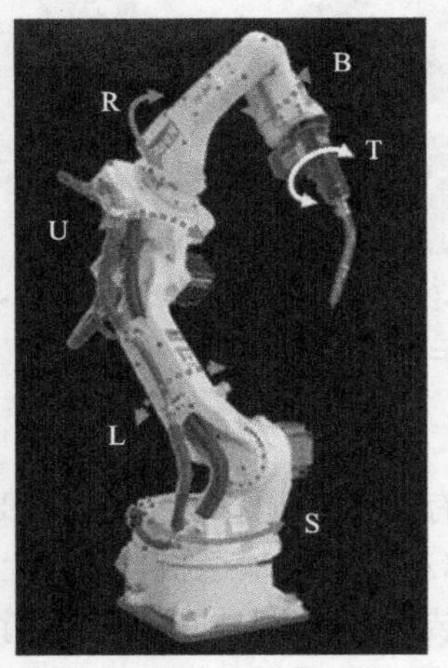

图2.2-1　六轴串联结构

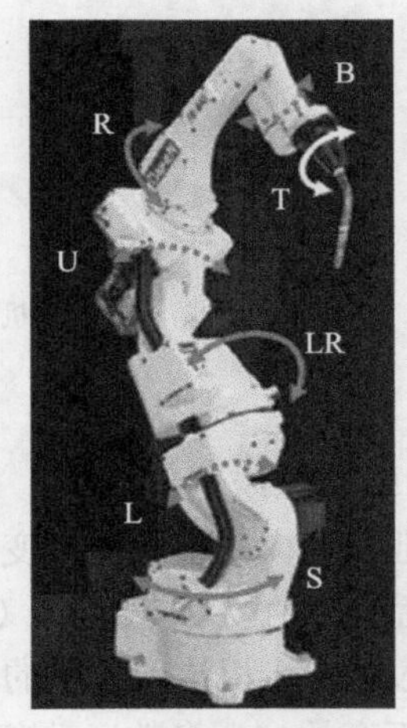

图2.2-2　七轴串联结构

七轴机器人在6轴机器人的基础上，增加了下臂回转轴LR（Lower Arm Rotation），使机器人本体的定位机构增加到腰回转、下臂摆动、下臂回转、上臂摆动4个关节，其机身的运动更加灵活。

例如，当机器人的上部运动受到限制时，它可以通过下臂的回转、避让机器人上部的干涉区，以完成图2.2-3（a）所示的下部作业。此外，它还可在机器人正面运动受到限制时，通过下臂的回转，避让正面的干涉区，进行图2.2-3（b）所示的反向作业。

3. 其他结构

机器人末端执行器的姿态与作业要求有关，在部分作业场合，有时可省略1～2个运动轴，简化为4～5轴垂直串联结构的机器人。例如，对于以水平面作业为主的搬运、包装机器人，可省略腕回转轴R，以简化结构、增加刚性等。

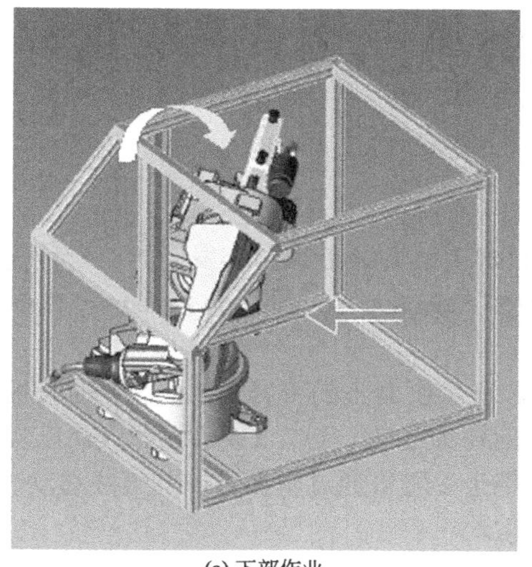

(a) 下部作业

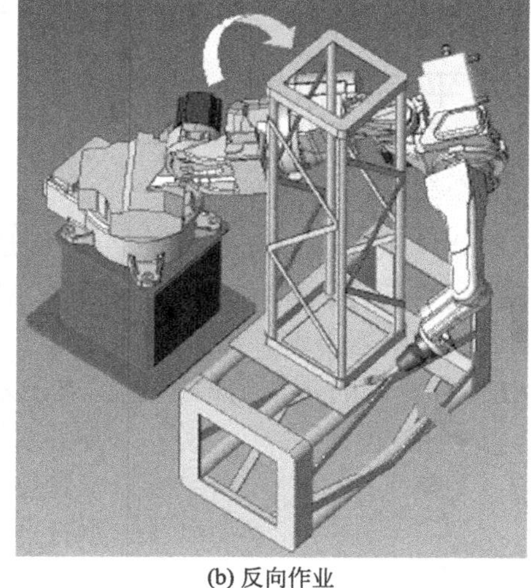

(b) 反向作业

图2.2-3 七轴机器人的应用

小型工业机器人的承载要求低，驱动手腕的电机规格较小，为简化机械结构、缩短传动链、提高运动精度，柄使机器人结构紧凑、手臂运动灵活，其手腕弯曲和手回转的驱动电机一般都安装在上臂前端的内腔，称为前驱结构。但大中型工业机器人需要有较大的承载能力和足够的结构刚度，结构件的体积和质量均较大，为了减轻机器人的上部质量，降低机器人重心，提高运动稳定性和承载能力，大中型机器人结构也经常采用图2.2-4所示的驱动电机后置（后驱）或连杆驱动结构。

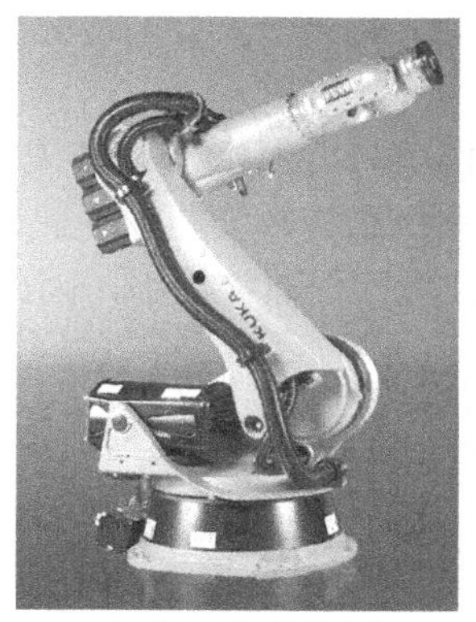

(a) 驱动电机后置结构

(b) 连杆驱动结构

图2.2-4 大中型机器人结构

为了保证输出转矩和承载能力，大中型机器人的手腕驱动电机规格大，为使电机有足够的安装空间和良好的散热，同时，能减小上臂的体积和重量、平衡重力、降低重心、提高运动稳定性，其手腕驱动电机通常布置在上臂后端（后驱），然后，通过上臂内的传动轴，将驱动力传递到上臂前端的手腕单元上，再通过手腕单元实回转与摆动。这种结构的机器人结构紧凑、负载能力较强，它是大中型机器人的基本结构形式。

采用平行四边形连杆机构驱动，不仅可加长力臂，放大电机驱动力矩、提高负载能力，而且，还可将驱动机构的安装位置移至腰部，以降低机器人的重心，增加运动稳定性。这种机器人的结构刚性高、负载能力强，它是大型、重载搬运机器人的常用结构形式。

2.2.2 水平串联机器人

1. 基本结构

水平串联（Horizontal Articulated）结构是日本山梨大学在1978年发明的、一种建立在圆柱坐标上的特殊机器人结构形式，又称SCARA（Selective Compliance Assembly Robot Arm，选择顺应性装配机器手臂）结构。

SCARA机器人的基本结构如图2.2-5所示。这种机器人的手臂由2～3个轴线相互平行的水平旋转关节C1、C2、C3串联而成，以实现平面定位；整个手臂可通过垂直方向的直线移动轴Z，进行升降运动。

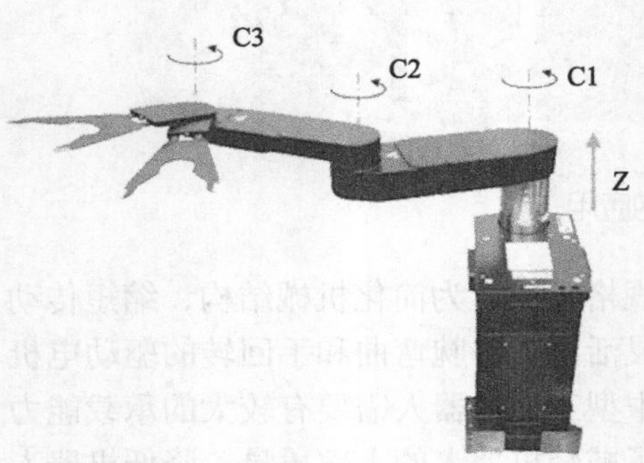

图2.2-5 SCARA机器人的基本结构

SCARA机器人的结构简单、外形轻巧、定位精度高、运动速度快，它特别适合于平面定位、垂直方向装卸的搬运和装配作业，故首先被用于3C行业（计算机Computer、通信Communication、消费性电子Consumer Electronic）印刷电路板的器件装配和搬运作业；随后在光伏行业的LED、太阳能电池安装，以及塑料、汽车、药品、食品等行业的平面装配和搬运领域得到了较为广泛的应用。SCARA结构机器人的工作半径通常为100～1000mm，承载能力一般在1～200kg之间。

2. 执行器升降结构

采用SCARA基本结构的机器人结构紧凑、动作灵巧，但水平旋转关节C1、C2、C3的驱动电机均需要安装在基座侧，其传动链长、传动系统结构较为复杂；此外，垂直轴Z需要控制3个手臂的整体升降，其运动部件质量较大、升降行程通常较小，因此，实际使用时经常采用图2.2-6所示的执行器直接升降结构。

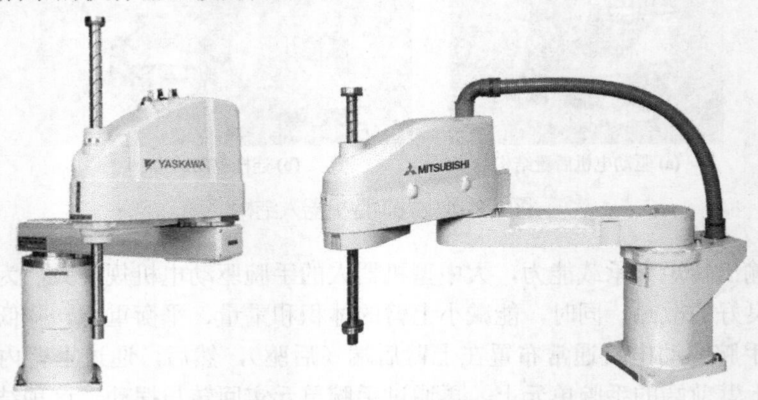

图2.2-6 执行器直接升降结构

采用执行器升降结构的SCARA机器人不但可扩大Z轴升降行程、减轻升降部件的重量、提高手臂刚性和负载能力，同时，还可将C2、C3轴的驱动电机安装位置前移，以缩短传动链、简化传动系统结构。但是，这种结构的机器人回转臂的体积大、结构不及基本型紧凑，因此，多用于垂直方向运动不受限制的平面搬运和部件装配作业。

2.2.3　并联机器人

1. 摆动结构

并联结构的工业机器人简称并联机器人（Parallel Robot），这是一种多用于电子电工、食品药品等行业装配、包装、搬运的高速、轻载机器人。

并联机器人的结构设计源自于1965年英国科学家Stewart在《A Platform with Six Degrees of Freedom》文中提出的6自由度飞行模拟器，即Stewart平台机构；1978年澳大利亚学者Hunt首次将Stewart平台机构引入机器人；到了1985年，瑞士洛桑联邦理工学院（Swiss federal Institute of Technology in lausanne，简称EPFL）的clavel博士发明了一种3自由度空间平移的并联机器人，并称之为Delta机器人（Delta机械手），见图2.2-7（a）。Delta机器人一般采用悬挂式布置，其基座上置，手腕通过空间均布的3根并联连杆支撑；机器人可通过图2.2-7（b）所示的连杆摆动角控制，使得手腕在一定的空间圆柱内定位。

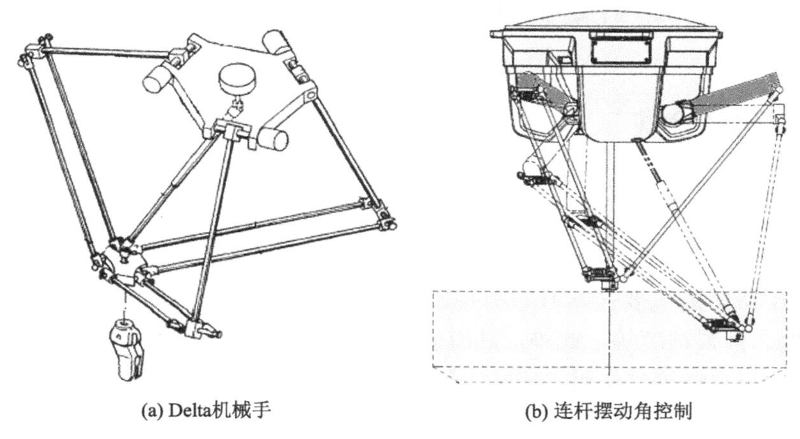

(a) Delta机械手　　(b) 连杆摆动角控制

图2.2-7　Delta机器人

Delta机器人具有结构简单、运动控制容易、安装方便等优点，因而成为了目前并联机器人的基本结构。

2. 直线驱动结构

图2.2-8（a）所示的采用连杆摆动结构的Delta机器人具有结构紧凑、安装简单、运动速度快等优点，但其承载能力通常较小（通常在10kg以内），故多用于电子、食品、药品等行业的轻量物品的分拣、搬运等。

为了增强结构刚性，使之能够适应大型物品的搬运、分拣等要求，大型并联机器人经常采用图2.2-8（b）所示的直线驱动结构，这种机器人以伺服电机和滚珠丝杠驱动的连杆拉伸直线运动代替了摆动，不但提高了机器人的结构刚性和承载能力，而且，还可以提高定位精度、简化结构设计，其最大承载能力可达1000kg以上。直线驱动的并联机器人，如果安装高速主轴，便可成为一台可进行切削加工、类似于数控机床的加工机器人。

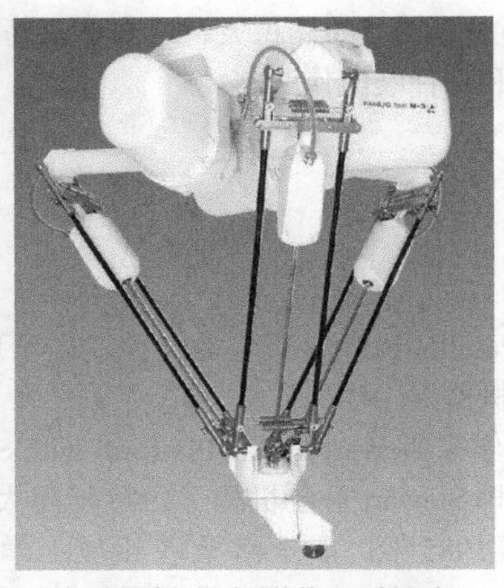

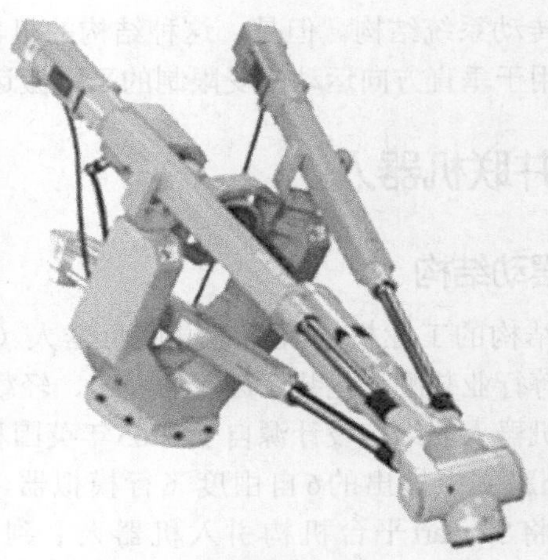

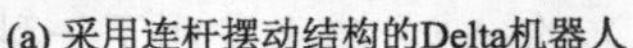

(a) 采用连杆摆动结构的Delta机器人　　　　(b) 直线驱动结构

图2.2-8　并联机器人

2.3　工业机器人的技术性能

2.3.1　主要技术参数

1. 基本参数

由于机器人的结构、用途和要求不同，机器人的性能也有所不同。一般而言，机器人样本和说明书中所给的主要技术参数有控制轴数（自由度）、承载能力、工作范围（作业空间）、运动速度、位置精度等；此外，还有安装方式、防护等级、环境要求、供电电源要求、机器人外形尺寸与重量等与使用、安装、运输相关的其他参数。

以ABB公司IRB 140T和安川公司MH6两种6轴通用型机器人为例，其产品样本和说明书所提供的主要技术参数如表2.3-1所示。

表2.3-1　6轴通用机器人主要技术参数表

机器人型号		IRB 140T	MH6
规格（Specification）	承载能力（Payload）/kg	6	6
	控制轴数（Number of axes）	6	
	安装方式（Mounting）	地面/壁挂/框架/倾斜/倒置	
工作范围（Working range）	第1轴（Axis 1）	360°	-170°～+170°
	第2轴（Axis 2）	200°	-90°～+155°
	第3轴（Axis 3）	-280°	-175°～+250°
	第4轴（Axis 4）	不限	-180°～+180°
	第5轴（Axis 5）	230°	-45°～+225°
	第6轴（Axis 6）	不限	-360°～+360°

续表

机器人型号		IRB 140T	MH6
最大速度（Maximum Speed）	第1轴（Axis 1）	250°/s	220°/s
	第2轴（Axis 2）	250°/s	200°/s
	第3轴（Axis 3）	260°/s	220°/s
	第4轴（Axis 4）	360°/s	410°/s
	第5轴（Axis 5）	360°/s	410°/s
	第6轴（Axis 6）	450°/s	610°/s
重复精度定位RP（Position repeatability）/mm		0.03(ISO 9238)	±0.08（JISB8432）
工作环境（Ambient）	工作温度（Operation temperature）	+5℃～+45℃	0℃～+45℃
	储运温度（Transportation temperature）	–25℃～+55℃	–25℃～+55℃
	相对湿度（Relative humidity）	≤95%RH	20%～80%RH
电源（Power Supply）	电压（Supply voltage）/V	200～600	200～400
	容量（Power consumption）/kVA	4.5	1.5
外形（Dimensions）	长/宽/高（Width/Depth/Height）/mm	800×620×950	640×387×1219
重量（Weight）/kg		98	130

2. 作业空间和安装要求

由于垂直串联等结构的机器人工作范围是3维空间的不规则球体，为了便于说明，产品样本中一般需要提供图2.3-1所示的详细作业空间图。

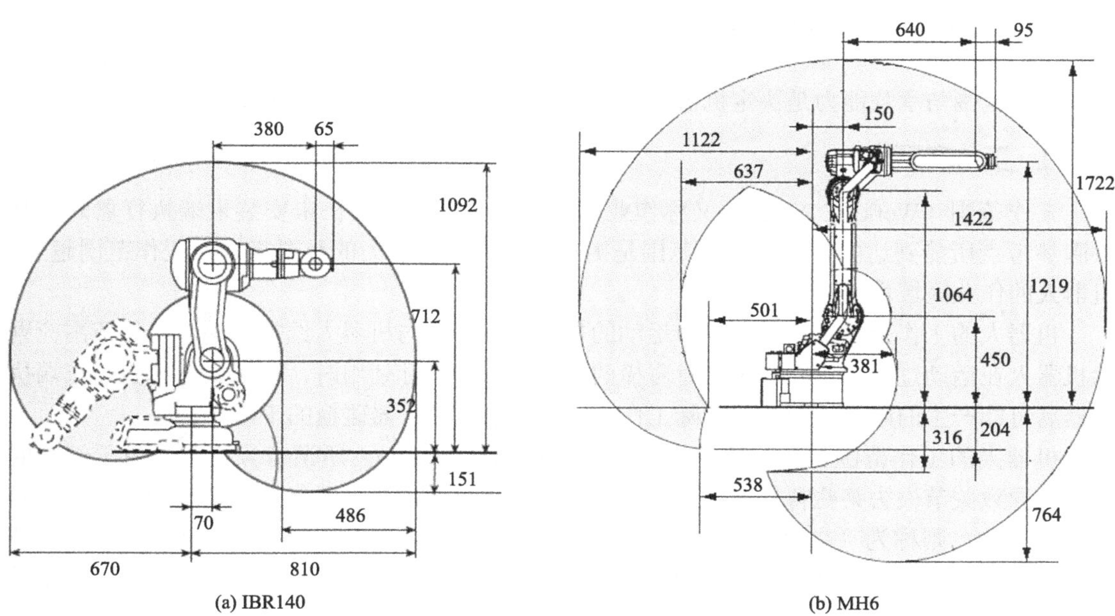

(a) IBR140　　(b) MH6

图2.3-1　IRB2600-12/1.85的作业空间图

机器人的安装方式与规格、结构形态等有关。一般而言，大中型机器人通常需要采用底面（Floor）安装；并联机器人则多数为倒置安装；水平串联（SCARA）和小型垂直串联机器人则可采用底面（Floor）、壁挂（Wall）、倒置（Inverted）、框架（Shelf）、倾斜（Tilted）等多种方式安装。

3. 分类性能

工业机器人的性能与机器人的用途、作业要求、结构形态等有关。大致而言，对于不同用途的机器人，其常见的结构形态以及对控制轴数（自由度）、承载能力、重复定位精度等主要技术指标的要求如表2.3-2所示。

表2.3–2　各类机器人的主要技术指标要求

类别		常见形态	控制轴数/个	承载能力/kg	重复定位精度/mm
加工类	弧焊、切割	垂直串联	6～7	3～20	0.05～0.1
	点焊	垂直串联	6～7	50～350	0.2～0.3
装配类	通用装配	垂直串联	4～6	2～20	0.05～0.1
	电子装配	SCARA	4～5	1～5	0.05～0.1
	涂装	垂直串联	6～7	5～30	0.2～0.5
搬运类	装卸	垂直串联	4～6	5～200	0.1～0.3
	输送	AGV	——	5～6500	0.2～0.5
包装类	分拣、包装	垂直串联、并联	4～6	2～20	0.05～0.1
	码垛	垂直串联	4～6	50～1500	0.5～1

2.3.2　工作范围与承载能力

工作范围与承载能力是决定机器人使用性能的关键指标，其含义分别如下。

1. 工作范围

工作范围（Working Range）又称作业空间，它是指机器人在未安装末端执行器时，其手腕参考点所能到达的空间。工作范围是衡量机器人作业能力的重要指标，工作范围越大，机器人的作业区域也就越大。

机器人的工作范围决定于各关节运动的极限范围，它与机器人结构有关。工作范围应剔除机器人在运动过程中可能产生自身碰撞的干涉区；在实际使用时，还需要考虑安装末端执行器后可能产生的碰撞，因此，实际工作范围还应剔除执行器碰撞的干涉区。

机器人的工作范围内还可能存在奇异点（Singular Point）。所谓奇异点，是由于结构的约束，导致关节失去某些特定方向自由度的点，奇异点通常存在于作业空间的边缘；如奇异点连成一片，则称为“空穴”。机器人运动到奇异点附近时，由于自由度的逐步丧失，关节的姿态需要急剧变化，这将导致驱动系统承受很大的负荷而产生过载；因此，对于存在奇异点的机器人来说，其工作范围还需要剔除奇异点和空穴。

机器人的工作范围与机器人的结构形态有关，对于常见的典型结构机器人，其作业空间范围如图2.3-2所示。

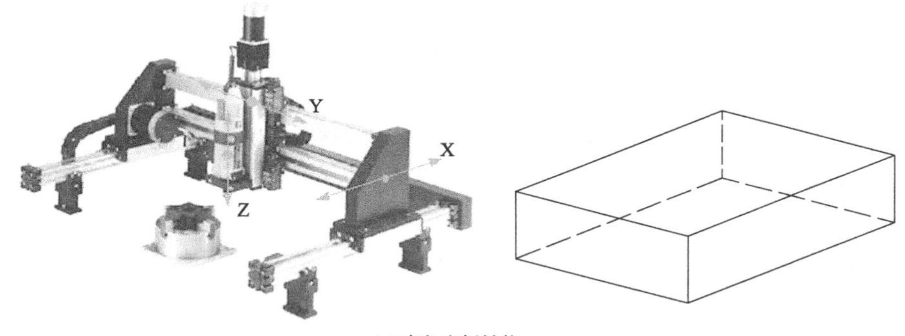

(a) 直角坐标结构

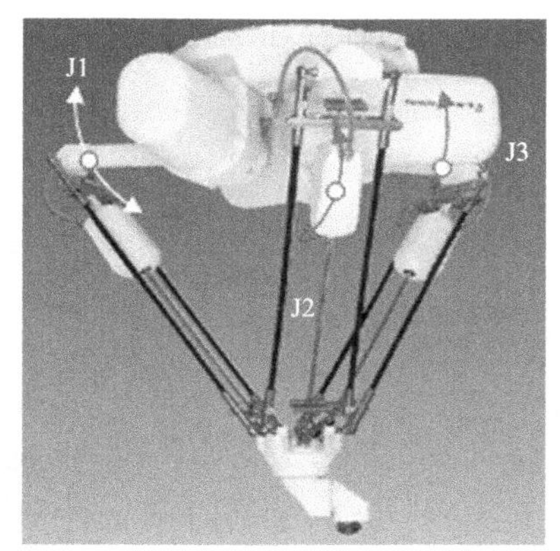

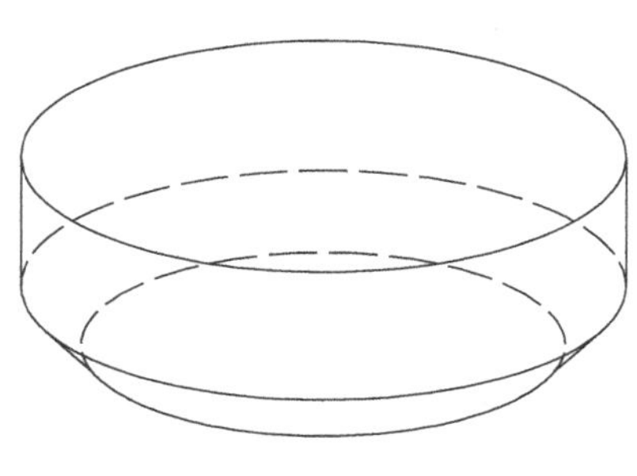

(b) 并联结构

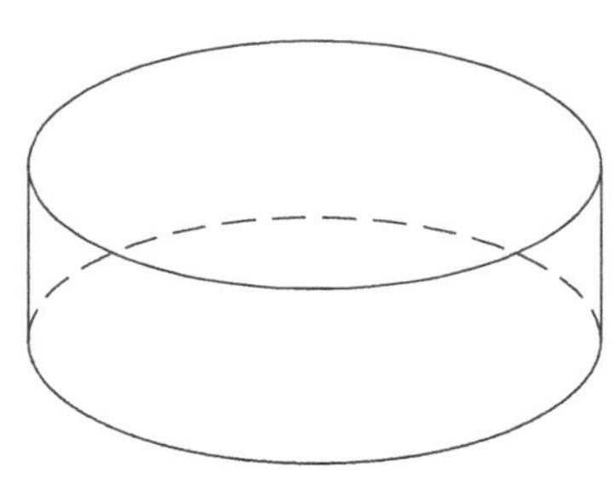

(c) SCARA结构

图2.3-2　机器人的工作范围

1）全范围作业机器人

在不同结构形态的机器人中，直角坐标机器人（Cartesian Coordinate Robot）、并联机器人（Parallel Robot）、SCARA机器人是通常无运动干涉区、机器人能够在整个工作范围内进行作业。

直角坐标结构机器人手腕参考点定位通过3维直线运动实现，其作业空间为图2.3-2（a）所示的实心立方体；并联机器人的手腕参考点定位通过3个并联轴的摆动实现，其作业范围为图2.3-2（b）所示的3维空间的锥底圆柱体；SCARA机器人的手腕参考点定位通过3轴摆动和垂直升降实现，其作业范围为图2.3-2（c）所示的3维空间的圆柱体。

2）部分范围作业机器人

圆柱坐标（Cylindrical Coordinate Robot）、球坐标（Polar Coordinate Robot）和垂直串联（Articulated Robot）机器人的工作范围，需要去除机器人的运动干涉区，故只能进行图2.3-3所示的部分空间作业。

圆柱坐标机器人的手腕参考点定位通过2轴直线加1轴回转摆动实现，由于摆动轴存在运动死区，其作业范围通常为图2.3-3（a）所示的3维空间的部分圆柱体。球坐标型机器人的手腕参考点定位通过1轴直线加2轴回转摆动实现，其摆动轴和回转轴均存在运动死区，作业范围为图2.3-3（b）所示的3维空间的部分球体。垂直串联关节型机器人的手腕参考点定位通过腰、下臂、上臂3个关节的回转和摆动实现，摆动轴存在运动死区，其作业范围为图2.3-3（c）所示的3维空间的不规则球体。

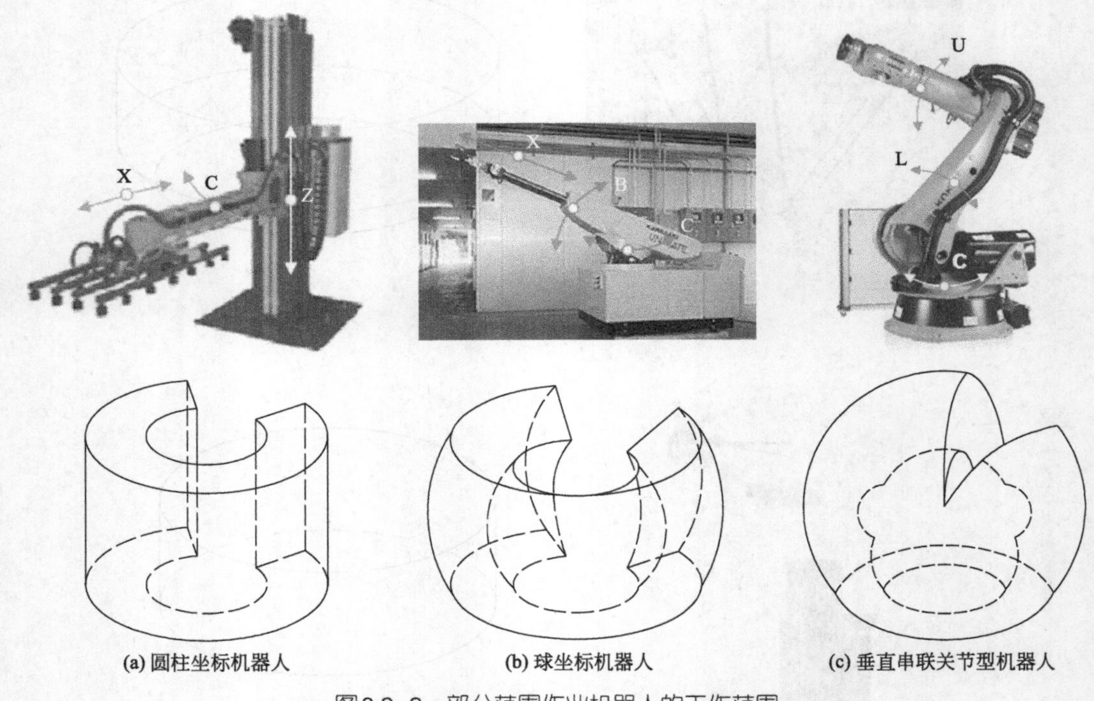

图2.3-3　部分范围作业机器人的工作范围

2. 承载能力

承载能力（Payload）是指机器人在作业空间内所能承受的最大负载，它一般用质量、力、转矩等技术参数表示。

搬运、装配、包装类机器人的承载能力是指机器人能抓取的物品质量，产品样本所提供的承载能力是指不考虑末端执行器、假设负载重心位于手腕参考点时，机器人高速运动可抓取的物品重量。

焊接、切割等加工机器人无需抓取物品，因此，所谓承载能力是指机器人所能安装的末端执行器质量。切削加工类机器人需要承担切削力，其承载能力通常是指切削加工时所能够承受的最大切削进给力。

为了能够表示准确反映负载重心的变化情况，机器人承载能力有时也可用允许转矩（Allowable Moment）的形式表示，或者通过机器人承载能力随负载重心位置变化图，来详细表示承载能力参数。

图2.3-4是承载能力为6kg的ABB公司IBR140和安川公司MH6垂直串联结构工业机器人的承载能力图，其他同类结构机器人的情况与此类似。

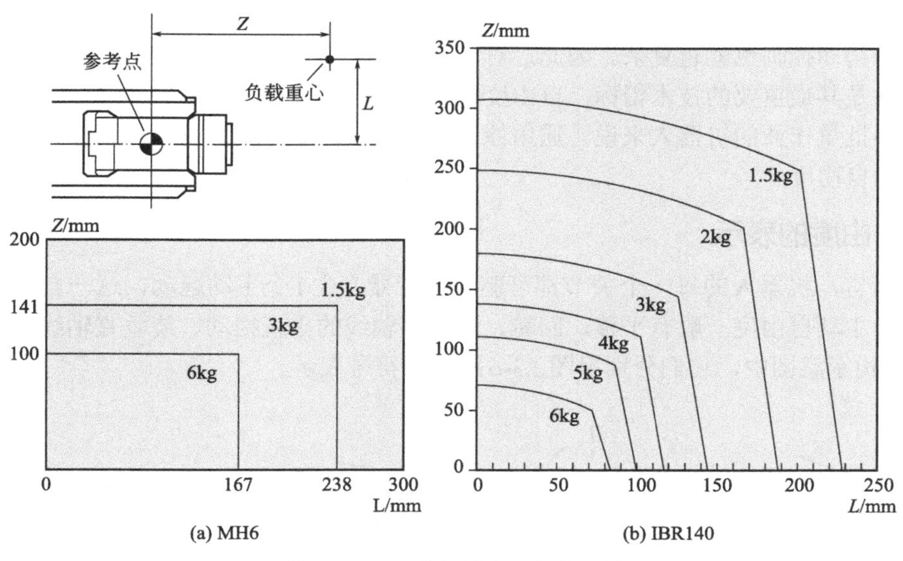

图2.3-4　工业机器人承载能力图

2.3.3　自由度、速度及精度

自由度、运动速度和重复定位精度是衡量机器人的性能的重要指标，它们不仅反映了机器人作业的灵活性、效率和动作精度，而且也是衡量机器人性能与水平的标志。指标的含义分别如下。

1. 自由度

自由度（Degree of Freedom）是衡量机器人动作灵活性的重要指标。所谓自由度，就是整个机器人运动链所能够产生的独立运动数，包括直线、回转、摆动运动，但不包括执行器本身的运动（如刀具旋转等）。机器人的每一个自由度原则上都需要有一个伺服轴进行驱动，因此，在产品样本和说明书中，通常以控制轴数（Number of axes）表示。

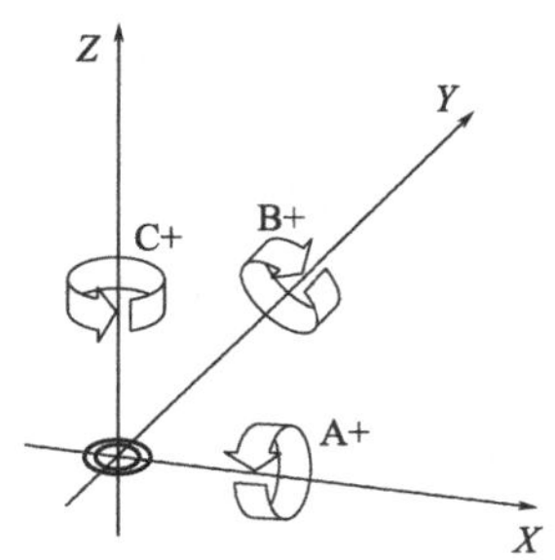

图2.3-5　机器人的三维空间运动自由度

一般而言，机器人进行直线运动或回转运动所需要的自由度为1；进行平面运动（水平面或垂直面）所需要的自由度为2；进行空间运动所需要的自由度为3。进而，如果机器人能进行图2.3-5所示的X、Y、Z方向直线运动和回绕X、Y、Z轴的回转运动，具有6

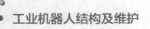

个自由度，执行器就可在3维空间上任意改变姿态，实现完全控制。

如果机器人的自由度超过6个，多余的自由度称为冗余自由度（Redundant Degree of Freedom），冗余自由度一般用来回避障碍物。

在3维空间作业的多自由度机器人上，由第1～3轴驱动的3个自由度，通常用于手腕基准点的空间定位；第4～6轴则用来改变末端执行器姿态。但是，当机器人实际工作时，定位和定向动作往往是同时进行的，因此，需要多轴同时运动。

机器人的自由度与作业要求有关。自由度越多，执行器的动作就越灵活，适应性也就越强，但其结构和控制也就越复杂。因此，对于作业要求不变的批量作业机器人来说，运行速度、可靠性是其最重要的技术指标，自由度则可在满足作业要求的前提下适当减少；而对于多品种、小批量作业的机器人来说，通用性、灵活性指标显得更加重要，这样的机器人就需要有较多的自由度。

2. 自由度的表示

通常而言，机器人的每一个关节都可驱动执行器产生1个主动运动，这一自由度称为主动自由度。主动自由度一般有平移、回转、绕水平轴线的垂直摆动、绕垂直轴线的水平摆动4种，在结构示意图中，它们分别用图2.3-6所示的符号表示。

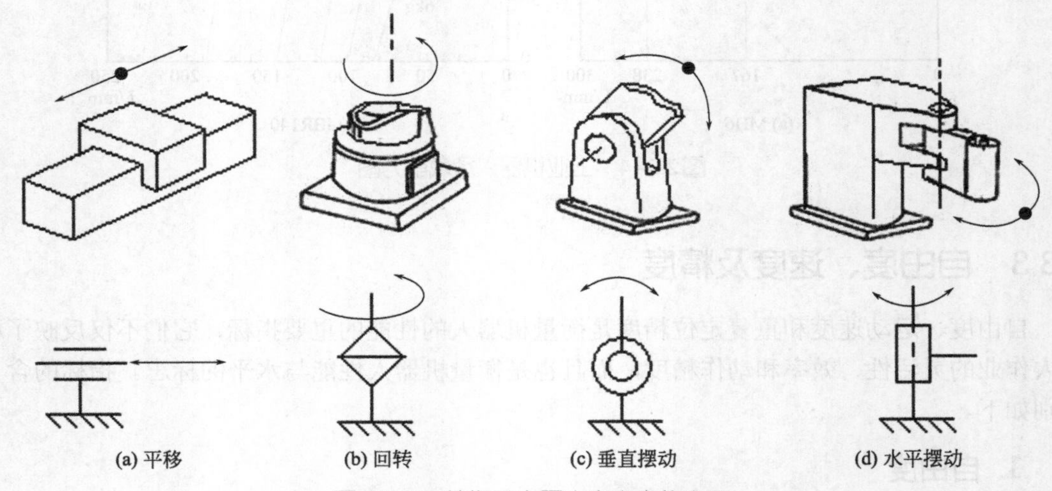

图2.3-6　结构示意图中自由度的表示

当机器人有多个串联关节时，只需要根据其机械结构，依次连接各关节来表示机器人的自由度。例如，图2.3-7为常见的6轴垂直串联和3轴水平串联机器人的自由度的表示方法，其他结构形态机器人的自由度表示方法类似。

3. 运动速度

运动速度决定了机器人工作效率，它是反映机器人性能水平的重要参数。样本和说明书中所提供的运动速度，一般是指机器人在空载、稳态运动时所能够达到的最大运动速度（Maximum Speed）。

机器人运动速度用参考点在单位时间内能够移动的距离（mm/s）、转过的角度或弧度（°/s或rad/s）表示，它按运动轴分别进行标注。当机器人进行多轴同时运动时，其空间运动速度应是所有参与运动轴的速度合成。

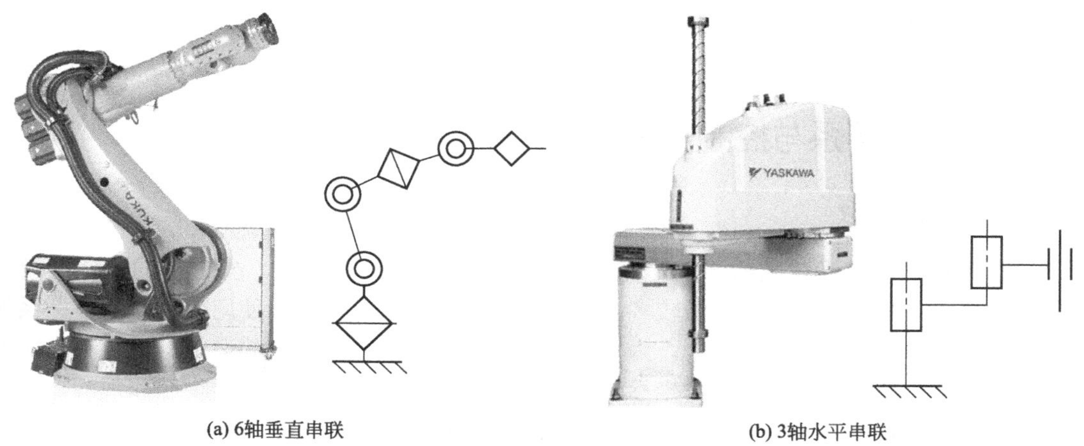

(a) 6轴垂直串联　　(b) 3轴水平串联

图2.3-7　多关节串联结构机器人的自由度表示方法

机器人的实际运动速度与机器人的结构刚性、运动部件的质量和惯量、驱动电机的功率、实际负载的大小等因素有关。对于多关节串联结构的机器人，越靠近末端执行器的运动轴，运动部件的质量、惯量就越小，因此，能够达到的运动速度和加速度也越大；而越靠近安装基座的运动轴，对结构部件的刚性要求就越高，运动部件的质量、惯量就越大，能够达到的运动速度和加速度也越小。

4. 定位精度

机器人的定位精度是指机器人定位时，执行器实际到达的位置和目标位置间的误差值，它是衡量机器人作业性能的重要技术指标。机器人样本和说明书中所提供的定位精度一般是各坐标轴的重复定位精度RP（Position Repeatability），在部分产品上，有时还提供了轨迹重复精度RT（Path repeatability）。

由于绝大多数机器人的定位需要通过关节的旋转和摆动实现，其空间位置的控制和检测，远比以直线运动为主的数控机床困难得多，因此，机器人的位置测量方法和精度计算标准都与数控机床不同。目前，工业机器人的位置精度检测和计算标准一般采用ISO 9283-1998《Manipulating industrial robots-Performance criteria and related test methods（操纵型工业机器人，性能规范和试验方法）》或JIS B8432（日本）等；而数控机床则普遍使用ISO 230-2、VDI/DGQ 3441（德国）、JIS B6336（日本）、NMTBA（美国）或GB10931（国标）等，两者的测量要求和精度计算方法都不相同，数控机床的标准要求高于机器人。

机器人的定位需要通过运动学模型来确定末端执行器的位置，其理论位置和实际位置之间本身就存在误差；加上结构刚性、传动部件间隙、位置控制和检测等多方面的原因，其定位精度与数控机床、三坐标测量机等精密加工、检测设备相比，还存在较大的差距，因此，它一般只能用作零件搬运、装卸、码垛、装配的生产辅助设备，或是用于位置精度要求不高的焊接、切割、打磨、抛光等粗加工。

2.4 工业机器人坐标系和姿态

2.4.1 全局坐标系与控制轴组

1. 全局坐标系

工业机器人在三维空间的运动，需要用笛卡尔坐标系进行描述，坐标轴的方向需要符合右手定则。工业机器人的运动轴较多，特别在多机器人联合作业、使用变位器的复杂系统上，其运动轴的数量可能达到数十。为了能够准确描述和控制不同轴的运动，需要有相应的坐标系。由于各机器人生产厂家对坐标系的描述方法不尽相同，为了便于说明和理解，本书统一将工业机器人系统的坐标系分为全局坐标系（Global Coordinates）和局部坐标系（Local Coordinates）两类。

全局坐标系如图2.4-1所示，它是以机器人系统安装地面为基准的笛卡尔坐标系，故又称大地坐标系（World Coordinates）。大地坐标系可用来定义1个或多个机器人及工装的运动与位置。

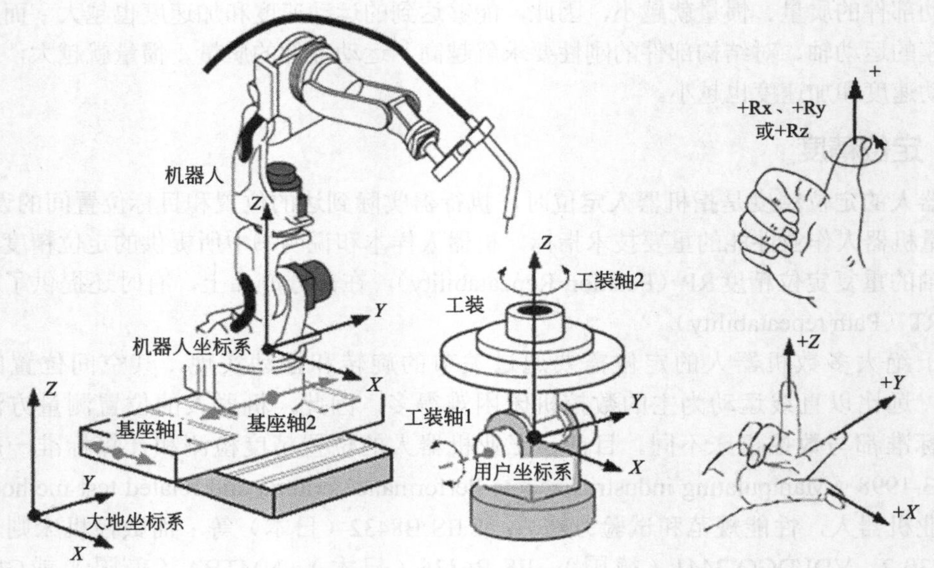

图2.4-1 全局坐标系

机器人本体在地面的安装位置、安装方式和运动，可通过机器人坐标系在全局坐标系中的位置、运动轴进行描述；用户设计的工装在地面的安装位置、安装方式和运动，可通过用户坐标系在全局坐标系中的位置、运动轴进行描述。在全局坐标系的基础上，还可再利用机器人、工装上的局部坐标系（Local Coordinates），来进一步描述机器人本体、作业工具、工件等局部运动，具体见下述。

2. 控制轴组

由于机器人系统的运动轴较多，为了便于系统控制和管理，就需要按照运动轴的功能，对系统配置的伺服驱动轴进行必要的分组，这就是“控制轴组”。工业机器人的控制轴组一般分为基座轴组、工装轴组、机器人轴组3大类。

1）基座轴组

驱动机器人整体运动的轴，称为“基座轴”；在多机器人复杂系统上，基座轴可以有多个。由基座轴所组成的运动轴组，称为基座轴组。

2）工装轴组

驱动工装运动的轴称为“工装轴”；在多机器人复杂系统上，工装轴同样可以有多个。由工装轴所组成的运动轴组，称为工装轴组。

3）机器人轴组

工业机器人运动的最终控制对象是作业工具。作业工具在机器人本体上的运动，可通过工具的作业中心点相对于机器人坐标系的运动进行描述。工具的作业中心点称为工具控制点（Tool Control Point，简称TCP），又称工具中心点（Tool Center Point，简称TCP），驱动TCP点运动的轴称为“机器人轴”，控制同一作业工具运动的机器人运动轴组合，称为机器人轴组。在多机器人复杂系统上，每一机器人都有各自的机器人轴组。

如果系统无基座轴，则机器人坐标系和大地坐标系重合；如果系统无工装轴，则用户坐标系和大地坐标系重合。因此，在既无基座轴、又无工装轴的单机器人简单作业系统中，通常只需要使用机器人坐标系。

2.4.2 局部坐标系及定义

局部坐标系（Local Coordinates）是在全局坐标系的基础上，用来进一步描述机器人本体、作业工具、工件等局部运动的坐标系，它包括机器人坐标系、用户坐标系、工件坐标系，以及手腕基准坐标系、工具坐标系等，具体如下。

1. 机器人坐标系

机器人坐标系（Robot Coordinates）是用来描述机器人手腕上的工具安装法兰中心点（Wrist Center Point，简称WCP）相对于机器人固定基座运动的局部坐标系，故又称基座坐标系（Base Coordinates）。机器人坐标系的定义与机器人的结构形态有关，例如，对于最常用的6～7轴垂直串联机器人，其常见的定义方式有图2.4-2所示的3种。

1）关节坐标系

关节坐标系（Joint Coordinates）是以机器人的安装基座为基准，描述WCP点运动的基本坐标系。例如，对于6轴垂直串联机器人，有腰回转S、下臂摆动L、上臂摆动U、手腕回转R、腕摆动B、手回转T共6个坐标轴；在7轴机器人上，则需要增加下臂回转轴E等。关节坐标系的运动轴与机器人本体的运动关节一一对应；选择关节坐标系操作机器人时，可直接控制本体的全部关节运动。

2）直角坐标系

直角坐标系是以机器人的安装基座为基准，通过3维空间来描述WCP点运动的坐标系；选择直角坐标系操作机器人时，可通过*X*/*Y*/*Z*来控制WCP点的运动。在绝大多数关节串联、摆动结构的机器人上，直角坐标系实际上是一个虚拟的笛卡尔坐标系，WCP点在直角坐标系上的运动需要通过多个关节回转、摆动运动合成。

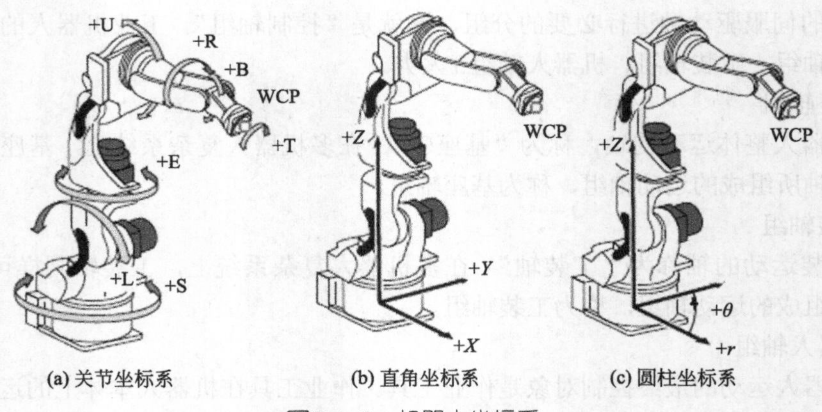

图2.4–2 机器人坐标系

3）圆柱坐标系

圆柱坐标系多用于垂直串联机器人，它是以机器人的安装基座为基准，通过平面极坐标运动轴r、θ和垂直运动轴Z，来描述WCP点运动的坐标系；选择圆柱坐标系时，可通过极坐标转角、半径和高度（Z轴）来控制WCP点的运动。在常见的垂直串联机器人上，极坐标的角度θ一般可由腰回转轴S直接控制；但半径r和Z轴方向的运动，则需要由若干关节的运动合成。

在以上3种机器人坐标系中，关节坐标系是任何机器人运动与控制所必需的基本坐标系。而直角坐标系和圆柱坐标系，则可根据实际需要在两者中选择其一；大地坐标系是直角坐标系和圆柱坐标系的设定基准，如无基座轴，则它们和大地坐标系重合。

2. 用户坐标系与工件坐标系

用户坐标系和工件坐标系是用来描述用户工装、作业工件安装方式和作业参考点位置的局部坐标系，垂直串联工业机器人的用户坐标系和工件坐标系如图2.4-3所示。

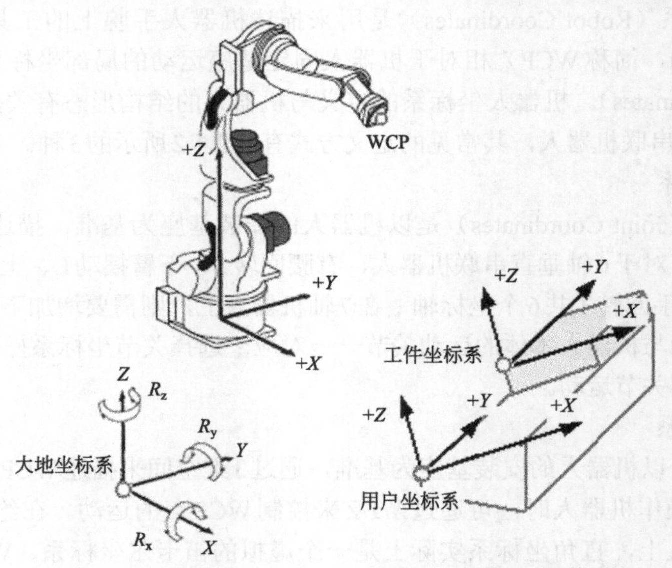

图2.4–3 垂直串联工业机器人的坐标系和工件坐标系

用户坐标系（User Coordinates）它是以用户工装参考位置为坐标原点、以工装的工件安装平面为XY平面的虚拟笛卡尔坐标系。用户坐标系可根据工装的形状、安装方式进行设定，机器人控制系统允许有多个用户坐标系。选择用户坐标系操作时，机器人将以工装为基准，通过$X/Y/Z$来控制TCP点的运动；故可方便地控制工具在工装上的运动和作业。

在工业机器人控制系统上，用户坐标系可通过指定工装参考点在大地坐标系上的位置、$X/Y/Z$轴相对于大地坐标系$X/Y/Z$轴的旋转角度$R_x/R_y/R_z$等变换参数进行设定。如机器人无基座轴，则机器人直角坐标系将成为用户坐标系的设定基准；进一步，如系统不使用用户坐标系，机器人直角坐标系将直接替代用户坐标系。

工件坐标系（Work Coordinates）又称对象坐标系（Object Coordinates），它是针对工业机器人的具体作业对象（工件），所建立的虚拟笛卡尔坐标系。工件坐标系可以在用户坐标系的基础上设定，它可以设定多个；在工装上安装有多个相同工件时，利用工件坐标系的切换，可以实现同一作业程序在不同工件上的相同作业。用户坐标系是工件坐标系的设定基准，如系统不使用工件坐标系，用户坐标系将直接替代工件坐标系。

3. 手腕基准坐标系与工具坐标系

手腕基准坐标系和工具坐标系是用来描述工具安装方式（姿态）和工具控制点（TCP）位置的局部坐标系。对于常见的垂直串联结构的弧焊机器人，手腕基准坐标系和工具坐标系的一般设定如图2.4-4所示。

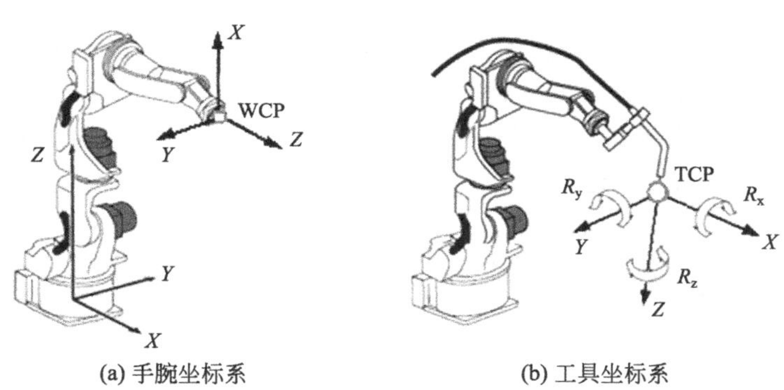

图2.4-4　手腕基准坐标系和工具坐标系的一般设定

手腕基准坐标系（Wrist Coordinates）又称机械接口坐标系（Mechanical Interface Coordinates），它通常是以手腕上的工具安装法兰中心点（WCP）为原点、以垂直法兰面向外方向为Z轴正向、手腕向上（或向外）侧运动为X正向的虚拟笛卡尔坐标系。手腕基准坐标系是工具坐标系的设定基准，如不设定工具坐标系，手腕基准坐标系将直接替代工具坐标系。

工具坐标系（Tool Coordinates）是以TCP为原点、以作业工具轴向垂直靠近工件为Z轴正向的虚拟直角坐标系。工具坐标系可根据工具的形状、安装方式进行设定，控制系统允许有多个工具坐标系，因此，利用工具坐标系可方便地控制工具的实际作业。工具坐标系与TCP点位置、工具安装形式有关；它可通过TCP点在手腕坐标系上的位置、$X/Y/Z$轴相对于手腕坐标系$X/Y/Z$轴的旋转角度$R_x/R_y/R_z$等变换参数进行设定；如果不设定工具坐标系参数，手腕基准坐标系将替代工具坐标系。

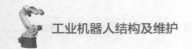

2.4.3 工业机器人的姿态

1. TCP点与姿态

工业机器人TCP点的空间位置可通过两种方式描述：一是以各关节轴的坐标原点为基准，直接通过关节轴伺服电机所转过的脉冲数来描述；二是通过TCP点在不同坐标系上的*X*/*Y*/*Z*、R_x/R_y/R_z坐标位置来描述。

由于工业机器人的伺服驱动系统均采用带断电保持功能的绝对型编码器，关节轴的坐标原点一经设定，在任何时刻，伺服电机距原点的脉冲数都是一个确定的值。因此，利用脉冲数描述的TCP点位置与机器人所选择的坐标系无关。在安川DX100等系统上，将直接通过脉冲数指定的位置，称为"脉冲型位置"。

当TCP点位置通过机器人坐标系描述时，TCP点的运动需要通过多个关节的旋转、摆动实现，其运动形式复杂多样，即使对于同一空间位置，也可采用多种形式的运动实现定位。因此，在实际编程操作时，还需要通过"姿态"来规定机器人的状态和运动方式。在安川DX100等系统上，将利用*X*/*Y*/*Z*、R_x/R_y/R_z坐标值指定的位置，称为"*XYZ*型位置"。

工业机器人在不同TCP点定位时，不同关节轴所处的实际状态，称为工业机器人的姿态（Posture）。在垂直串联机器人上，机器人的姿态一般可通过"本体形态"和"手腕形态"进行描述；例如，对于常见的6轴机器人，其本体形态参数有腰回转轴S的角度、手臂的前/后位置和正肘/反肘；其手腕形态参数有手腕回转轴R、T的角度、腕摆动轴B的俯/仰等。工业机器人的基准姿态由机器人生产厂家进行定义，图2.4-5为常用的中小规格垂直串联机器人的本体形态和手腕形态的定义方法，说明如下。

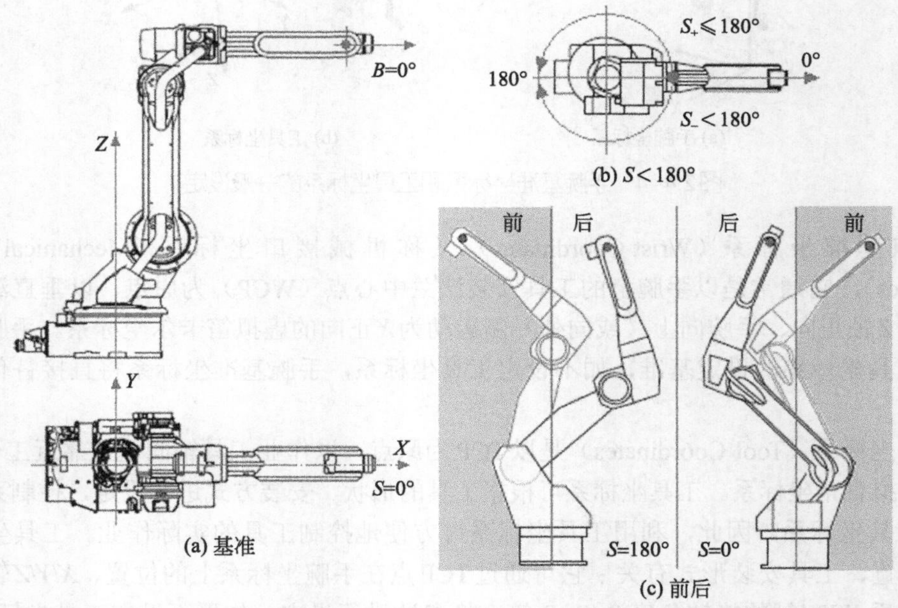

图2.4-5　常用中小规格垂直串联机器人本体的形态和手腕形态的定义方法

2. 本体形态

垂直串联机器人的本体形态，可通过腰回转轴S的角度、手臂的前/后和正肘/反肘描述，定义参数的含义如下。

① S轴形态：机器人本体的腰回转轴S的形态可用S＜180°或S≥180°来描述。当S轴的角度处于图2.4-5（b）所示–180°＜S≤+180°位置时，称为S＜180°；如S＞+180°或S≤–180°，则称为S≥180°。

② 前/后：机器人本体上/下臂摆动轴L/U的形态用“前”和“后”来描述。机器人的前/后位置以通过腰回转中心的垂直平面作为基准面，以手腕摆动轴B的回转中心作为判别点，如果B轴回转中心点处在基准平面的前方区域，称为“前”；处于基准平面的后方区域，则称为“后”。机器人的前/后位置与腰回转轴S有关。如图2.4-5（c）所示，当*S*=0°时，基准平面就是机器人坐标系的*YZ*平面，因此，只要B轴回转中心位于+*X*向，就是“前”。而当*S*=180°时，机器人的“前”侧变成了B轴回转中心位于–*X*向的区域。

③ 正肘/反肘：正肘/反肘用来描述机器人上臂回转轴U的形态。U轴回转角以图2.4-6所示的、垂直于下臂中心线的轴线作为0°基准位置，当–90°＜*U*≤+90°时，称为“正肘”；如*U*＞+90°或*U*≤–90°，则称为“反肘”。

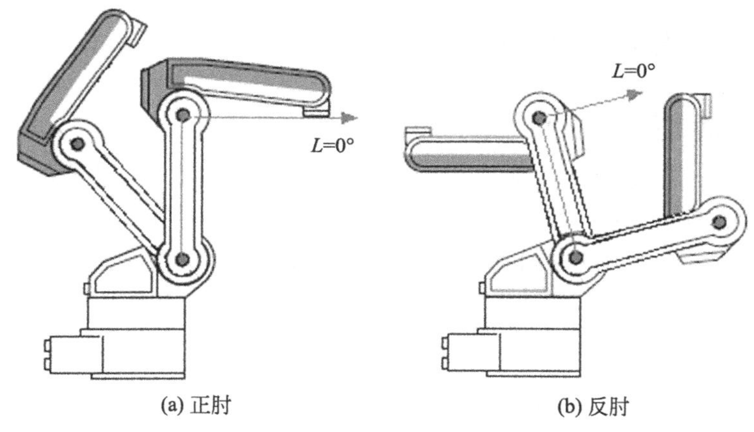

图2.4-6　机器人的正肘和反肘

3. 手腕形态

垂直串联机器人的手腕形态用图2.4-7所示的俯/仰及手腕回转轴R、手回转轴T的角度描述。

俯/仰：俯仰用来描述机器人手腕摆动轴B的形态。中小型机器人的规定通常如图2.4-7（a）所示，B轴以前臂的中心线作为0°基准位置，如逆时针向上摆动，摆动角为正，称为“仰”；如顺时针向下摆动，摆动角为负，称为“俯”。

R/*T*轴形态：垂直串联机器人的手腕回转轴R、手回转轴T的形态，通常用“*R*（或*T*）＜180°”和“*R*（或*T*）≥180°”描述。

一般而言，当*R*（或*T*）轴的回转角处于图2.4-7（b）所示的–180°＜*R*（或*T*）≤+180°位置时，称为*R*（或*T*）＜180°；如*R*（或*T*）＞+180°或*R*（或*T*）≤–180°，则称为*R*（或*T*）≥180°。

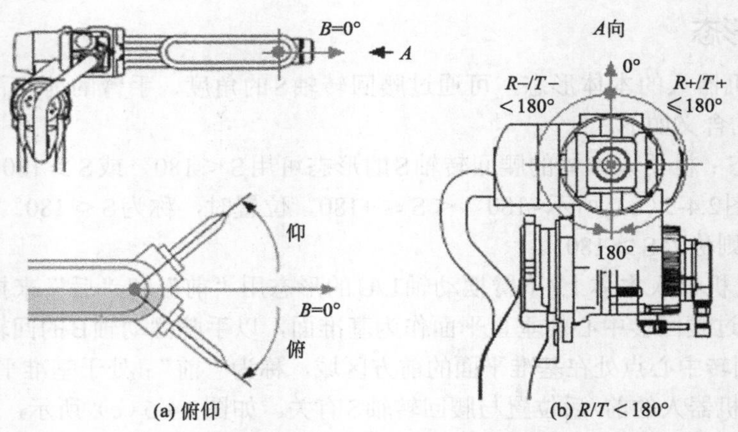

(a) 俯仰　　(b) $R/T<180°$

图2.4-7　机器人手腕的形态

2.5 工业机器人操作与编程

2.5.1 工业机器人的手动操作

1. 运动方式和速度

利用手动按键或操纵杆，控制工业机器人运动的操作称为机器人点动，工业机器人的点动操作可在关节坐标系、机器人坐标系、工具坐标系、用户坐标系、工件坐标系上进行。在使用按键式示教器的工业机器人上，点动一般可直接利用图2.5-1（a）所示的手动方向键控制；在使用触摸屏示教器的工业机器人上，点动通常利用图2.5-1（b）所示的操纵杆控制。

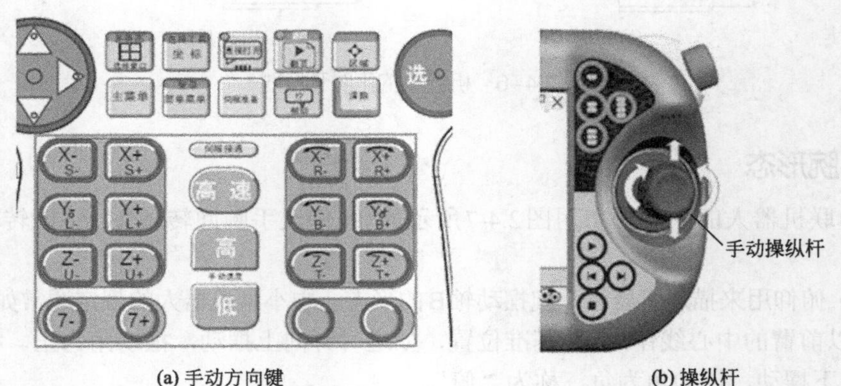

(a) 手动方向键　　(b) 操纵杆

图2.5-1　点动操作部件

工业机器人的点动一般可选择微动进给和点动进给2种。

1）微动进给

机器人的“微动”进给操作和数控机床的增量进给（INC）相同。选择“微动”进给时，每按一次方向键，可使指定的坐标轴、在指定方向上移动指定的增量距离；运动距离到达后，即使方向键未松开，坐标轴也将停止移动。增量进给每次的增量距离和运动速度，可通过机器人的参数进行设定；增量进给的坐标轴与方向，可通过示教器操作面板的方向键选择。

2）点动进给

机器人的“点动”进给操作和数控机床的手动连续进给（JOG）相同。选择“点动”进给操作时，只要指按住方向键，指定的坐标轴便可在指定的方向上，进行连续的移动；松开方向键，轴运动即停止。

点动进给的运动速度，一般可通过机器人控制系统的参数，设定高、中、低3挡；点动进给的坐标轴与方向，则可通过示教器操作面板的方向键或操纵杆选择；点动进给的移动距离只能通过按下和松开方向键进行控制，无法实现准确的定位。

2. 关节坐标系点动

关节坐标系是与机器人运动关节一一对应的基本坐标系，选择关节坐标系时，操作者可对所有运动轴进行简单、直观的操作，而无需考虑定位、定向运动。

例如，安川示教器方向键和机器人运动轴的对应关系如图2.5-2所示，按下相应的按键，机器人便可实现指定关节在指定方向的运动。

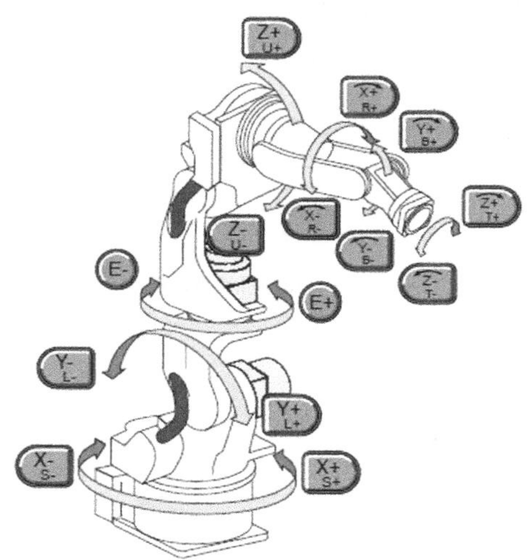

图2.5-2　安川示教器方向键和机器人运动轴的对应关系

如工业机器人系统配备有基座轴组、工装轴组，基座轴和工装轴同样可在选定控制组后，通过示教器操作面板的按键控制其进行图2.5-3所示的运动。

3. 机器人坐标系点动

机器人坐标系点动可根据系统设定选择直角坐标系和圆柱坐标系之一进行。

选择直角坐标系进行点动操作时，可利用示教器操作面板上的按键，控制机器人的手腕坐标系原点进行图2.5-4（a）所示的X、Y、Z方向运动。

选择圆柱坐标系进行点动操作时，可通过示教器操作面板上的按键，控制机器人的手腕坐标系原点进行图2.5-4（b）所示的θ、r方向运动，或进行与上述直角坐标系同样的Z轴运动。

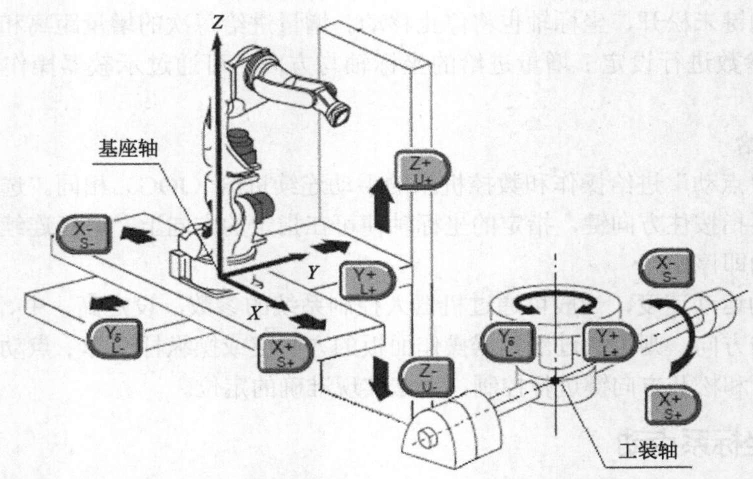

图2.5–3　配有基座轴、工装轴的工业机器人的运动控制

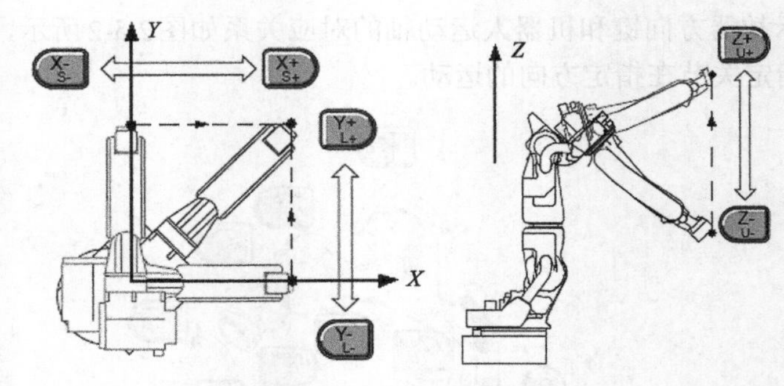

(a) 直角坐标系点动操作

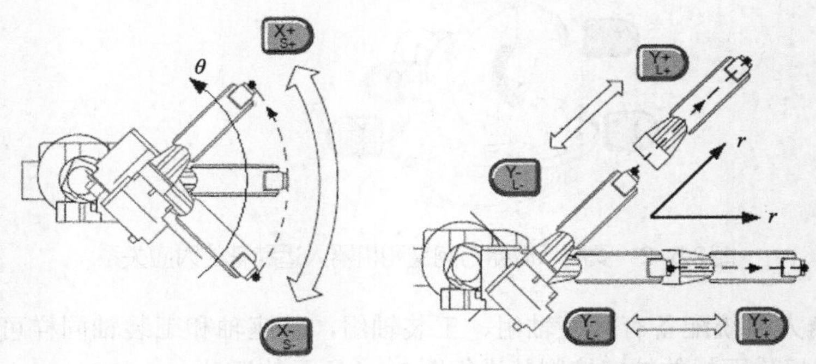

(b) 圆柱坐标系点动操作

图2.5–4　机器人坐标系点动操作

4. 工具坐标系点动

选择工具坐标系进行点动操作时，可通过示教器操作面板上的方向键，使得机器人的TCP点沿图2.5-5所示的工具坐标系X、Y、Z轴运动。工具坐标系通常是以TCP点为原点、以工具接近工件的方向为Z轴正向的虚拟笛卡尔坐标系，其坐标轴的方向符合右手定则。

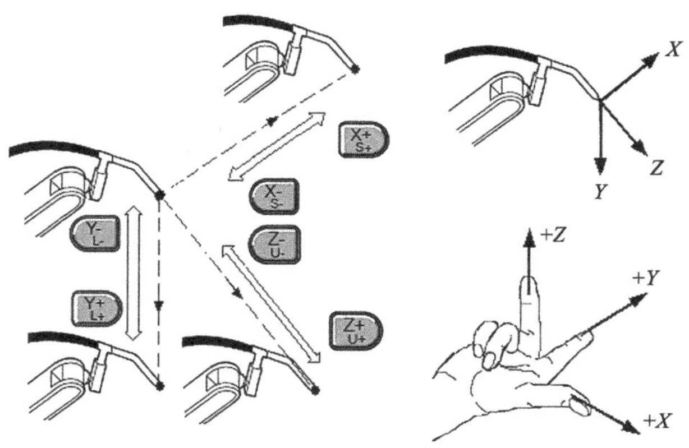

图2.5-5　工具坐标系点动操作

5. 用户或工件坐标系点动

选择用户坐标系或工件进行点动操作时，可通过示教器操作面板上的方向键，使机器人的TCP点沿图2.5-6所示的用户或工件坐标系的*X*、*Y*、*Z*轴运动。用户或工件坐标系通常是以工件安装平面为*XY*平面、以工具离开工件为*Z*轴正向的虚拟笛卡尔坐标系，其坐标轴的方向符合右手定则。

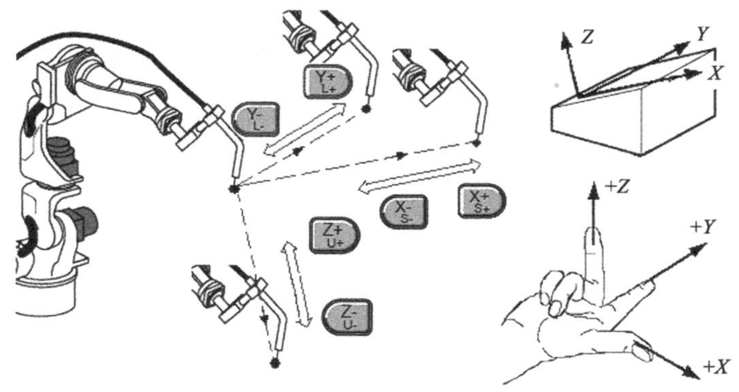

图2.5-6　用户或工件坐标系

6. 工具点动定向

改变机器人作业工具姿态的运动称为定向，它有图2.5-7所示的“控制点保持不变”和“变更控制点”两种控制方式。

控制点保持不变的工具定向运动如图2.5-7（a）所示，它可使作业工具围绕其TCP点回转，以改变姿态。

变更控制点的工具定向运动如图2.5-7（b）所示，它不仅可使专业工具改变姿态，而且还可以改变工具控制点；工具定向时，将围绕新的TCP点进行回转运动。

由于关节坐标系的运动将无条件改变运动轴的位置，因此，工具定向的点动操作不能在关节坐标系上进行；但在机器人坐标系、用户坐标系、工件坐标系、工具坐标系等坐标系上均可进行。

选择不同坐标系进行工具点动定向时，机器人的工具定向运动如图2.5-8所示，工具回转运动的方向符合右手定则。

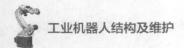

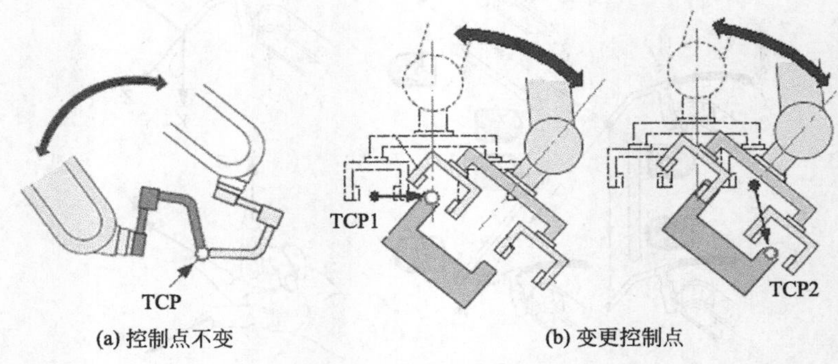

(a) 控制点不变　　(b) 变更控制点

图2.5-7　工具的点动定向

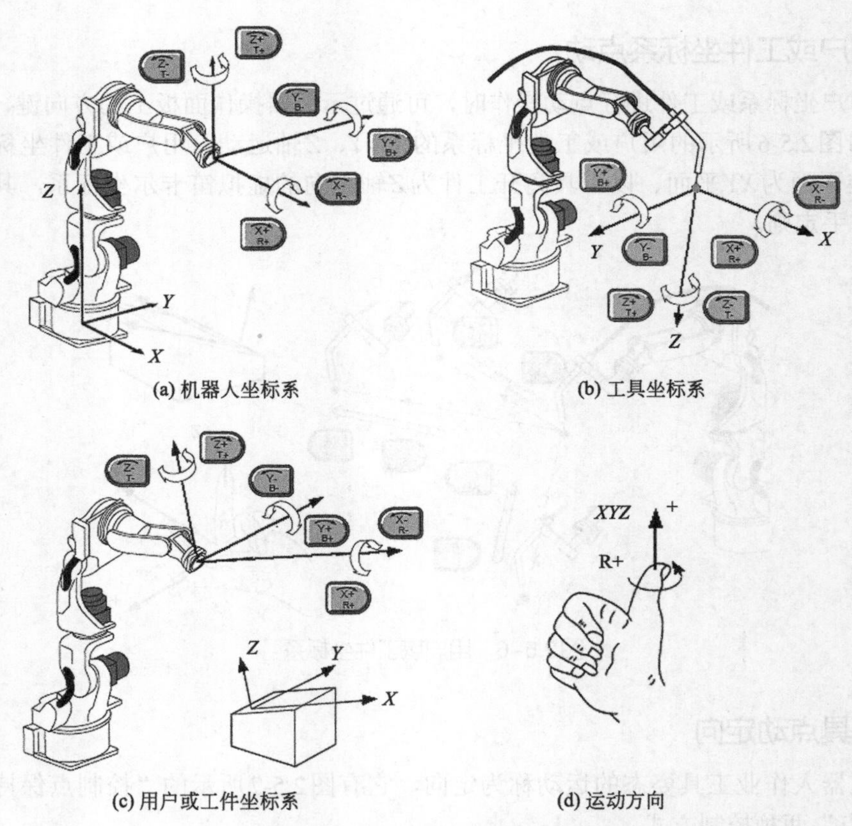

(a) 机器人坐标系　　(b) 工具坐标系

(c) 用户或工件坐标系　　(d) 运动方向

图2.5-8　机器人的工具定向运动

2.5.2　工业机器人编程与运行

1. 程序与编程

工业机器人是一种能够独立运行的自动化设备，为使机器人能执行相应的作业任务，就必须将作业要求以控制系统能够识别的命令形式告知机器人，这些命令的集合就是机器人作业程序，简称程序；编写程序的过程称为编程。由于多种原因，工业机器人目前还没有统一的编程语言，因此，目前的工业机器人程序还不具备通用性。

自动化设备的运动一般需要通过笛卡尔坐标系进行描述。数控机床等大多数机电设备都具有运动导向导轨，工具可严格按规定的方向运动，其轨迹可预测，故程序编制不需要在现场进行。但是，工业机器人的运动大都需要通过腰、手臂、手腕等关节的回转摆动合成，即使对于简单的直线运动，也有多种运动方式实现，并且存在干涉、碰撞的危险；其程序较为困难。工业机器人常用的编程方法有示教（在线）编程和离线编程两种。

示教编程是由操作者按作业要求，通过人机对话和手动操作，一步一步地告知机器人需要完成的动作；这些动作可由控制系统记录与保存，示教完成后，程序也就被生成。机器人自动运行时，可重复全部示教动作，故称为“再现运行”。示教编程简单易行，程序可靠性高，它是目前工业机器人最常用的编程方法。

示教编程的需要通过现场操作机器人完成，对于高精度、复杂运动难以通过手动示教，此时需要进行离线编程。离线编程可通过编程软件直接编制高精度、复杂运动程序，为了保证机器人安全可靠地运动，它需要有几何建模、空间布局、运动规划、动画仿真、编译、下载、试运行等步骤，需要有专门的编程软件。

2. 程序形式

虽然工业机器人程序不具备通用性，不同厂家生产的机器人程序各不相同，但是其形式类似、命令和功能相近。例如，安川弧焊机器人用于图2.5-9所示焊接作业的程序如下。

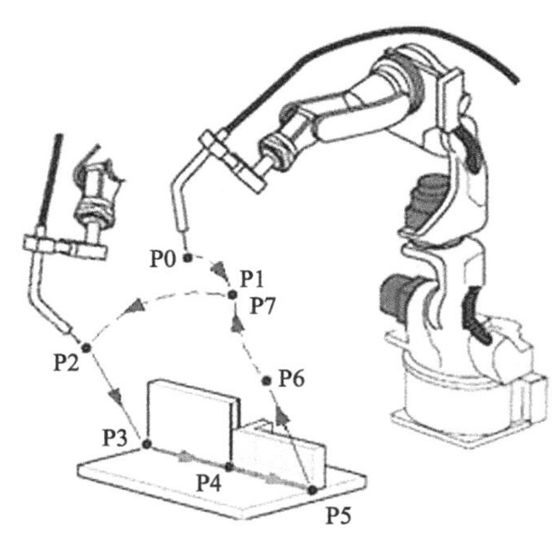

图2.5-9　焊接作业图

```
TEST  // 程序名
0000 NOP  // 空操作
0001 MOVJ VJ=10.00  // P0 → P1 点定位
0002 MOVJ VJ=80.00  // P1 → P2 点定位
0003 MOVL V=800     // P2 → P3 直线插补
0004 ARCON ASF#（1）// P3 点启动焊接
0005 MOVL V=50      // P3 → P4 直线插补
0006 ARCSET AC=200 AVP=100  // P4 点修改焊接条件
0007 MOVL V=50              // P4 → P5 直线插补
```

```
0008 ARCOF AEF#（1）       // P5点关闭焊接
0009 MOVL V=800           // P5→P6直线插补
0010 MOVJ VJ=50.00        // P6→P7点定位
0011 END                  // 程序结束
```

上述程序中的MOVJ命令为关节坐标系定位命令（称关节插补命令），它可通过若干关节的运动，将TCP点移动到目标位置；目标位置需要操作者通过现场示教操作确定。

MOVL命令为直线插补命令，它可使TCP点以规定的速度、直线移动到目标位置；直线终点同样需要由操作者现场示教确定。

ARCON ASF#（1)、ARCSET AC=200、AVP=100、ARCOF AEF#（1）命令为弧焊作业命令，它可用来确定保护气体、焊丝、焊接电流和电压、引弧/息弧时间等作业条件，作业条件可用ASF#（1)、AEF#（1）文件的形式引用，也可直接以AC=200、AVP=100形式设定。

3. 示教编程

因上述程序中的定位点都需要通过操作者的现场示教确定，因此，编制机器人程序时需要同时进行机器人手动操作。以机器人从P0到P1的定位移动命令0001 MOVJ VJ=10.00编程为例，它需要进行表2.5-1所示的操作。

表2.5-1　P0到P1定位命令输入操作步骤

步骤	操作与检查	操作说明
1	REMOTE PLAY TEACH	将示教器上的操作模式选择开关置“示教【TEACH】”模式； 利用示教器的【伺服ON/OFF】开关，启动伺服
2	转换 + 机器人切换 外部轴切换 控制轴组　: R1	通过示教器操作面板上的按键，选定控制轴组
3	工具选择 坐标	通过示教器操作面板上的按键，选定坐标系
4	转换 + 工具选择 坐标	选择工具或用户坐标系时，需要选定工具坐标系或用户坐标系号
5	X- S-　X+ S+　X- R-　X+ R+ Y- L-　Y+ L+　Y- B-　Y+ B+ Z- U-　Z+ U+　Z- T-　Z+ T+ E-　E+　8-　8+	利用点动操作，将机器人由位置P0，手动移动到程序起始位置P1

续表

步骤	操作与检查	操作说明
6	插补方式 => MOVJ VJ=0.78	利用操作面板上的命令按键，输入定位命令MOVJ
7	0000 NOP 0001 END 选择	将光标调节到程序行号0000上，选定命令输入行
8	=> MOVJ VJ=0.78	将光标定位到命令输入行的速度倍率上
9	转换 + => MOVJ VJ=10.00	根据程序要求，利用操作面板按键，将速度调节至10.00（10%）
10	回车 0000 NOP 0001 MOVJ VJ=10.00 0002 END	按【回车】键，将命令MOVJ VJ=10.00输入到程序行0001

由于机器人的移动方式可通过命令MOVJ、MOVL等指定，因此，在示教编程时，只要通过手动操作确定终点P1的位置，它与点动操作时的坐标轴运动次序、移动轨迹无关。

4. 再现运行

利用示教操作所编制的程序，可通过再现进行自动运行，工业机器人的再现运行一般有“再现（PLAY）”和“远程（REMOTE）”两种模式。选择再现（PLAY）模式时，程序的运行可直接利用示教器上的按钮控制；选择远程（REMOTE）模式时，程序的运行可来自系统外部的起动/停止信号控制。以安川机器人为例，示教程序再现运行的一般步骤如表2.5-2所示。

表2.5-2　程序再现运行的操作步骤

步骤	操作与检查	操作说明
1	ON OFF EMERGENCY STOP	确认机器人符合开机条件，接通系统电源； 复位控制柜、示教器及辅助操作台上的全部急停按钮，解除急停

续表

步骤	操作与检查	操作说明
2		将示教器上的操作模式选择开关置“再现（PLAY）”模式；并启动伺服
3		利用操作面板选定再现运行程序
4		按操作面板的【START】按钮，启动程序运行；自动运行时，可通过【HOLD】按钮暂停运行

第3章　工业机器人结构与基础部件

3.1　工业机器人结构剖析

3.1.1　本体典型结构

总体而言，与数控机床、FMC、FMS等自动化加工设备相比，工业机器人实际上只是一种小型、简单设备；尽管它也有各种结构形态，但在机械结构上，它们都是由关节和连杆、直线运动件（滚珠丝杠和导轨）、回转运动件等，通过不同的结构和机械连接设计，所组成的机械运动装置，其传动系统类似、构件结构简单、核心部件种类较少。

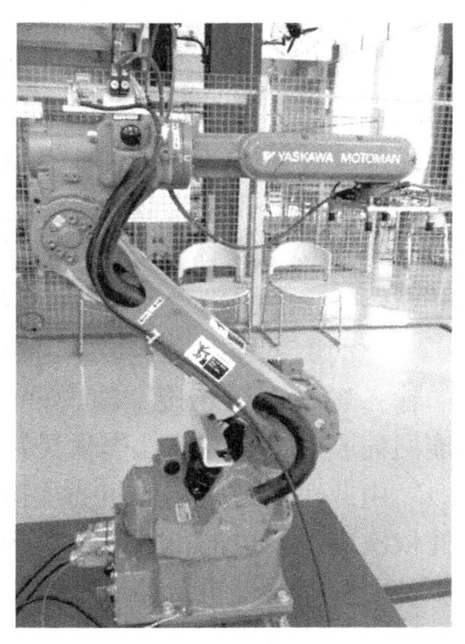

图3.1–1　垂直串联机器人

在ISO、JRA、RIA等标准中，均将工业机器人定义为“机械手”，因此，组成手臂的关节（Joint）和连杆（Link）是各种结构形态都需要使用，并最具有工业机器人特色的基本部件，而垂直串联结构机器人则是目前应用最广、最具代表性的典型形态，它被广泛用于加工、搬运、装配、包装等场合。

为了进一步了解工业机器人的内部机械结构，现以图3.1-1所示的常见中小规格垂直串联机器人为例，对机器人本体的机械结构解剖和分析如下。

1. 机身

垂直串联工业机器人的机身由基座、腰、下臂、上臂等部件组成，它一般具有腰回转、下臂摆动、上臂摆动三个关节，其机身结构的剖析如图3.1-2所示。

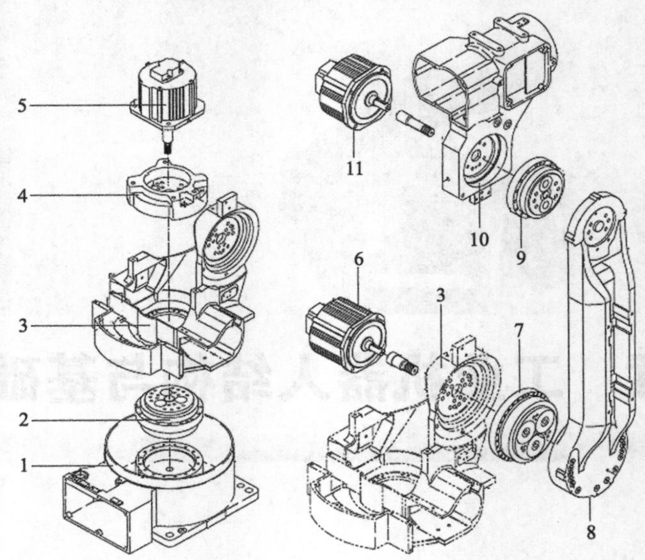

图3.1-2 机身结构剖析

1—基座；2、7、9—RV减速器；3—腰体；
4—电机安装座；5、6、11—伺服电机与连接轴；8—下臂体；10—上臂体

图中的基座1是机器人安装和固定用的支承部件，它可通过底面的地脚螺钉固定于地面，或墙面（侧置）、顶面（倒置）。

腰体3是实现机器人本体整体回转（S轴）运动的回转部件，驱动腰回转的伺服电机5及RV减速器2的壳体（针轮）安装在腰体3上，减速器的输入轴与电机连接、输出轴固定在基座上。由于RV减速器2的输出轴被固定，因此，当伺服电机5旋转时，腰体3将连同减速器壳体（针轮）、伺服电机，相对于基座1低速回转。

驱动机器人下臂体8摆动的伺服电机6和RV减速器7安装在腰体3上；减速器的输入轴与电机连接、壳体（针轮）固定在腰体3上、输出轴与下臂体连接。当伺服电机6旋转时，减速器输出轴将带动下臂体8，相对于腰体3低速摆动。

驱动上臂体10摆动的伺服电机11及RV减速器9的壳体（针轮）安装在上臂体；减速器的输入轴与电机连接、输出轴与下臂体8的上部连接。当伺服电机11旋转时，上臂体10可连同伺服电机、减速器壳体（针轮），相对于下臂体8进行低速摆动。

由此可见，机器人机身实际上是由腰、下臂、上臂3个关节的回转减速部件和相应连接件依次串联而成的机械运动机构的组合，每一关节的运动都由一台伺服电机经减速器减速后驱动；减速器是机身的机械核心部件。

2. 手腕

工业机器人的手腕结构根据机器人的规格稍有区别，垂直串联结构的工业机器人常见结构有第2章所述的前驱、后驱、连杆驱动等。在中小规格的垂直串联工业机器人上，为了简

化传动系统结构、缩短传动链，驱动手腕弯曲摆动的伺服电机和驱动手回转的伺服电机一般安装在上臂（延长体）的前内侧，这种结构的手腕简称前驱手腕（Front-Motor Drive Wrist），其手腕结构剖析如图3.1-3所示。

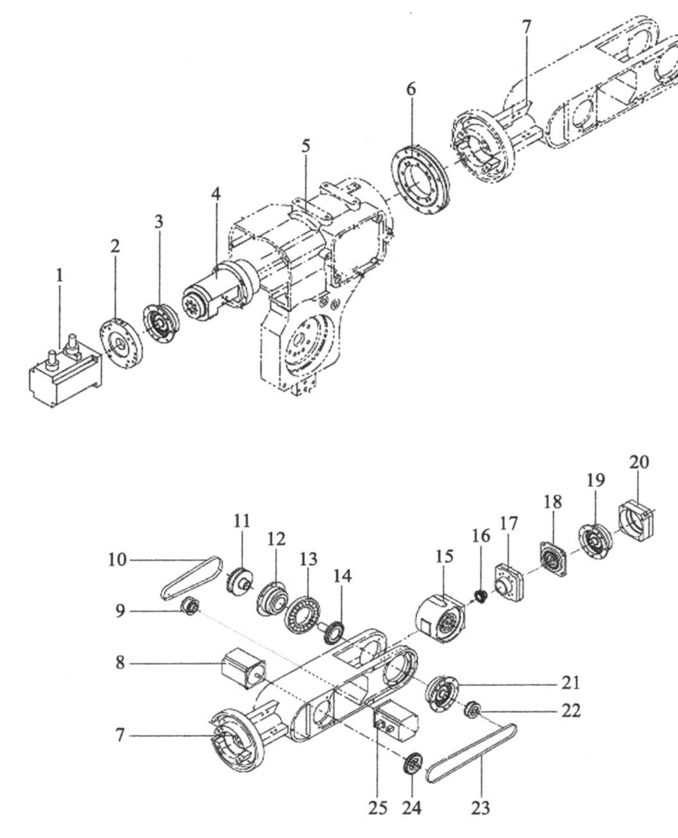

图3.1–3　手腕结构剖析

1、8、25—伺服电机与连接轴；2—安装座；
3、19、21—谐波减速器；4—连接轴；5—上臂体；6—交叉滚子轴承；
7—手腕回转体；9、11、22、24—同步皮带轮；10、23—同步皮带；12—支承座；
13—轴承；14、16—伞齿轮；15—摆动体；17—安装座；18—连接件；20—手腕罩壳

前驱结构的机器人手腕的整体回转（R轴）运动，一般通过上臂延伸段的手腕回转体7实现。回转体7和上臂体5之间安装有可同时承受径向、轴向载荷的交叉滚子轴承（Cross Roller Bearing，简称CRB）6；轴承外圈固定在上臂体5上、内圈与回转体7连接。驱动R轴回转的伺服电机1、谐波减速器3及连接轴4，安装在上臂体5的后侧；伺服电机及减速器壳体（刚轮）通过安装座2，固定在上臂体5上。谐波减速器的谐波发生器（输入）与电机轴连接，输出（柔轮）通过连接轴4与回转体7连接；因此，当伺服电机1旋转时，回转体7可相对于上臂体5低速回转。

前驱机器人手腕的手腕回转体7一般为U形叉结构，U形叉的内侧为手腕摆动体15，手回转减速部件安装在摆动体上；驱动弯曲（B轴）、手回转（T轴）运动的伺服电机，均安装在回转体7的内腔。

手腕摆动体15的摆动运动（B轴）由伺服电机8驱动，电机通过同步皮带轮22和24、

同步皮带23与B轴谐波减速器21的谐波发生器（输入）连接；减速器壳体（刚轮）固定在回转体7的一侧U形叉上，输出（柔轮）连接摆动体15；当伺服电机8旋转时，摆动体15可在手腕回转体7的U形叉内低速摆动。

机器人的手回转运动（T轴）由伺服电机25驱动，电机可通过同步皮带轮9和11、同步皮带10，将动力传递至安装在U形叉前侧的伞齿轮14上，以驱动安装在摆动体15上的T轴谐波减速器19的输入伞齿轮16旋转。减速器19的壳体（刚轮）固定在摆动体15上，输出（柔轮）就是工具安装法兰；当伺服电机25旋转时，工具安装法兰可相对于摆动体15低速回转。

由此可见，机器人手腕也是由手腕回转、弯曲摆动、手回转3个关节的回转减速部件和相应连接件依次串联而成的机械运动机构的组合，每一关节的运动都由一只伺服电机经减速器减速后驱动；减速器、同步皮带是手腕的机械核心部件。

3.1.2 其他结构简析

1. 大中型垂直串联机器人

大中型工业机器人的承载能力强、结构刚度高、构件体积和质量均较大，为了减轻机器人的上部质量，降低机器人重心，提高运动稳定性，垂直串联工业机器人经常采用图3.1-3所示的驱动电机后置（后驱）或平行四边形连杆驱动结构。

1）后驱结构

图3.1-4（a）为后驱垂直串联工业机器人的结构示意图。这种机器人的手腕回转轴R、手腕弯曲轴B、手回转轴T的驱动电机8、9、10均布置在上臂后端，以增加电机安装和散热空间，减小上臂前端的体积和重量，并平衡重力、降低重心、提高运动稳定性。

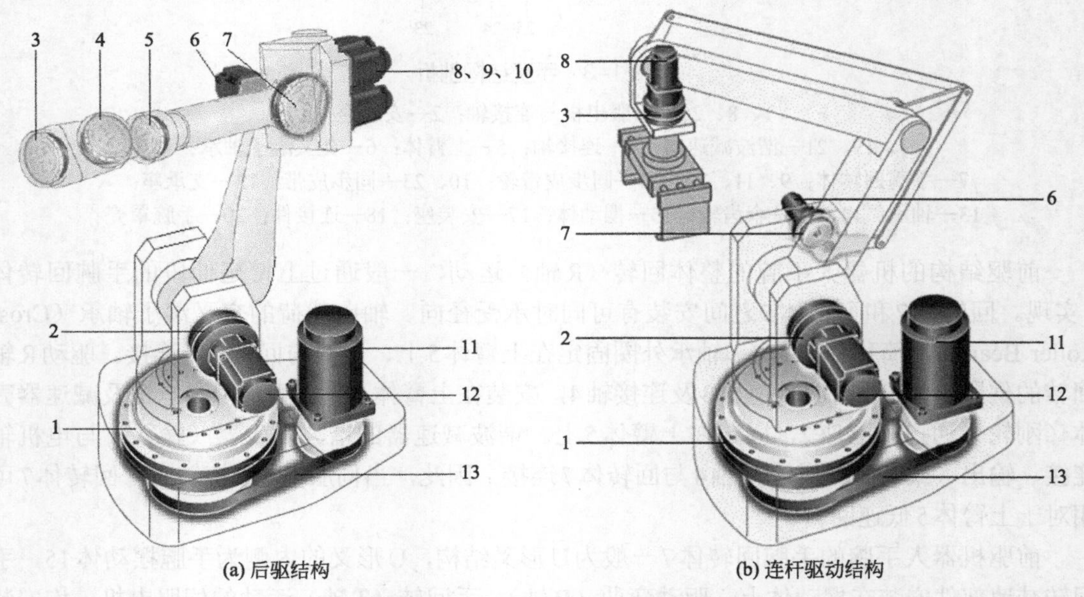

图3.1-4　大中型垂直串联工业机器人结构

1～5、7—S、L、T、B、R、U轴减速器；
6、8～12—U、T、B、R、S、L轴电机；13—同步皮带

在多数情况下，后驱垂直串联结构机器人机身的腰回转轴S、下臂摆动轴L、上臂摆动轴U，仍采用与前驱垂直串联机器人相同的结构。但是，出于增加驱动转矩、方便内部管线布置等需要，部分机器人的腰回转轴S的驱动电机11，有时也采用图示的侧置结构，驱动电机和减速器间采用同步皮带连接。后驱机器人手腕的轴B、T轴结构与前驱结构有所不同，它通过上臂内部的传动轴将驱动力传递到前端手腕上，取消了连接B、T轴驱动电机和减速器的同步皮带。但是，手腕弯曲轴B、手回转轴T的减速器仍布置在手腕上。

后驱垂直串联工业机器人的详细结构可参见第6章，机器人的基座、手臂均为普通结构件；减速器、同步皮带等是此类工业机器人的机械核心部件。

2）连杆驱动结构

图3.1-4（b）为连杆驱动结构的垂直串联工业机器人的结构示意图，它采用平行四边形连杆驱动机构，不仅可加长上臂摆动轴U的驱动力臂、放大驱动电机转矩、提高负载能力，而且，还可将U轴的驱动部件安装位置下移至腰部，从而降低机器人的重心，增加运动稳定性。

作为连杆驱动垂直串联工业机器人的常见结构，其腰回转轴S的驱动电机以侧置的居多，驱动电机和减速器间同样采用同步皮带连接；下臂摆动轴L的驱动形式通常与中小型垂直串联工业机器人相同；但其上臂摆动轴U的驱动电机、减速器均安装在腰上。

大型连杆驱动垂直串联工业机器人多用于大宗物品的搬运、码垛等平面作业，其手腕的结构通常比较简单，它一般只有手回转运动轴T，其驱动电机和减速器直接连接；手腕的摆动可利用上臂摆动轴U的驱动电机，进行同步驱动。

由于机器人的基座、连杆、手臂等均为普通结构件，减速器、同步皮带等是此类工业机器人的机械核心部件。

2. SCARA结构机器人

在水平串联SCARA结构的工业机器人上，其平面手臂的回转驱动电机同样有前置于回转关节（前驱）部位和统一后置于支承座上（后驱）2种基本结构。

前驱SCARA工业机器人的常见结构如图3.1-5所示。这种机器人手臂的平面回转轴C1、C2的驱动电机8、7，以及减速器1、2，均安装在对应的回转关节部位。执行器的升降一般通过减速器3和滚珠丝杠4实现，升降轴C3的驱动电机6安装在C2轴手臂上，电机与减速器间利用同步皮带5连接。SCARA结构机器人的基座、手臂等同样为普通结构件，故其机械核心部件有减速器、同步皮带、滚珠丝杠等。

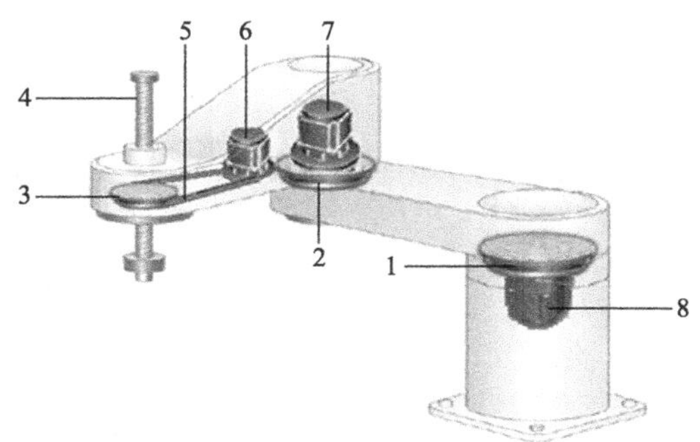

图3.1-5 前驱SCARA工业机器人结构

1～3—C1、C2、C3轴减速器；4—滚珠丝杠；5—同步皮带；6～8—C3、C2、C1轴电机

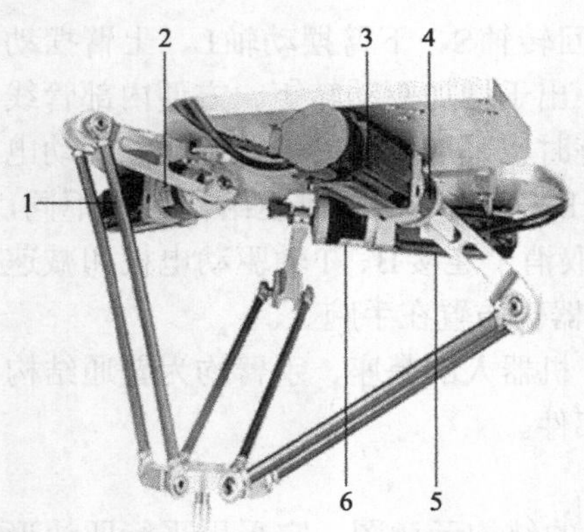

图3.1-6　并联Delta工业机器人结构

1、3、5—J1、J2、J3轴电机；
2、4、6—J1、J2、J3轴电机

后驱SCARA机器人的详细结构可参见第6章，这种机器人的全部驱动电机均安装在基座上、减速器安装在对应的回转关节部位；执行器的升降一般通过减速器、滚珠丝杠驱动的手臂整体上下运动实现。后驱SCARA结构机器人的基座、手臂等同样为普通结构件，其机械核心部件同样有减速器、同步皮带、滚珠丝杠等。

3. Delta结构机器人

并联Delta工业机器人的结构如图3.1-6所示，机器人的3个摆动臂结构相同，摆动臂通过伺服电机1、3、5经减速器2、4、6减速后驱动，驱动电机和减速器均直接安装在摆动关节部位。

并联Delta工业机器人的关节驱动结构相对简单，驱动电机和减速器一般采用直接连接结构；但在小型机器人上，由于安装空间的限制，有时也采用同步皮带连接的形式。减速器、同步皮带等是并联Delta结构工业机器人的机械核心部件。

4. 变位器

1）直线变位器

直线变位器可用于工业机器人本体或工件的大范围直线运动，如图3.1-7所示，其中滚珠丝杠、直线导轨驱动是直线变位器的基本结构（单轴）；多轴直线变位器可通过多个单轴直线变位器组合而成。

工业机器人的直线运动速度、位置控制精度等要求低于数控机床等高速、高精度加工设备，因此，其滚珠丝杠的导程通常较大；为了减小驱动电机的输出转矩，电机和滚珠丝杠间一般需要利用减速器或同步皮带减速。直线滚动导轨的使用简单、安装方便，它是工业机器人直线运动部件常用的导向部件。

2）回转变位器

回转变位器是用于工业机器人本体或工件大范围回转的辅助部件，它有图3.1-8所示的立式（轴线和水平面垂直）、卧式（轴线和水平面平行）2种基本结构（单轴）。多轴回转变位器同样可通过多个单轴回转变位器组合而成。

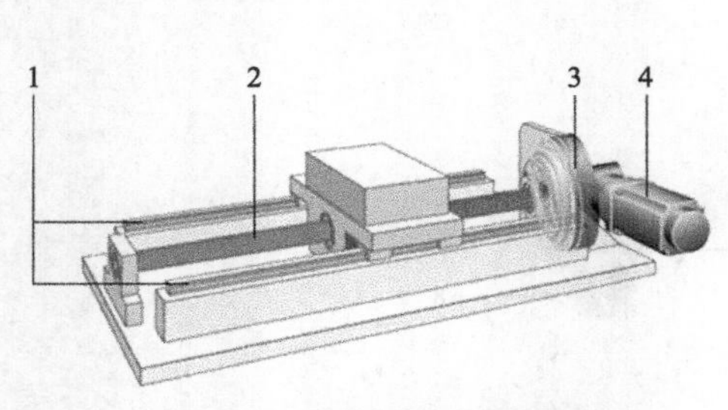

图3.1-7　直线变位器基本结构

1—直线导轨；2—滚珠丝杠；3—减速器；4—电机

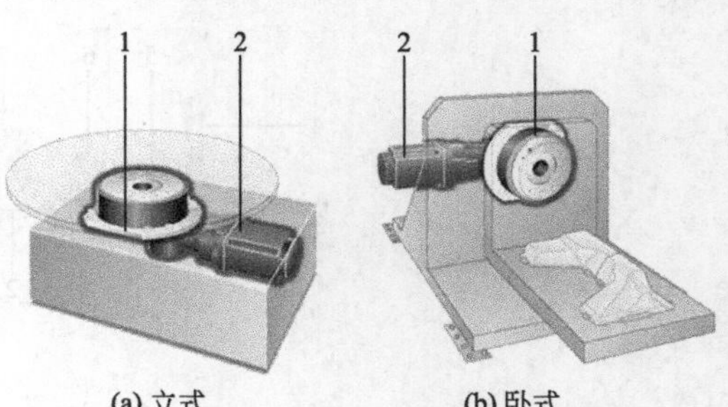

图3.1-8　回转变位器基本结构

1—减速器；2—驱动电机

工业机器人的回转运动的位置精度要求通常只需要达到弧分级（$1' \approx 2.9 \times 10^{-4}$rad）级，远低于数控机床（弧秒级，$1'' \approx 4.85 \times 10^{-6}$rad）等高速、高精度加工设备。因此，可直接使用驱动电机加减速器的传动结构，而无需使用精密蜗轮蜗杆减速装置。

综上所述，减速器、滚珠丝杠、直线导轨同样是变位器等辅助装置的机械核心部件。

3.1.3　机械核心部件概述

从工业机器人使用和维修的角度考虑，机身、手臂体、手腕体等部件只是支承、连接机械传动部件的普通结构件，它们仅对机器人的外形、结构刚性等有一定的影响，这些零件的结构简单、刚性好、加工制造容易，且在机器人正常使用过程中不存在运动和磨损，部件损坏的可能性较小，故很少需要进行维护和修理。

在工业机器人的机械部件中，减速器（RV减速器、谐波减速器）、CRB轴承、同步皮带、滚珠丝杠、直线导轨等传动部件是直接决定机器人运动速度、定位精度、承载能力等关键技术指标的核心部件；这些部件的结构复杂、加工制造难度大，加上部件存在运动和磨损，因此，它们是工业机器人机械维护、修理的主要对象。

减速器、CRB轴承、同步皮带、滚珠丝杠、直线导轨的制造，需要有特殊的工艺和加工、检测设备，它们一般由专业生产厂家生产。机器人生产厂家和用户只需要根据要求，选购标准产品。如果使用过程中出现损坏，就需要对其进行整体更换，并重新进行安装及调整。此外，机械核心通常为运动部件，为保证可靠工作，部件维护十分重要。因此，机械核心部件安装与维护是工业机器人制造与使用维护的重要内容，本书将对此进行重点介绍。

1. 减速器

在工业机器人的机械核心部件中，减速器是工业机器人本体及变位器等回转运动都必须使用的关键部件。基本上可以说，减速器的输出转速、传动精度、输出转矩和刚性，实际上就决定了工业机器人对应运动轴的运动速度、定位精度、承载能力。因此，工业机器人对减速器的要求很高，传统的普通齿轮减速器、行星齿轮减速器、摆线针轮减速器等都不能满足工业机器人高精度、大比例减速的要求，为此，它需要使用专门设计的特殊减速器。

工业机器人目前常用的减速器有图3.1-9所示的谐波减速器和RV减速器2大类。

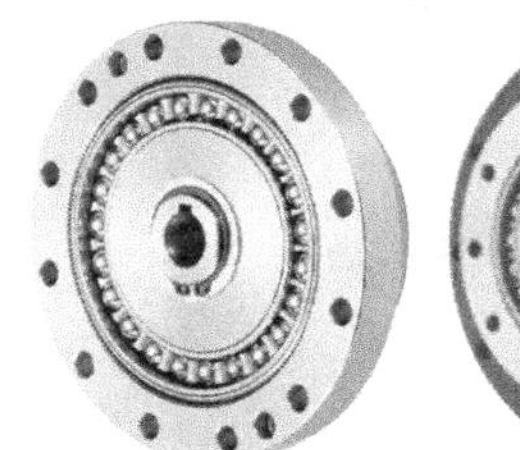

(a) 谐波减速器

(b) RV减速器

图3.1-9　工业机器人常用减速器

1）谐波减速器

谐波减速器（Harmonic speed reducer）是谐波齿轮传动装置（Harmonic gear drive）的简称，这种减速器的传动精度高、结构简单、使用方便，但其结构刚性不及RV减速器，故多用于机器人的手腕驱动。

日本Harmonic Drive System（哈默纳科）是全球最早研发生产谐波减速器的企业，同时也是目前全球最大、最著名的谐波减速器生产企业，其产量占全世界总量的15%左右，世界著名的工业机器人几乎都使用Harmonic Drive System生产的谐波减速器。本书第4章将对其产品的结构原理以及性能特点、安装维护要求进行全面介绍。

2）RV减速器

RV减速器（Rotary Vector speed reducer）是由行星齿轮减速和摆线针轮减速组合而成的减速装置，减速器的结构刚性好、输出转矩大，但其内部结构比谐波减速器复杂、制造成本高、传动精度略低于谐波减速器，故多用于机器人的机身驱动。

日本Nabtesco Corporation（纳博特斯克公司）既是RV减速器的发明者，又是目前全球最大、技术最领先的RV减速器生产企业，其产品占据了全球60%以上的工业机器人RV减速器市场，以及日本80%以上的数控机床自动换刀（ATC）装置的RV减速器市场，世界著名的工业机器人几乎都使用Nabtesco Corporation的RV减速器。本书第5章将对其结构原理及性能特点、安装维护要求全面介绍。

2. 重要基础件

除了减速器外，工业机器人的机械传动系统还需要使用图3.1-10所示的轴承、同步皮带、滚珠丝杠、直线导轨等常用基础部件。

轴承是支承机械旋转体的基本部件，几乎任何机电设备都需要使用。工业机器人所使用的轴承除了常规的球轴承、圆柱圆锥滚子轴承外，还较多地使用交叉滚子轴承（Cross Roller Bearing，简称CRB轴承）。CRB轴承不仅用于机器人的机身，而且也是单元结构谐波减速器广为使用的支承部件。

同步皮带传动具有无滑差、速比恒定、传动平稳，吸振性好、噪音小等优点，且其安装方便、调整容易、无需润滑、使用灵活，因此，它是工业机器人常用的传动部件；几乎在所有结构的工业机器人上都或多或少地使用同步皮带传动。

滚珠丝杠具有传动效率高、运动灵敏平稳、定位精度高、精度保持性好、维护简单等优点，它是机电一体化设备直线运动系统使用最广泛的传动部件，工业机器人的直线运动轴几乎都采用滚珠丝杠传动系统。

直线滚动导轨的灵敏性好、精度高、使用简单，它是高速、高精度设备最常用的直线导向部件，工业机器人的直线运动轴同样广泛使用直线滚动导轨。

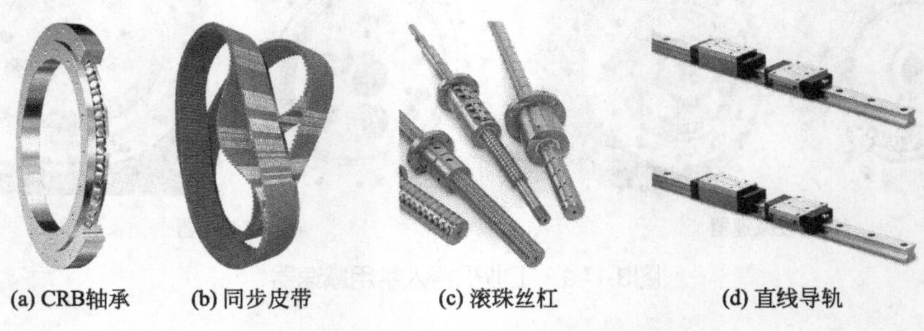

(a) CRB轴承　(b) 同步皮带　(c) 滚珠丝杠　(d) 直线导轨

图3.1-10　工业机器人常用基础部件

工业机器人基础部件的安装维护要求，实际上和其他机电设备并无太大区别，但为了便于全面了解工业机器人的结构和安装维护要求，本章将对此进行简要介绍。

3.2　CRB轴承与同步皮带

3.2.1　CRB轴承及安装维护

1. 结构与特点

CRB轴承是交叉滚子轴承英文Cross Roller Bearing的简称，这是一种滚柱呈90°交叉排列、内圈或外圈分割的特殊结构轴承，它与一般轴承相比，具有体积小、精度高、刚性好、可同时承受径向和双向轴向载荷等优点，而且安装简单、调整方便，因此，特别适合于工业机器人、谐波减速器、数控机床回转工作台等设备或部件，它是工业机器人使用最广泛的基础传动部件。

图3.2-1为CRB轴承与传统的球轴承（深沟、角接触）、滚子轴承（圆柱、圆锥）的结构原理比较图。

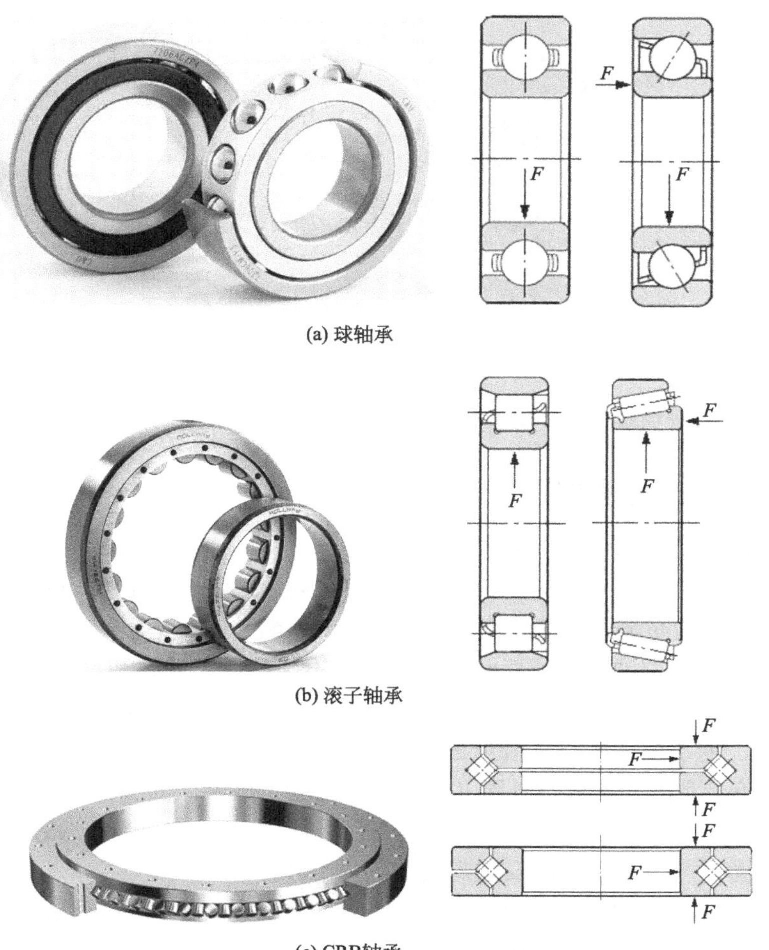

(a) 球轴承

(b) 滚子轴承

(c) CRB轴承

图3.2-1　轴承结构原理

从轴承的结构原理上，可以明显地看出，深沟球轴承、圆柱滚子轴承等向心轴承一般只能承受径向载荷。角接触球轴承、圆锥滚子轴承等推力轴承可以承受径向载荷和单方向的轴向载荷，因此，在需要承受双向轴向载荷的场合，通常要由多个轴承进行配对、组合后使用；而CRB轴承的滚子为间隔交叉地成直角方式排列，因此，即使使用单个轴承，也能同时承受径向和双向轴向载荷。

此外，CRB轴承的滚子与滚道表面为线接触，在承载后的弹性变形很小，故其刚性和承载能力也比传统的球轴承、滚子轴承更高；其内外圈尺寸可以被最大限度地小型化，并接近极限尺寸。

CRB轴承的内圈或外圈采用的是分割构造，滚柱和保持器装入后，通过轴环固定，轴承不仅安装简单，而且间隙调整和预载都非常方便。

总之，CRB轴承不仅具有体积小、结构刚性好、安装简单、调整方便等诸多优点，而且在单元型结构的谐波减速器上，其内圈内侧还可直接加工成减速器的刚轮齿，组成图3.2-2所示的谐波减速器单元，以最大限度地减小减速器体积，因此，它是工业机器人广泛使用的基础部件。

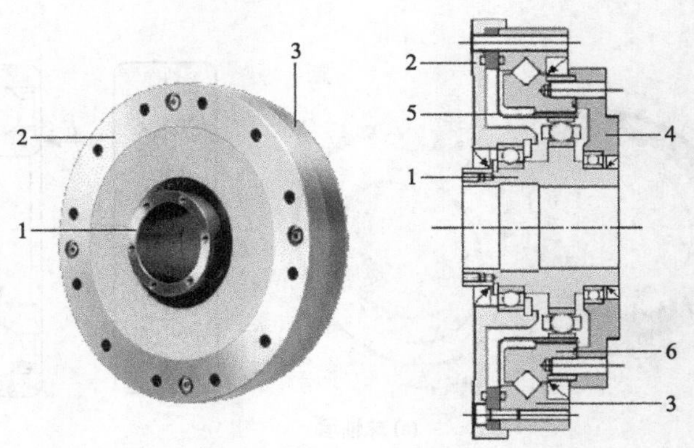

图3.2-2　谐波减速器单元

1—输入轴；2—前端盖；3—CRB轴承外圈；4—后端盖；5—柔轮；6—CRB轴承内圈（刚轮）

2. CRB轴承的安装要求

CRB轴承的安装要求如图3.2-3所示。

根据不同的结构设计需要，CRB轴承可采用压圈（或锁紧螺母）固定、端面螺钉固定等安装方式；轴承的间隙可通过固定分割内圈（或外圈）的调整垫或压圈进行调整。

CRB轴承可以采用油润滑或脂润滑。脂润滑不需要供油管路和润滑系统，无漏油问题，一次加注可使用1000小时以上，加上工业机器人的结构简单，运动速度与定位精度的要求并不高，因此，为了简化结构、降低成本，多使用脂润滑。结构设计时，可针对CRB轴承的不同结构和安装形式，在分割外圈（或内圈）的固定件上，加工图3.2-3（d）或图3.2-3（e）所示的润滑脂充填孔。

作为一般固定，CRB轴承的安装需要注意以下几点。

① CRB轴承属于小型薄壁零件，安装时要充分考虑轴承座及压圈、固定螺钉的刚性，以保证内外圈均等受力，以防止轴承变形而影响性能。

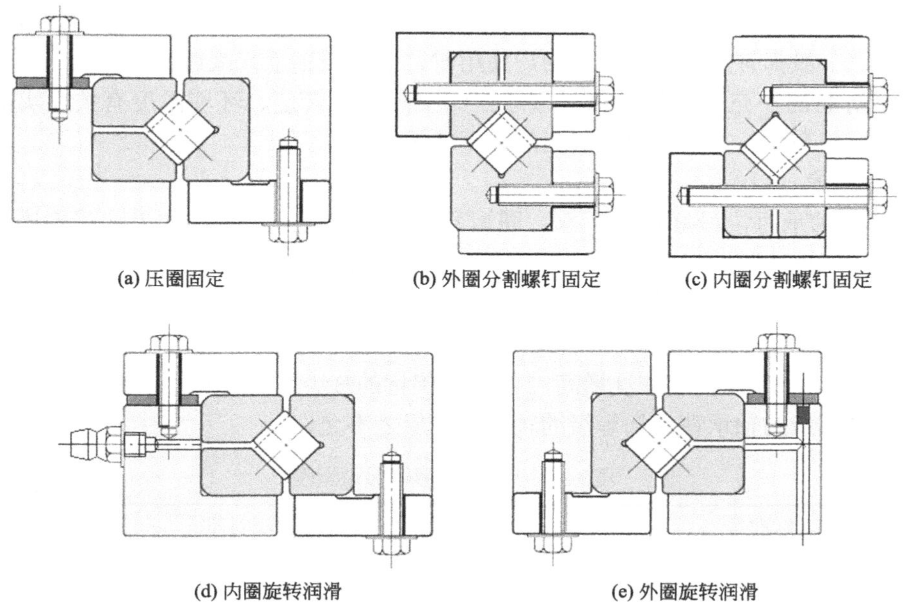

图3.2-3　CRB轴承的安装要求

② 为了防止产生预压，CRB轴承安装应避免过硬的配合，在工业机器人的关节及旋转部位，一般建议采用H7/g5配合。

③ 安装轴承时，应对轴承座、压圈或其他安装零件进行清洗、去毛刺等处理；安装时应防止轴承倾斜、保证接触面配合良好。

④ 为了保证轴承的安装精度和稳定性，CRB轴承对固定螺钉的规格和数量有具体的要求，安装时必须根据轴承的出厂规定，并按照图3.2-4所示的顺序，安装全部固定螺钉。

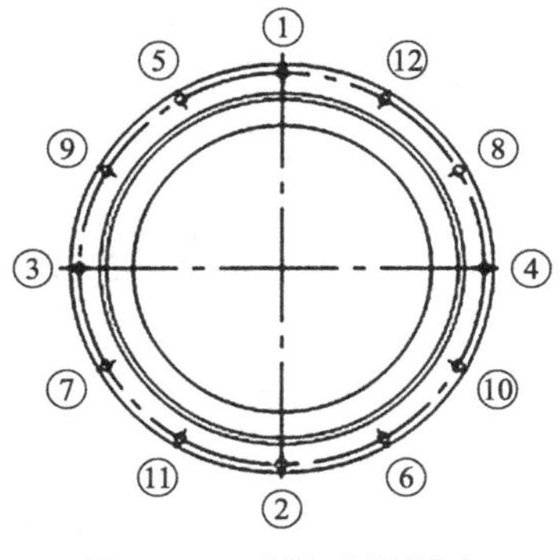

图3.2-4　螺钉安装顺序

CRB轴承安装螺钉必须固定可靠，当轴承座、压圈使用常用的中硬度钢材时，常用固定螺钉的拧紧扭矩推荐值如表3.2-1所示。

表3.2-1　固定螺钉的拧紧扭矩参考表

螺钉规格	M3	M4	M5	M6	M8	M10	M12	M14	M16	M20
拧紧扭矩/N·m	2	4.5	9	15.3	37	74	128	205	319	493

3. CRB轴承的维护和更换

1）轴承维护

CRB轴承正常使用时的维护工作主要是润滑脂的补充和更换。CRB轴承一般采用脂润滑，轴承出厂时已按照规定填充了润滑脂，故轴承到货后一般可以直接使用；但是，与其他轴承比较，CRB轴承不仅内部的空间很小，而且采用的是对润滑要求较高的滚动构造，故必须及时加注润滑脂。

CRB轴承所使用的润滑脂型号、注入量、补充时间，在轴承或减速器、机器人的使用维护手册上，一般都有具体的要求；用户使用时，应按照轴承或减速器、机器人生产厂的要求进行。润滑脂的补充和更换时间与减速器的实际工作转速、环境温度有关，实际工作转速、环境温度越高，补充和更换润滑脂的周期就越短。

2）轴承更换

更换CRB轴承时，最好用同厂家、同型号的轴承替代；但是，如果购买困难，在安装尺寸一致、规格性能相同的情况下，也可用同规格的其他产品进行替换。

由于不同国家的标准不同，更换轴承时，需要保证轴承的精度等级一致，表3.2-2是轴承精度等级对照表，可供选配时参考。轴承精度等级中，ISO0492的0级（旧国标的G级）为最低，然后，从6到2精度依次增高，2级（旧国标的B级）为最高；如果不考虑价格因素，也可用高精度等级的轴承替代低等级的轴承；但反之不允许。

表3.2-2　轴承精度等级对照表

国别	标准号	精度等级对照				
国际	ISO0492	0	6	5	4	2
德国	DIN 620/2	P0	P6	P5	P4	P2
日本	JISB1514	JIS0	JIS6	JIS5	JIS4	JIS2
美国	ANSI B3.14	ABEC1	ABEC3	ABEC5	ABEC7	ABEC9
中国	GB307	0（G）	6（E）	5（D）	4（C）	2（B）

3.2.2　同步皮带及安装维护

1. 基本特点

同步皮带传动系统是通过带齿与轮的齿槽的啮合来传递动力的一种带传动系统，它综合了普通带传动、链传动和齿轮传动的优点，具有速比恒定、传动比大，传动无滑差、传动平稳，吸振性好、噪音小等诸多优点。因此，在机械制造、汽车、轻工、化工、冶金等各行业，得到了广泛的应用，它也是工业机器人最为常用的传动装置之一。

同步皮带的耐油、耐磨和抗老化性能好，其正常的使用温度范围为-20 ～ 80℃。同步皮带传动系统无需润滑、不产生污染，它既可用于不允许有污染的工作环境，且也能在较为恶劣的场所下正常工作。

同步皮带传动系统的结构紧凑，传动中心距可达10m以上；相对于V型带，同步皮带的预紧力较小、传动轴和轴承的载荷小。采用同步皮带传动系统时，不像齿轮传动那样对电机和传动轴的安装位置有精度要求，驱动电机的安装灵活、调整方便。

同步皮带传动系统的允许线速度可达50 ～ 80m/s，传递功率可达300kW以上，传动速比可达1:10以上，传动效率可达98% ～ 99.5%；故可满足较大多数工业机器人的传动要求。

2. 结构原理

同步皮带传动系统由图3.2-5所示的、内周表面有等间距齿形的环行带和具有相应啮合齿形的带轮所组成。

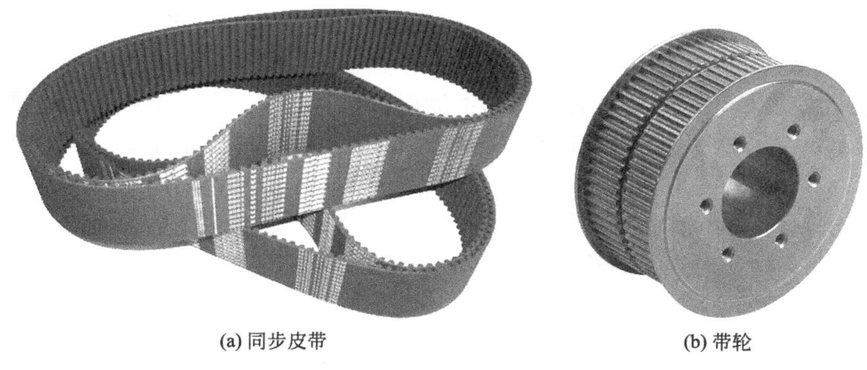
(a) 同步皮带　　　　(b) 带轮

图3.2-5　同步皮带传动系统组成

1）同步皮带

同步皮带的构成如图3.2-6所示，它由强力层和基体组成，基体又包括带齿和带背两部分。

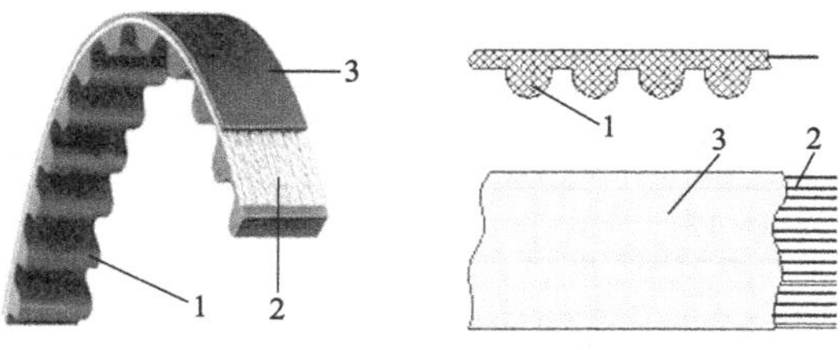

图3.2-6　同步皮带的构成

1—同步齿；2—强力层；3—带背

强力层是同步皮带的抗拉元件，用于传递动力。强力层多采用伸长率小、疲劳强度高的钢丝绳或玻璃纤维绳，沿着同步皮带的节线绕成螺旋线形状布置，由于它在受力后基本不产生变形，故能保持同步皮带的齿距不变、实现同步传动。

同步皮带的带齿用来啮合带轮的轮齿，有梯形齿和圆弧齿两类。由于圆弧齿的齿高、齿根厚和齿根圆角半径等均比梯形齿大，带齿受载后，其应力的分布状态较好，并可平缓齿根应力的集中，提高带齿的承载能力；因此，圆弧齿同步皮带的啮合性能好、传递功率大，且能防止啮合过程中齿的干涉，故数控机床、工业机器人多使用圆弧齿。

带背用来粘接、包覆强力层；基体通常采用强度高、弹性好、耐磨损及抗老化性能好的聚氨酯或氯丁橡胶制造。在同步皮带的内表面，一般有尖角的凹槽，以增加带的挠性，改善带的弯曲疲劳强度。

2）带轮

同步皮带传动系统的带轮，除两侧通常有凸出轮齿的轮缘外，其他结构与平带的带轮基本相似；为了降低传动噪音，在皮带较宽时，中间需要加工分割槽。

为了减小惯量，同步皮带轮的材料一般采样密度较小的铝合金制造；并通常将带轮直接安装在驱动电机和传动轴上，以避免中间环节增加系统附加惯量。支撑带轮的传动轴、机架，需要有足够的刚度，以免带轮在高速运转时造成轴线的不平行。

3. 安装与维护

同步皮带传动系统的安装调整较为方便，传动部件安装时需要注意如下几点。

① 安装同步皮带时，如带轮的中心距可以移动，应先缩短带轮的中心距，待同步皮带

安装到位后，再恢复中心距。如传动系统配有张紧轮，则应先放松张紧轮，然后安装同步皮带、再张紧张紧轮。

② 安装同步皮带时，不能用力过猛，不能用螺丝刀等工具强制剥离同步皮带，以防止强力层折断。如带轮的中心距不能调整，安装时最好将同步皮带随同带轮，同时安装到相应的传动轴上。

③ 同步皮带传动系统对带轮轴线的平行度要求较高，轴线不平行不但会引起同步皮带受力不均匀、带齿过早磨损，而且可能使同步皮带工作时产生偏移，甚至脱离带轮。

④ 为了消除间隙，同步皮带需要通过张力调整进行预紧。张力调整的方法与结构有关，例如，可采用改变中心距、增加张紧轮等。同步皮带的张紧力应调整适当，若张紧力不足，可能发生打滑，并增大同步皮带磨损；张紧力太大，会增加传动轴载荷、产生变形，降低同步皮带使用寿命。作为参考，宽度为15/20/25mm的同步皮带，推荐的张紧力为176/235/294N。

⑤ 为避免强力层折断，同步皮带在使用、安装时不可扭结皮带，不允许大幅度折曲，同步皮带允许弯曲的最小直径如表3.2-3所示。

表3.2–3　同步皮带允许弯曲的最小直径

节距代号	3M	5M	8M	14M
最小弯曲直径/mm	15	25	40	80

同步皮带传动系统使用不当或长期使用可能产生疲劳断裂、带齿剪断和压溃、带侧及带齿磨损或包布剥离、承载层伸长或节距增大、带出现裂纹或变软、运行噪音过大等常见问题。因此，在日常维护时需要注意以下几点。

① 保持同步皮带清洁，防止油脂等脏物污染，以免破坏同步皮带材料的内部结构。同步皮带清洗时，不能通过清洁剂浸泡、清洁剂刷洗、砂纸擦、刀刮的方式去除脏物。

② 同步皮带抗拉层的允许伸长量极小，使用时应防止固体物质轧入齿槽，避免同步皮带运行时断裂。

③ 检查同步皮带是否有异常发热、振动和噪音，防止同步皮带张紧过紧或过松，避免传动部件应润滑不良等原因引起的负荷过大。

④ 同步皮带的张紧力较大，在通过移动中心距调整张力的传动系统上，检修时应经常检查电机的紧固情况，防止同步皮带松脱。

⑤ 如果设备长时间不使用，一般应将同步皮带取下后保存，防止同步皮带发生变形，而影响使用寿命。

⑥ 当同步皮带出现磨损、裂纹、包布剥离时，应检查原因并及时予以更换。

3.3　滚珠丝杠及使用维护

3.3.1　结构与原理

1. 结构原理

滚珠丝杠是滚珠丝杠螺母副的简称，它是一种以滚珠作为滚动体的螺旋式传动元件。滚珠丝杠的制造工艺成熟、传动效率和传动精度高、安装维修方便，它是机电一体化设备行程6m以下的直线传动系统使用最为广泛的传动形式。

滚珠丝杠的外形及内部结构如图3.3-1所示，它主要由丝杠、螺母和滚珠3部分组成。

滚珠丝杠的丝杠1和螺母3上加工有同直径的半圆形螺旋槽，两者套装在一起后，便可构成圆形的螺旋滚道。螺母3上还加工有用于滚珠返回的反向器4和回珠滚道，它们用来连接螺旋滚道的两端，使之成为封闭的滚道，以便滚珠2能够在滚道内循环运动。

滚珠丝杠的螺旋滚道内装有滚珠2，当丝杠旋转时，滚珠一方面在滚道内自转，同时又可沿滚道螺旋运动；滚珠运动到滚道终点后，可通过反向器4和回珠滚道返回至起点，形成循环运动。滚珠2的螺旋运动，可使丝杠1和螺母3间产生轴向相对运动。因此，当丝杠或螺母被固定时，螺母或丝杠即可产生直线运动。

滚珠丝杠具有摩擦阻力小、传动效率高、使用寿命长；传动间隙小、精度保持性好、传动刚度高；不易产生低速爬行等优点，因此，在各类机电设备上得到了极为广泛的应用。

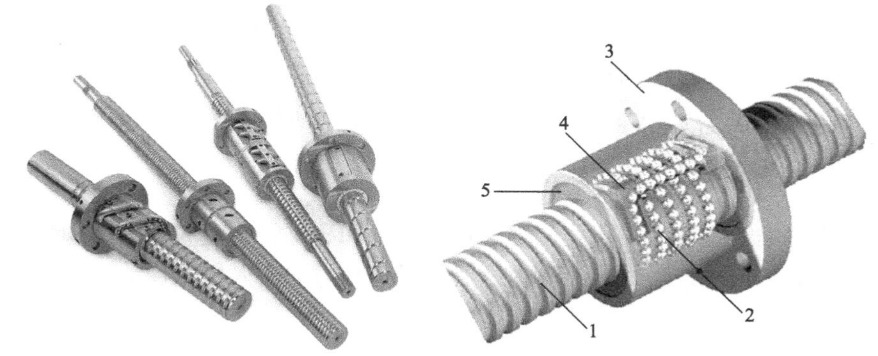

图3.3-1　滚珠丝杠的外形和内部结构

1—丝杠；2—滚珠；3—螺母；4—反向器；5—密封圈

2. 循环方式

滚珠丝杠螺母上的回珠滚道形式称为滚珠丝杠的循环方式，它有图3.3-2所示的内循环和外循环两种。

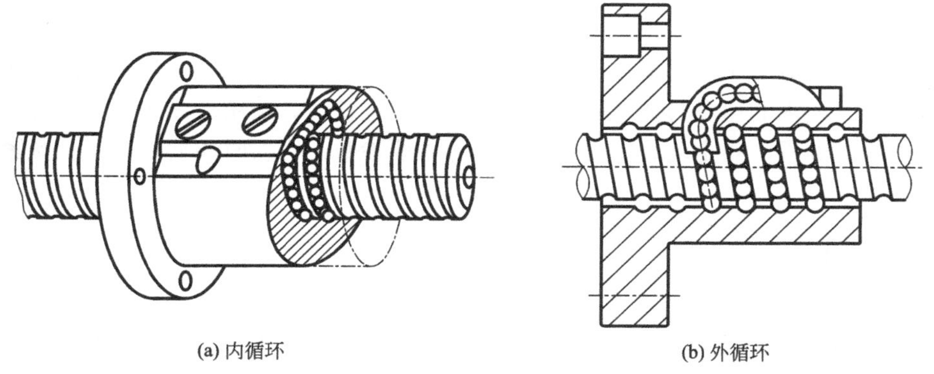

(a) 内循环　　(b) 外循环

图3.3-2　滚珠丝杠的循环方式

内循环滚珠丝杠的结构如图3.3-2（a）所示，其回珠滚道布置在螺母内部，滚珠在返回过程中与丝杠相接触，回珠滚道通常为腰形槽嵌块，一般每圈滚道都构成独立封闭循环。内循环滚珠丝杠的结构紧凑、定位可靠、运动平稳，且不易发生滚珠磨损和卡塞现象，但其制造较复杂，此外，也不可用于多头螺纹传动丝杠。

外循环滚珠丝杠的结构如图3.3-2（b）所示，其回珠滚道一般布置在螺母外部，滚珠在返回过程中与丝杠无接触。外循环丝杠只有一个统一的回珠滚道，因此，结构简单、制造容易；但它对回珠滚道的结合面要求较高，滚道连接不良，不仅影响滚珠平稳运动，严重时甚至会发生卡珠现象，此外，外循环丝杠运行时的噪声也较大。

3. 其他结构

为了满足现代高速、高精度设备的传动需要，滚珠丝杠制造厂商正在不断采取措施，提高滚珠丝杠的高速性能，瑞士、德国、日本在滚珠丝杠研发和制造方面处于国际领先地位，它们目前所采取的改进措施主要有如下几方面。

1）高速化

提高丝杠的转速特征值、增加导程和采用双头螺纹，是实现滚珠丝杠高速化的主要措施。转速特征值的提高，可在同样的导程下，提高丝杠转速，以提高进给速度；增加丝杠的导程可在同样的丝杠转速下，提高直线运动的进给速度；采用双头螺纹结构，则可增加滚珠的有效承载圈数，提高滚珠丝杠的刚度和承载能力。

2）低损耗

通过计算机三维造型技术，优化回珠滚道的曲线和导珠管、反向器的结构；使滚珠的运动方向与滚道相切，以保证滚珠能沿着内螺纹的导程角方向进入螺母体；使滚珠的运动更为通畅，以减少运动冲击和损耗，降低丝杠噪音。

3）强制冷却

滚珠丝杠在高速旋转时的摩擦温升，将导致丝杠热变形，而影响运动速度和精度。采用中心冷却的丝杠，可以将恒温冷却液直接通入丝杠内部，对滚珠丝杠进行强制冷却，以保持丝杠温度恒定，它是目前高速、高精度丝杠的常见结构之一。

通过上述措施，采用滚珠丝杠传动的进给系统，目前可达到的最大运动速度大约为90m/min、最大加速度为1.5g（15m/s^2）左右。

3.3.2 主要技术参数

滚珠丝杠是由专业生产厂家生产的标准部件，使用时需要根据工业机器人的实际使用条件、负载情况、要求的速度与加速度、工作行程、定位精度、使用寿命等要求，确定滚珠丝杠的精度等级、导程、额定动载荷、丝杠底径等主要参数，必要时还要确定丝杠预紧力和预拉伸力。

1. 精度和导程

1）精度

滚珠丝杠按用途可分为T类和P类两大类。T类为传动用滚珠丝杠，它用于对定位精度要求不高的普通传动场合；P类为定位用滚珠丝杠，它可用于高精度定位传动。工业机器人的直线运动轴，对定位精度有一定的要求，故通常需要选用P类滚珠丝杠。

滚珠丝杠的精度等级通常分1、2、3、4、5、7、10共7个等级，以1级精度为最高，其他依次降低。工业机器人用的滚珠丝杠，一般可采用4、5级精度，精密型工业机器人可以采用3、4级精度。

2）导程

滚珠丝杠的导程P_h就是丝杠每转所产生的直线运动行程。它取决于运动轴所要求的最高移动速度V_m，电机最高转速n_m及减速部件的减速比i，其计算式如下。

$$P_h = \frac{V_m}{n_m \cdot i}$$

式中　P_h——滚珠丝杠导程，mm；

V_m——最高移动速度，mm/min；

n_m——电机最高转速，r/min；

i——减速比。

如果计算得出的P_h值为小数，则应取较大的标准公称导程。

2. 工作载荷及转速

滚珠丝杠工作时的载荷包括最小载荷F_{min}和最大载荷F_{max}两个参数。最小载荷F_{min}是运动轴空载时的滚珠丝杠传动力，它只要决定于运动部件的重力和传动部件本身所产生的摩擦阻力；最大载荷F_{max}是指运动部件承受最大负荷时的滚珠丝杠传动力，如加工类机器人的切削力、搬运类机器人物品移动所需要的滚珠丝杠传动力等。

滚珠丝杠的实际工作时的载荷和转速，通常是一个周期性变化的量，为此，需要根据实际工作状态，将其折算为工程计算用的等效值，这一等效值称为工作载荷F_{av}和工作转速n_{av}，又称当量载荷和当量转速。

假设滚珠丝杠在n_1，n_2……n_n各种转速的工作时间占总工作时间的百分比分别为t_1%，t_2%……t_n%，其载荷分别为F_1，F_2……F_n，则其等效工作转速n_{av}及等效工作载荷F_{av}可由下式计算。

$$n_{av} = n_1 \frac{t_1}{100} + n_2 \frac{t_2}{100} + \cdots\cdots + n_n \frac{t_n}{100}$$

$$F_{av} = \sqrt[3]{\frac{F_1^3 n_1 \frac{t_1}{100} + F_2^3 n_2 \frac{t_2}{100} + \cdots\cdots + F_n^3 n_n \frac{t_n}{100}}{n_m}}$$

式中　n_i——实际阶段工作转速，r/min；

t_i——实际阶段工作时间百分率，%；

n_{av}——等效工作转速，r/min；

F_{av}——等效工作载荷，N。

如果运动部件的负荷、转速接近正比变化，且在各种转速下的使用机会基本相等时，其等效工作转速n_{av}及等效工作载荷F_{av}可用下式进行估算。

$$n_{av} = \frac{n_m + n_{min}}{2}$$

$$F_{av}=\frac{2F_{max}+F_{min}}{3}$$

式中　n_m——最高工作转速，r/min；

n_{min}——最低工作转速，r/min。

3. 额定动载荷

滚珠丝杠的额定动载荷可根据滚珠丝杠的使用寿命计算，使用寿命可通过预期工作时间或预期运行距离两种方法确定，其计算式分别如下。

$$C_{am}=\sqrt[3]{60n_m L_h}\cdot\frac{F_m f_w}{100 f_a f_c}$$

或：

$$C_{am}=\sqrt[3]{\frac{L_s}{P_s}}\cdot\frac{F_m f_w}{100 f_a f_c}$$

式中　L_h——预期工作时间，如按10年、250天/年、8小时/天的正常工作计算，L_h为20000h；

L_s——预期运行距离，km，一般可取250km；

f_a——精度等级系数，精度等级1～3，f_a取1.0；精度等级4～5，f_a取0.9；精度等级7，f_a取0.8；精度等级10，f_a取0.7；

f_c——可靠性系数，一般取f_c=1；

f_w——负荷系数，运动无冲击平稳运动，f_w取1～1.2；有轻微冲击运动，f_w取1.2～1.5；有较大冲击或震荡，f_w取1.5～2；

C_{am}——额定动载荷，N；

F_m——工作载荷，N。

如果滚珠丝杠需要进行预紧（预加载荷），则还需要根据最大轴向负荷F_{max}，按下式进行额定动载荷校验，并取两者的最大值作为滚珠丝杠额定动载荷的计算值C_{am}。

$$C_{am}=f_e F_{max}$$

式中　f_e——预紧系数，轻预载f_e取6.7，中预载f_e取4.5，重预载f_e取3.4；

F_{max}——最大载荷（N）。

4. 丝杠底径

滚珠丝杠的刚度决定于丝杠的底径（螺纹最小直径）d_{2m}，它可根据运动部件所要求的实际定位精度确定，选择时主要应考虑丝杠受到轴向力作用变形时，其产生的轴向变形量应在运动部件的定位精度允许范围内。

1）滚珠丝杠的最大轴向变形量δ_m

滚珠丝杠传动系统的最大轴向变形量δ_m决定于滚珠丝杠刚度、传动部件弹性变形所产生的死区和间隙。

一般情况下，传动部件的刚度按影响程度的大小，自大到小依次为：滚珠丝杠拉压刚度K_s、支承轴承轴向刚度K_b、滚珠丝杠滚珠与滚道的接触刚度K_c、伺服驱动系统刚度K_R、联轴器刚度K_t、滚珠丝杠扭转刚度K_k、螺母座及轴承座刚度K_h。传动系统的总刚度K（N/μm）可按下式计算：

$$\frac{1}{K}=\frac{1}{K_S}+\frac{1}{K_b}+\frac{1}{K_c}+\frac{1}{K_R}+\frac{1}{K_t}+\frac{1}{K_k}+\frac{1}{K_h}$$

在通常情况下，滚珠丝杠拉压刚度K_s、支承轴承轴向刚度K_b、滚珠丝杠滚珠与滚道的接触刚度K_c是传动系统最主要的刚度，其中，K_s大约占总量的1/3～1/2，因此，在一般情况下，系统总刚度可按下式近似计算：

$$\frac{1}{K}=\frac{1}{K_s}+\frac{1}{K_b}+\frac{1}{K_c}$$

此外，由于移动部件的位置不同，系统刚度K有不同的值，计算时原则上应区刚度最小值K_{min}。

确定进给系统刚度应考虑运动系统的重复定位精度和定位精度两方面要求。重复定位精度大多在空载下检测，此时，作用在滚珠丝杠上的轴向载荷就是系统的摩擦阻力F_0。当移动部件在最小刚度K_{min}处，进行起动或反向时，由于F_0方向的变化，将产生$2F_0/K_{min}$的摩擦死区误差，它是影响重复定位精度的最主要因素。影响运动系统定位精度最主要的因素有：滚珠丝杠制造精度、滚珠丝杠弹性变形变化、摩擦阻力等。

工程设计时，一般需要将系统的摩擦死区误差控制在重复定位精度的1/3～1/4、定位精度的1/4～1/5范围，因此，滚珠丝杠副允许的最大轴向变形可由下式确定。

$$\delta_m=\frac{F_0}{K_{min}}\approx(\frac{1}{3}\sim\frac{1}{4})\text{ 重复定位精度}\leqslant(1/4\sim1/5)\text{定位精度}$$

式中 F_0——系统摩擦阻力，N；

K_{min}——系统最小刚度，N/μm；

δ_m——最大允许的轴向变形，μm。

滚珠丝杠底径可根据滚珠丝杠不同的支承型式，按照以下方法计算。

一端固定，另一端自由或游动支承（G-Z、G-Y方式）：

$$d_{2m}\geqslant 2\times10\sqrt{\frac{10F_0L}{\pi\delta_m E}}=0.078\sqrt{\frac{F_0L}{\delta_m}}$$

式中 E——弹性模量，可取2.1×10^5 N/mm^2；

δ_m——最大允许轴向变形，μm；

F_0——摩擦阻力，N，$F_0=\mu_0W$（μ_0为静摩擦系数、W为导轨承载）；

L——滚珠螺母至滚珠丝杠固定支承端的最大距离，mm。

双端支承或两端固定支承（J-J、G-G方式）：

$$d_{2m}\geqslant10\sqrt{\frac{10F_0L}{\pi\delta_m E}}=0.039\sqrt{\frac{F_0L}{\delta_m}}$$

式中 L——固定支承距离，mm，$L\approx$（1.1～1.2）行程+（10～14）P_h。

选择滚珠丝杠时，应保证丝杠底径$d_2\geqslant d_{2m}$、额定动载荷$C_a\geqslant C_{am}$；但d_2、C_a也不宜过大，

否则，会增加滚珠丝杠惯量、结构尺寸和生产成本。

3.3.3 螺母预紧

滚珠丝杠螺母预紧是提高丝杠刚度、减小传动间隙的重要措施。滚珠丝杠使用一段时间后，可能会因为滚珠、滚道的磨合或磨损，而产生变形和间隙，导致运动精度的下降。此时，一般可通过滚珠丝杠的重新预紧，恢复传动精度。

滚珠丝杠的预紧需要通过螺母的调整实现，滚珠丝杠螺母的结构有单螺母、双螺母2种，其预紧原理和方法分别如下。

1. 单螺母丝杆预紧

单螺母滚珠丝杆预紧方法主要有图3.3-3所示的增加滚珠直径、螺母夹紧、变位螺距三种方法。

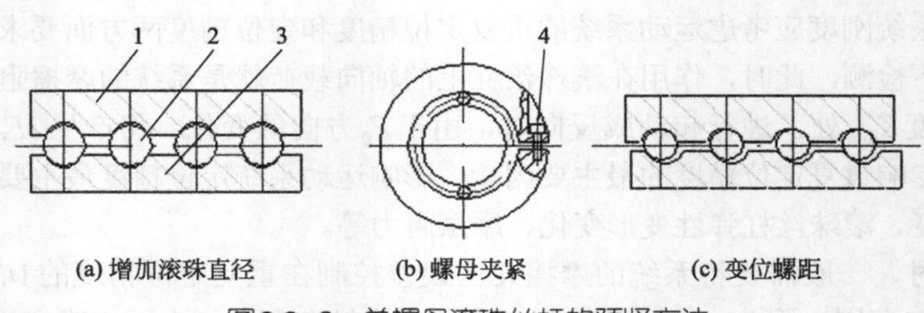

图3.3-3 单螺母滚珠丝杆的预紧方法

1—螺母；2—滚珠；3—丝杠；4—螺栓

1）增加滚珠直径预紧

这是一种通过增加滚珠直径，消除间隙、实现预紧的方法，其原理如图3.3-3（a）所示。利用增加滚珠直径预紧的方法，不需要改变螺母结构，其实现容易，丝杠的刚度高，但需要重新选配和安装滚珠，这对机器人使用厂家有一定的难度，因此，通常需要由滚珠丝杠生产厂家完成。

增加滚珠直径的预紧方式，其预紧力在额定动载荷的2%～5%时的性能为最佳，故其预紧力一般不能超过额定动载荷的5%。

2）螺母夹紧预紧法

这是一种通过滚珠夹紧实现预紧的方法，其预紧力可调。螺母夹紧预紧的结构原理如图3.3-3（b）所示，其螺母上开有一条小缝（0.1mm左右），它可通过螺栓4对螺母进行径向夹紧，以消除间隙、实现预紧。螺母夹紧预紧的结构简单、实现容易、预紧力调整方便，但它将影响螺母刚度和外形尺寸。螺母夹紧预紧的最大预紧力一般也以额定动载荷的5%左右为宜。

3）变位螺距预紧法

如图3.3-3（c）所示，这是一种通过螺母的整体变位，使螺母相对丝杠产生轴向移动的预紧方法。这种方法的特点是结构紧凑、工作可靠、调整方便；但单螺母的预紧力较难准确控制，故多用于双螺母丝杠。

2. 双螺母丝杆预紧

双螺母滚珠丝杠有两个螺母，它只要调整两个螺母的轴向相对位置，就可使螺母产生整体变位，使螺母中的滚珠分别和丝杠螺纹滚道的两侧面接触，从而消除间隙、实现预紧。双螺母结构的滚珠丝杠的预紧简单可靠、刚性好，其最大预紧力可达到额定动载荷的10%左右或工作载荷的33%。

双螺母丝杠的预紧原理和单螺母丝杠的变位导程预紧类似，预紧可通过改变两个螺母的轴向相对位移实现，其常用的方法有垫片预紧、螺纹预紧和齿差预紧3种。

1）垫片预紧

垫片预紧原理如图3.3-4所示，垫片有嵌入式和压紧式两种，预紧时只要改变垫片厚度，就可改变左右螺母的轴向位移量，改变预紧力。

垫片预紧的结构简单、可靠性高、刚性好，但预紧力的控制比较困难，因此，它也一般只能由滚珠丝杠生产厂家进行。

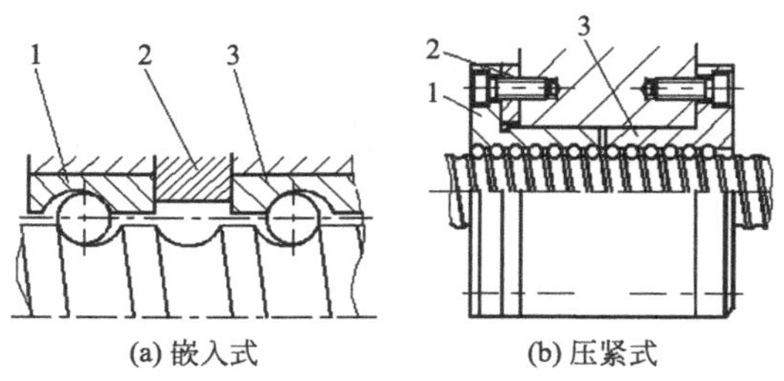

图3.3-4　垫片预紧原理

1、3—螺母；2—垫片

2）螺纹预紧法

螺纹预紧法的原理如图3.3-5所示，这种丝杠的其中一个螺母外侧加工有凸缘，另一螺母加工有伸出螺母座的螺纹，通过调整预紧螺母2便可改变两螺母的相对位置、调整预紧力。为了防止预紧时的螺母转动，螺母1和3间一般安装有键4。

螺母预紧法的结构简单、调整方便，它可在机床装配、维修时现场调整，但预紧力的控制同样比较困难。

3）齿差预紧法

齿差预紧法的原理如图3.3-6所示，这种丝杠的螺母1和4的外侧凸缘上加工有齿数相差一个齿的外齿轮，它们可分别与螺母座上具有相同齿数的内齿圈2和3啮合。由于左右螺母的齿轮齿数不同，因此，即使两螺母同方向转一个齿，其实际转过的角度也不同，从而可产生轴向相对位移，实现预紧。

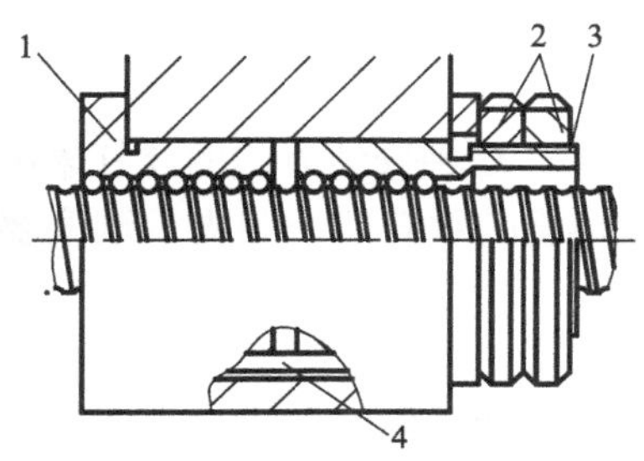

图3.3-5　螺纹预紧原理

1、3—丝杠螺母；2—预紧螺母；4—键

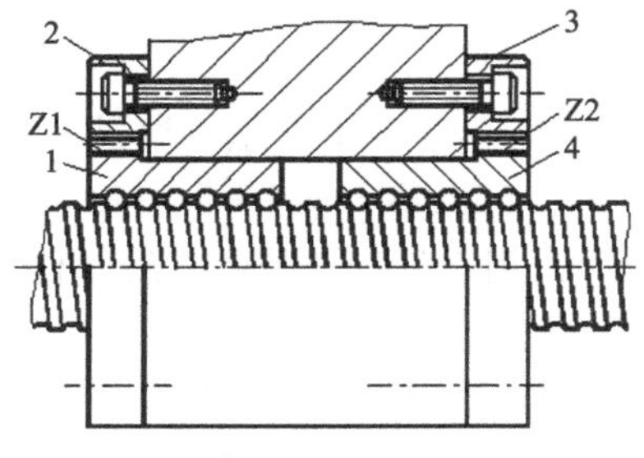

图3.3-6　齿差预紧原理

1、4—螺母；2、3—内齿圈

齿差预紧调整时，需要取下外齿圈，然后将两个螺母同方向转过一定的齿数，使两个螺母产生相对的轴向位移后，重新固定外齿圈。齿差预紧的优点是可以实现预紧力的精确调整、但其结构复杂、加工制造和安装调整繁琐，故实际使用较少。

3. 预紧力的确定

滚珠丝杠预紧力F_p的确定方法一般有如下2种。

（1）根据丝杠最大轴向载荷F_{max}确定：

$$F_p=\frac{1}{3}F_{max}$$

（2）根据丝杠额定动载荷确定：

$$F_p=\xi C_a$$

式中，C_a为滚珠丝杠额定动载荷；ξ为预载荷系数，轻载可取0.05，中等载荷可取0.075，重载可取0.1。

3.3.4 安装与维护

1. 滚珠丝杠安装

滚珠丝杠的安装形式与传动系统的结构、刚度密切相关，工业机器人使用与维护时需要确保支承部件安装可靠、调整合理。

滚珠丝杠常用的安装形式主要有图3.3-7所示的几种。

1）G-Z支承

G-Z支承又称F-O支承，这是一端固定、一端自由的安装方式。这种方式的丝杠一端安装有可承受双向轴向载荷和径向载荷、能进行轴向预紧的支承轴承；另一端完全自由，不作支撑。G-Z支承结构简单，但承载能力较小，刚度较低且随螺母位置的变化而变化，它通常用于丝杠长度、行程不长的SCARA结构机器人的垂直轴传动等。

2）G-Y支承

G-Y支承又称F-S支承，这是一端固定、一端游动的安装方式。这种方式的丝杠在G-Z支承的基础上，在丝杠的另一端安装了向心球轴承作径向支撑，但轴向可游动。G-Y支承提高了临界转速和抗弯强度，可防止丝杠高速旋转时的弯曲变形，它可用于丝杠长度、行程中等的直线轴传动。

3）G-G支承

G-G支承又称F-F支承，这是一种两端固定的安装方式。这种安装方式的丝杠采用两端双重支承，可以进行丝杠预拉伸，其刚度为最高，但对轴承的承载能力和支承刚度要求较高，它通常用于行程较长的直线轴传动。

4）J-J支承

J-J支承是一种简单的两端支承安装方式。这种安装方式的轴向载荷由滚珠丝杠两端的支承轴承分别承担，预拉伸后的传动刚度同样较高，但在丝杠热变形伸长时，会使轴承去载而产生轴向间隙。

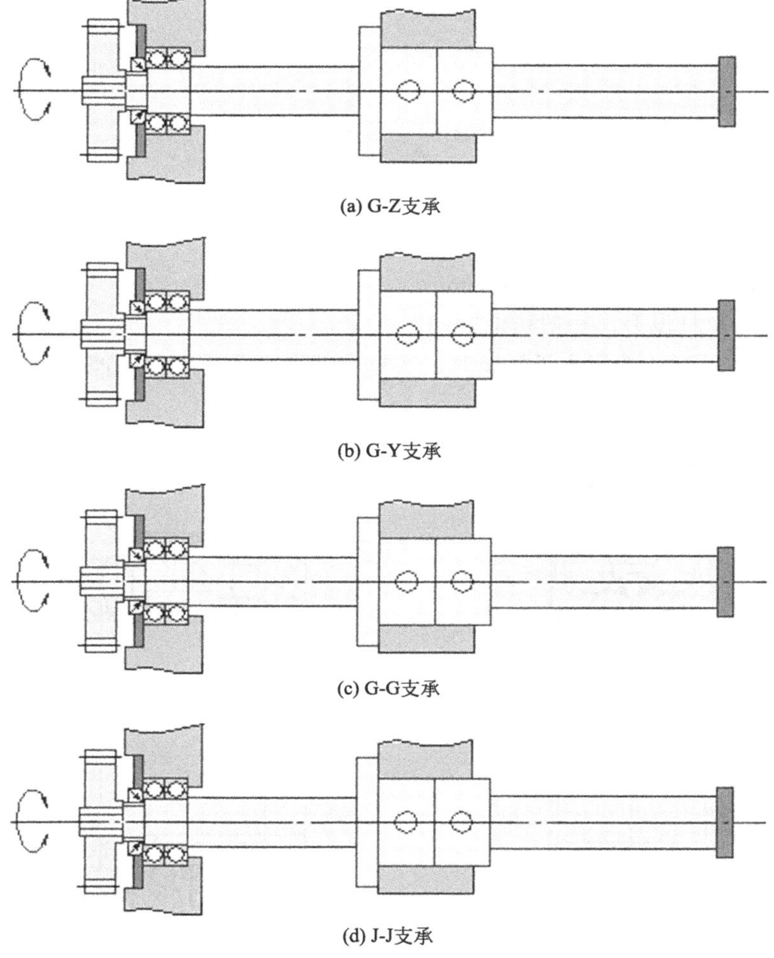

(a) G-Z支承

(b) G-Y支承

(c) G-G支承

(d) J-J支承

图3.3-7　滚珠丝杠的安装形式

2. 滚珠丝杠的预拉伸

对于两端固定的支承型式，滚珠丝杠副通常需要通过预拉伸增强刚度、减小热变形影响。预拉伸力应根据目标行程补偿值C确定。目标行程补偿值C的计算式如下。

$$C=\alpha*\Delta t*L_{\mathrm{u}}=11.8\Delta t*L_{\mathrm{u}}*10^{-3}$$

式中　C——行程补偿值，μm；

Δt——温度变化值，通常可取2～3℃；

A——丝杠线膨胀系数，通常可取11.8×10^{-6}/℃；

L_{u}——滚珠丝杠的有效行程，mm。

滚珠丝杠的有效行程一般为“工作行程＋螺母长度＋两端安全行程”，螺母长度、安全行程未知时，可通过下式估算L_{u}值。

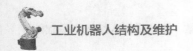

$$L_u \approx 工作行程 + (8 \sim 14)P_h$$

目标行程补偿值C确定后，就可根据下式来确定预拉伸力F_t。

$$F_t = \alpha \Delta t \frac{\pi d_2^2}{4} E = 1.95 \Delta t\, d_2^2$$

式中 F_t——预拉伸力，N；

d_2——滚珠丝杠底径，mm；

E——弹性模量，可取$2.1 \times 10^5 N/mm^2$；

Δt——滚珠丝杠温升，一般可取2～3℃。

滚珠丝杠预拉伸时，选择支承轴承时，其轴向载荷必须考虑预拉伸力F_t的影响。

3. 滚珠丝杠支承

滚珠丝杠的支承轴承主要有图3.3-8所示的2种。

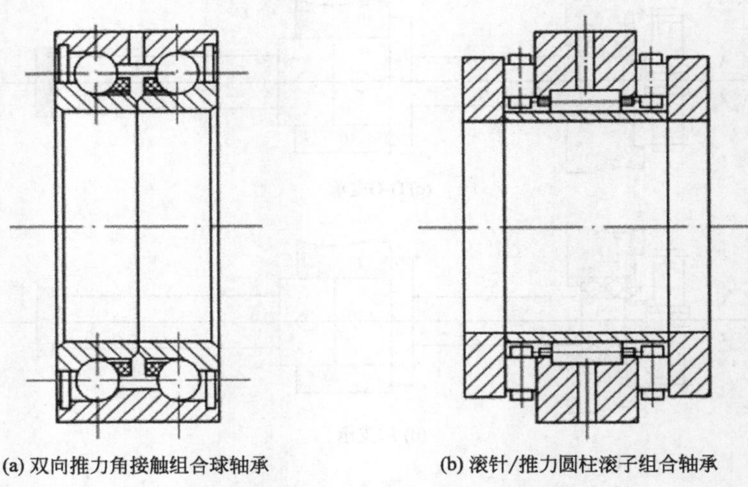

(a) 双向推力角接触组合球轴承　　(b) 滚针/推力圆柱滚子组合轴承

图3.3-8　滚珠丝杠的支承轴承

图3.3-8（a）是双向推力角接触组合球轴承。这种轴承有一个整体外圈和一个剖分式内圈，接触角多为60°，它可同时承受双向轴向载荷和径向载荷，并可通过锁紧螺母收缩内圈预紧。组合球轴承的轴向刚度高，是一种专门用于滚珠丝杠支承的组合轴承；实际使用时也可通过2只60°推力角接触球轴承组合的结构形式。

图3.3-8（b）是一种滚针/推力圆柱滚子组合轴承，它由一个带向心和推力滚道的外圈、两个轴圈、一个内圈、一个向心滚针、两个推力圆柱滚珠组成，向心滚针可承受径向载荷；推力圆柱滚珠可承受双向轴向载荷。这种轴承的刚性好、承载能力强，适用于大型、重载的直线轴传动。

为了便于滚珠丝杠的制造和安装，一般而言，支承轴承的内径原则上不应大于滚珠丝杠的外径；在选用内循环滚珠丝杠时，还必须有一端的支承轴承内径略小于丝杠底径d_2。此外，轴承的预紧力，原则上应大于最大载荷的1/3。

4. 滚珠丝杠连接

滚珠丝杠和驱动电机的连接方式主要有联轴器和同步皮带2种，早期的齿轮连接方式目前已较少使用。

1）联轴器连接

联轴器连接具有结构简单、扭转刚度大、传动无间隙、安装调整方便等优点，但它只能用于驱动电机和丝杠同轴安装的进给系统，也不能改变丝杠与电机间的速比，且对电机的安装位置有一定的公差要求。

滚珠丝杠使用的弹性联轴器结构如图3.3-9所示，这种联轴器不但能够传递转矩，而且还能够补偿电机轴与滚珠丝杠的同轴度误差。

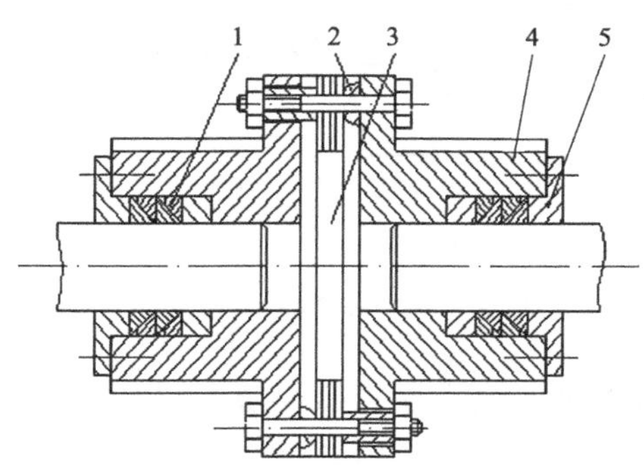

图3.3-9　滚珠丝杠使用的弹性联轴器的结构

1—锥环；2—球面垫；3—柔性片；4—轴套；5—压盖

为了保证无间隙传动，联轴器和电机轴、联轴器和丝杠轴间通过弹性锥环锁紧。联轴器的压盖5和轴套4间留有调整间隙，锥环1由若干对内/外锥环组成；拧紧压盖5，可使锥环轴向收缩，而迫使内锥环径向收缩、外锥环径向胀大，在轴和轴套的接合面上产生很大的接触压力，接触压力所产生的摩擦力直接用来传递转矩。柔性片3一般为厚度0.25mm左右的弹簧钢片，它们通过连接螺钉和球面垫圈4与轴套4连接；柔性片可产生少量的弯曲变形，以补偿电机轴与滚珠丝杠的同轴度误差；但是它不会产生回转间隙。

2）同步皮带联接

同步皮带连接具有传动比可变、电机安装灵活、调整方便等优点，在很多场合，它已取代传统的齿轮连接。同步皮带传动的基本特点及安装维护要求可参见本章前述。

为了消除间隙，同步皮带轮与电机轴、丝杠轴的连接，一般采用与上述弹性联轴器同样的锥环锁紧方式。

5. 使用与维护

滚珠丝杠使用时必须有良好的防护措施，以避免灰尘或切屑、冷却液的进入。安装在机电设备上的滚珠丝杠，一般应通过图3.3-10（a）所示的螺旋弹簧钢带套管或折叠式套管、波纹管等防护罩予以封闭防护。

如果丝杠安装在灰尘或切屑、冷却液不易进入的位置，也可采用3.3-10（b）所示的螺母密封防护措施，密封形式可是接触式或非接触式。接触式密封可使用耐油橡胶或尼龙制成的密封圈，做成与丝杠螺纹滚道相配的形状，接触式密封的防护效果好，但会增加丝杠的摩擦转矩。非接触式密封一般可用硬质塑料，制成内孔与丝杠螺纹滚道相反的形状，进行迷宫式密封，这种防护方式的防尘效果较差，但不会增加丝杠的摩擦转矩。

滚珠丝杠的润滑方式有油润滑和脂润滑两种。油润滑可采用普通机油、90～180号透平油或140号主轴油，润滑油可经壳体上的油孔直接注入螺母。油润滑的润滑效果好，但对润滑油的清洁度要求高，且需要配套润滑系统，故通常用于数控机床等高精度加工设备。

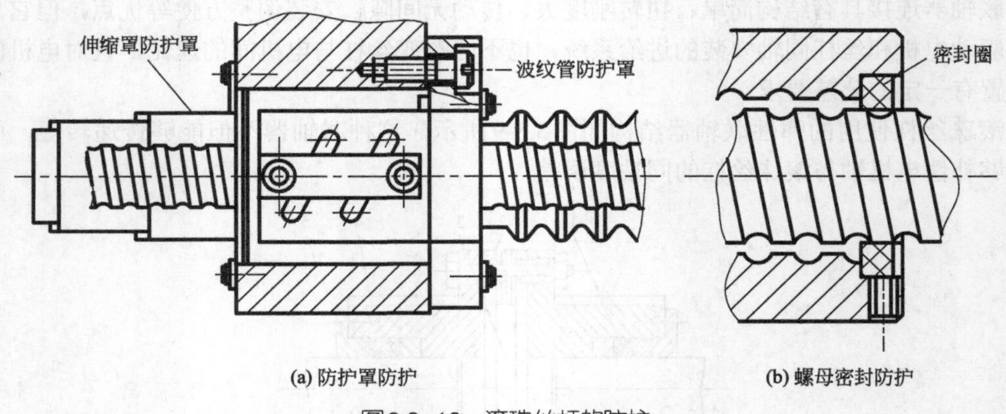

图3.3-10　滚珠丝杠的防护

脂润滑一般采用锂基润滑脂，润滑脂直接充填在螺纹滚道内。脂润滑的使用简单、无污染，一次充填可使用相当长的时间，因此，它是工业机器人等简单机电设备常用的润滑方式，但其润滑效果不及油润滑。

工业机器人滚珠丝杠所使用的润滑脂型号、注入量和补充时间，通常在机器人生产厂家的说明书上已经有明确的规定，用户应按照生产厂的要求进行。

3.4　滚动导轨及使用维护

3.4.1　结构与原理

1. 组成与特点

滚动导轨、直线导轨、线轨都是直线滚动导轨的简称。滚动导轨是高速直线运动系统最为常用的导向部件，其使用已经越来越普遍。

滚动导轨是专业生产厂家生产的功能部件，其基本组成如图3.4-1所示。滚动导轨主要由导轨和滑块两部分组成，导轨一般固定安装在支承部件上；滑块内安装有滚珠或滚柱作为滚动体，滑块安装在运动部件上；导轨与滑块间可通过滚动体产生滚动摩擦。因此，它与其他形式的导轨比较，主要具有以下基本特点。

1）灵敏性好

滚动导轨摩擦系数很小，且动、静摩擦系数基本一致。实验表明，驱动同质量的物体，使用滚动导轨后的驱动电机功率只需要普通导轨的十分之一左右，其摩擦阻力仅为传统的V型十字交叉滚子导轨的1/40左右。

2）精度高

滚动导轨的滚道截面采用了合理比值的圆弧沟槽，其接触应力小，承载能力及刚度比钢球点接触高。滚动导轨可通过预载消除传动间隙、提高刚性；导轨表面可通过硬化处理工

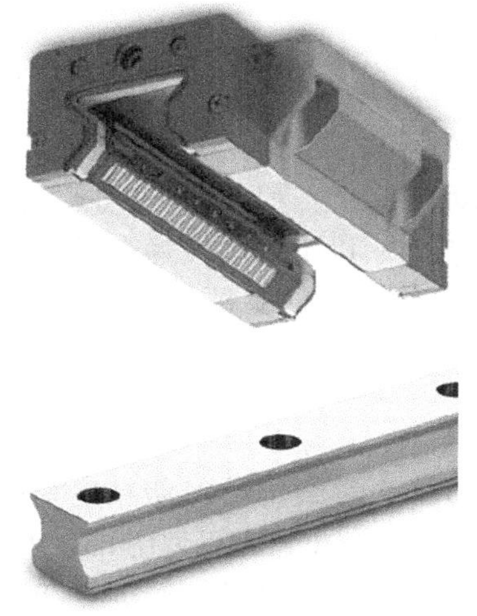
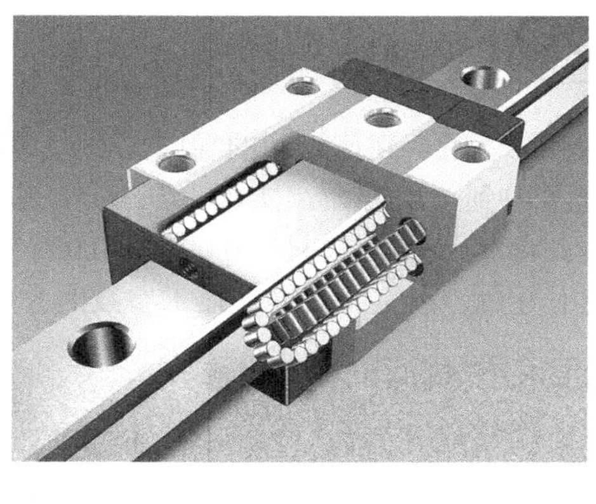

图3.4-1　滚动导轨的组成

艺，减小磨损、提高精度保持性；滚动导轨成对使用时，还具有误差均化效应，减小制造、安装误差的影响。

3）使用简单

滚动导轨的加工制造已经在专业生产厂家完成，用户使用时只需要直接固定到安装部位，它对基础件的导轨安装面加工精度要求较低，因此，其使用简单、安装调整方便、加工制造成本低。

2. 结构原理

使用滚珠和滚柱的滚动导轨原理相同，它都由导轨、滑块、滚动体、反向器、密封端盖、挡板等部分组成，其结构原理如图3.4-2所示。

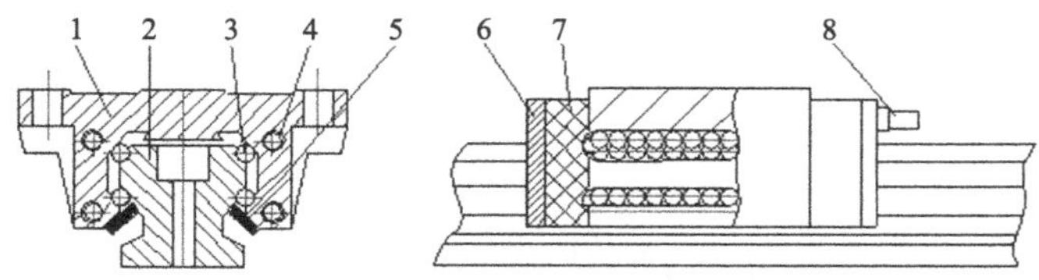

图3.4-2　滚动导轨的结构原理

1—滑块；2—导轨；3—滚动体；4—回珠孔；5—侧密封；6—密封盖；7—挡板；8—润滑油杯

直线型导轨2的上表面加工有一排等间距的安装通孔，可用来固定导轨；导轨上有经过表面硬化处理、精密磨削加工制成的四条滚道。

滑块1上加工有4～6个安装通孔，用来固定滑块；其内部安装有滚动体，当导轨与滑块发生相对运动时，滚动体可沿着导轨和滑块上的滚道运动。滑块1的两端安装有连接回珠孔4的反向器，滚动体3可通过反向器反向进入回珠孔，并返回到滚道后循环滚动。

滑块的侧面和反向器的两端装均有防尘的密封端盖，可以防止灰尘、切屑、冷却水等污物的进入。滑块的端部还安装有润滑油管或加注润滑脂的油杯，以便根据需要通入液体润滑油或加注油脂。

由于滚动导轨的特殊结构，使其可以承受上下、左右方向的载荷，其刚性较好，抗颠覆

力矩能力较强，它可适用于各种方向载荷的直线运动轴。

3.4.2 主要技术参数

滚动导轨是适用于高速运动的导向部件，其运动速度、加速度理论上可达到500m/min、$250m/s^2$；但考虑到使用寿命，实际上在300m/min、$50m/s^2$以下使用较为合适。滚动导轨的灵敏度好，其摩擦系数一般只有0.002～0.003左右。滚动导轨主要技术参数有精度等级、预载荷、使用寿命、额定载荷等，技术参数的含义如下。

1. 精度和预载荷

滚动导轨的精度分为P1、P2、P3、P4、P5、P6共6个等级，以P1级精度为最高；工业机器人的直线运动系统通常使用P4、P5级精度，高精度工业机器人可使用P3、P4级。

滚动导轨需要根据承载要求进行预载，预载荷分P0、P1、P2、P3共4个等级，P0为重预载，P1为中预载，P2为普通预载，P3为无预载（间隙配合）。

根据不同的使用要求，滚动导轨的精度和预载荷等级一般按表3.4-1选用，表中的C为滚动导轨的额定动载荷。

表3.4-1 滚动导轨的精度和预载荷等级表

使用场合	精度等级	预载荷等级	预载荷值/N
刚度高、有冲击和振动的大型、重型进给系统	4、5	P0	0.1C
精度要求高、承受侧悬载荷、扭转载荷的进给系统	3、4	P1	0.05C
精度要求高、冲击和振动较小、受力良好的进给系统	3、4	P2	0.025C
无定位精度要求的输送机构	5	P3	0

2. 使用寿命

直线导轨的使用寿命可用运动距离或使用时间两种方式表示。以运动距离表示时，使用寿命的计算式如下。

$$L = 50\left(\frac{f_{\rm h} f_{\rm t} f_{\rm c} f_{\rm a}}{f_{\rm w}} \times \frac{C}{P_{\rm c}}\right)$$

式中 L——使用寿命，km；

C——定动载荷，N；

P_c——工作载荷；

f_h——硬度系数；

f_t——温度系数，在工作温度小于100℃时，可取1；

f_c——接触系数，与每根导轨所安装的滑动块数量有关，见表3.4-2；

f_a——精度系数，精度等级2、3级取1；4、5级取0.9；

f_w——载荷系数，$v≤15$m/min的低速运动、无外部冲击或振动的场合，取1～1.5；v=15～60m/min的中速运动、无明显外部冲击或振动的场合，取1.5～2；$v≥60$m/min的高速运动、有外部冲击或振动的场合，取2～3.5。

表3.4–2　滚动导轨的接触系数表

滑动块数量	1	2	3	4	5
接触系数f_c	1	0.81	0.72	0.66	0.61

对于行程一定的往复运动，使用寿命可通过使用时间表示，其计算式如下。

$$L_h=\frac{L\cdot 10^3}{2ln60}\approx\frac{8.3L}{ln}$$

式中　l——导轨行程，km；

n——每分钟往复次数；

L——以运动距离表示的使用寿命，km。

3. 工作载荷

对于运动过程中变化的负载，可通过以下方法计算其工作载荷（当量载荷）。

$$P_c=\sqrt[3]{\frac{P_1^3L_1+P_2^3L_2+\cdots\cdots+P_n^3L_n}{L}}$$

当载荷呈线性变化时，其计算式可以简化为$P_c=(P_{min}+2P_{max})/3$；

当载荷呈全波正弦曲线变化时，其计算式可以简化为$P_c=0.65\,P_{max}$；

当载荷呈半波正弦曲线变化时，其计算式可以简化为$P_c=0.75\,P_{max}$；

式中　P_n——行程段L_n上的载荷，kN；

L_n——分段行程，mm；

L——总行程，mm，$L=\sum_1^n L_i$；

P_{max}——最大载荷，kN；

P_{min}——最小载荷，kN。

如果滚动导轨同时承受垂直方向载荷P_v和水平方向载荷P_h，其工作载荷为两者之和，即$P_c=P_v+P_h$。

如果滚动导轨同时承受外部扭矩和载荷，其工作载荷可通过下式计算。

$$P_c=P_0+C_0\cdot\frac{M}{M_t}$$

式中　P_0——导轨工作载荷，kN；

C_0——导轨额定静载荷，kN；

M——外部扭矩，N·m；

M_t——滚动导轨的额定承载扭矩，N·m。

3.4.3　安装与维护

1. 导轨固定

滚动导轨通常成对使用，其中的一根为基准导轨，起运动部件的主要导向作用；另一根为从动导轨，主要用于支承；导轨可水平、竖直、倾斜安装或进行接长。

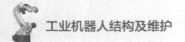

基准导轨固定时需要进行定位，其定位方式主要有图3.4-3所示的螺栓定位、楔块定位、压板定位和定位销定位等。

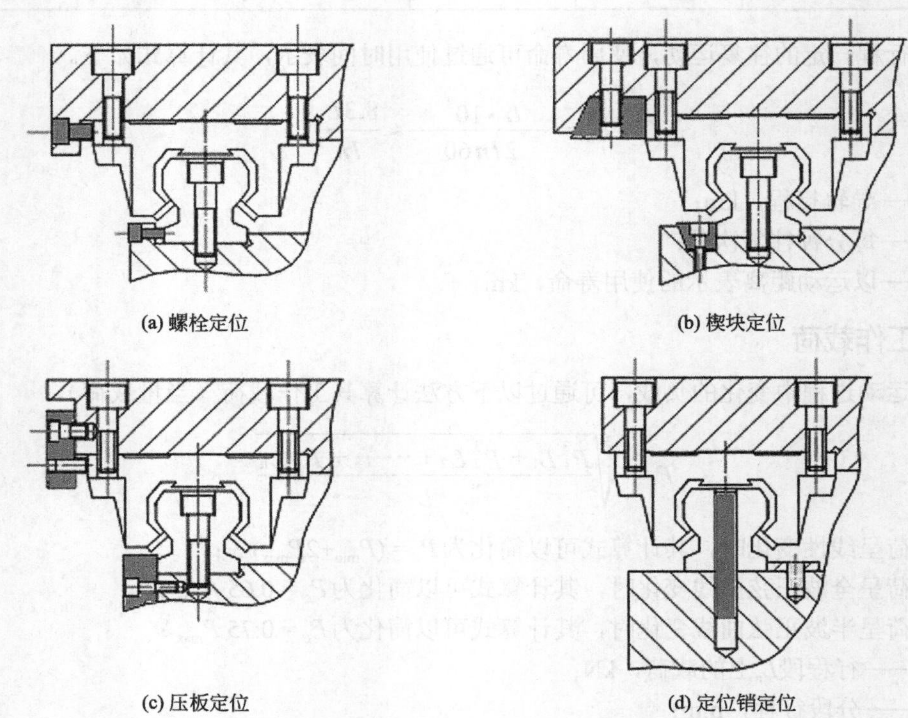

图3.4-3　滚动导轨的定位方式

滚动导轨的定位方式虽各不相同，但总原则是一致的，即：将基准导轨的定位面（图中为右侧）紧靠在安装基准面上，然后，通过螺栓、楔块、压板或定位销来调整定位位置；调整完成后，再利用顶面螺钉固定导轨。滚动导轨的滑块一般直接利用基准面定位，并固定在运动部件上；如需要，滑块也可采用基准导轨同样的方式定位与固定。

从动导轨的固定方式与主导轨类似，安装时只需要保证运动轻便，无干涉便可。

2. 导轨安装

滚动导轨有均化误差的作用，其运动部件的实际误差通常只有安装基面误差的1/3左右，因此，它对安装基面的精度和表面粗糙度要求并不高，一般只需进行精铣或精刨加工，便可满足要求。

滚动导轨的导轨安装一般可按照如下步骤进行，安装精度要求可参见后述。

① 将滚动导轨贴紧安装的侧基准面，然后，轻微固定导轨的顶面螺栓，使得导轨的底面和支承面贴紧。

② 调节侧向定位螺钉、斜楔块、压板或定位销，进行导轨的侧向定位，使导轨的导向面贴紧侧向基准面。

③ 按表3.4-3所示的参考值，从导轨中间位置开始，按交叉的顺序向两端用力矩扳手拧紧导轨的顶面安装螺钉。

表3.4-3　推荐的拧紧力矩

安装螺钉规格	M3	M4	M5	M6	M8	M10	M12	M14
拧紧力矩/N・m	1.6	3.8	7.8	11.7	28	60	100	150

滚动导轨的滑块安装步骤通常如下。

① 将工作台置于滑块座平面、对准安装螺钉孔，进行轻微固定。

② 进行滑块的侧面定位，使滑块的定位面贴紧安装基准面。

③ 按对角线的顺序拧紧滑块上的安装螺钉。

安装完毕后，检查导轨应在全行程内运行轻便、灵活，并检查工作台的直线度、平行度，使之符合要求。

表3.4-4是常用精度等级的滚动导轨安装要求和公差参照表。对于基准导轨的滑块数量超过2个的长行程导轨，中间滑块一般不需要作表中第3、5项的检查，但其W_1值原则上应小于首尾两滑块的W_1值。不同精度等级的滚动导轨，其安装、调整要求有所相同，导轨更换后进行重新安装时，应按照表中的要求逐项检查，保证安装公差要求。

表3.4-4　常用精度等级的滚动导轨的安装要求及公差参照表

序号	示意图	检验项目	指标				
1		A：滑块顶面中心对导轨安装底面的平行度 B：导轨基准侧面同侧的滑块侧面，对导轨基准侧面的平行度	导轨长度/mm	精度等级/μm			
				2	3	4	5
			≤500	4	8	14	20
			＞500-1000	6	10	17	25
			＞1000-1500	8	13	20	30
			＞1500-2000	9	15	22	32
			＞2000-2500	11	17	24	34
			＞2500-3000	12	18	26	36
			＞3000-3500	13	20	28	38
			＞3500-4000	15	22	30	40
2		滑块上顶面与导轨基准底面的高度H极限偏差	精度等级	2	3	4	5
			允差/μm	±12	±25	±50	±100
3		滑块侧面与导轨侧面间距W_1的极限偏差（只适用基准导轨）	精度等级	2	3	4	5
			允差/μm	±15	±30	±60	±150

续表

序号	示意图	检验项目	指标				
4		同一平面多个滑块顶面高度H的变动量	精度等级	2	3	4	5
			允差/μm	5	7	20	40
5	W_1	同一导轨上多个滑块侧面与导轨侧面间距W_1的变动量（只适用基准导轨）	精度等级	2	3	4	5
			允差/μm	7	10	25	70

3. 使用与维护

滚动导轨是机电设备的通用部件，工业机器人的导轨损坏时，可以使用同规格、精度等级相同的产品直接替代。

使用滚动导轨时，应注意工作环境与装配过程中的清洁，导轨表面不能有铁屑、杂质、灰尘等污物粘附。当安装环境可能存在灰尘、冷却水等污物进入时，除导轨本身的密封外，还应增加防护装置。

良好的润滑可减少摩擦阻力和减轻导轨磨损，防止导轨发热。滚动导轨的润滑可采用油润滑和脂润滑两种润滑方式。

油润滑的润滑均匀、效果好，但需要有专门的润滑装置，它是数控机床等高速、高精度设备常用的润滑方式。一般而言，对于常规的润滑系统设计，如果滚动导轨的运动速度超过15m/min时，原则上需要油润滑，润滑油可使用N32等油液；润滑系统可与轴承、丝杠等部件一起，采用集中润滑装置进行统一润滑。

脂润滑不需要供油管路和润滑系统，也不存在漏油问题，一次加注可使用1000小时以上，因此，对于运动速度小于15m/min或采用特殊设计的高速润滑系统，为了简化结构、降低成本，可使用脂润滑。工业机器人的结构简单、定位精度要求不高，因此，多采用脂润滑。

滚动导轨的脂润滑以锂基润滑脂为常用。工业机器人滚动导轨所使用的润滑脂型号、注入量和补充时间，通常在机器人生产厂家的说明书上已经有明确的规定，用户应按照生产厂的要求进行。

第4章　谐波减速器及维护

4.1　变速原理与典型产品

4.1.1　谐波齿轮变速原理

1. 基本结构

谐波减速器是谐波齿轮传动装置（Harmonic gear drive）的俗称。谐波齿轮传动装置实际上既可用于减速、也可用于升速，但由于其传动比很大（通常为50 ～ 160），因此，在工业机器人、数控机床等机电产品上应用时，多用于减速，故习惯上称谐波减速器。本书在一般情况下也将使用这一名称。

谐波齿轮传动装置是美国发明家C.W.Musser（马瑟，1909 ～ 1998）在1955年发明的一种特殊齿轮传动装置，最初称变形波发生器（Strain wave gearing），该装置在1957年获美国发明专利；1960年，美国United Shoe Machinery公司（USM）率先研制出样机。1964年，日本的株式会社长谷川齿车（Hasegawa Gear Works，Ltd.）和USM合作，开始对其进行产业化研究和生产，并将产品定名为谐波齿轮传动装置（Harmonic gear drive）；1970年，长谷川齿车和USM合资，在东京成立了Harmonic Drive（哈默纳科）公司；1979年，公司更名为现在的Harmonic Drive System Co.Ltd。因此，Harmonic Drive System（哈默纳科）既是全球最早研发生产谐波减速器的企业，也是目前全球最大、最著名的谐波减速器生产企业，其产量占全世界总量的15%左右。世界著名的工业机器人几乎都使用该公司的产品。

谐波减速器的基本结构如图4.1-1所示，它主要由刚轮、柔轮、谐波发生器3个基本部件构成。刚轮、柔轮、谐波发生器可任意固定其中1个，其余2个部件一个连接输入（主动），另一个即可作为输出（从动），以实现减速或增速。

图4.1–1　谐波减速器的基本结构

1—谐波发生器；2—柔轮；3—刚轮

1）刚轮

刚轮（Circular Spline）是一个圆周上加工有连接孔的刚性内齿圈，其齿数比柔轮略多（一般多2或4个）。当刚轮固定、柔轮旋转时，刚轮的连接孔用来连接安装座；当柔轮固定、刚轮旋转时，连接孔可用来连接输出。为了减小体积，在薄形、超薄形或微型谐波减速器上，刚轮有时和减速器CRB轴承设计成一体，构成谐波减速器单元。

2）柔轮

柔轮（Flex Spline）是一个可产生较大变形的薄壁金属弹性体，它既可被制成图示的水杯形，也可被制成后述的礼帽形、薄饼形等形状。弹性体与刚轮啮合部位为薄壁外齿圈；水杯形柔轮底部是加工有连接孔的圆盘；外齿圈和底部间利用弹性膜片连接。当刚轮固定、柔轮旋转时，底部安装孔可用来连接输出；当柔轮固定、刚轮旋转时，底部安装孔可用来固定柔轮。

3）谐波发生器

谐波发生器（Wave Generator）一般由凸轮和滚珠轴承构成。谐波发生器的内侧是一个椭圆形的凸轮，凸轮的外圆上套有一个能弹性变形的薄壁滚珠轴承，轴承的内圈固定在凸轮上、外圈与柔轮内侧接触。凸轮装入轴承内圈后，轴承将产生弹性变形成为椭圆型，并迫使柔轮外齿圈变成椭圆形；从而使椭圆长轴附近的柔轮齿与刚轮齿完全啮合，短轴附近的柔轮齿与刚轮齿完全脱开。当凸轮连接输入轴旋转时，柔轮齿与刚轮齿的啮合位置可不断变化。

2. 变速原理

谐波减速器的变速原理如图4.1-2所示。

假设旋转开始时刻，谐波发生器椭圆长轴位于0°位置，这时，柔轮基准齿和刚轮0°位置的齿完全啮合。当谐波发生器在输入轴的驱动下产生顺时针旋转时，椭圆长轴也将顺时针回转，使柔轮和刚轮啮合的齿顺时针移动。

当减速器刚轮固定、柔轮旋转时，由于柔轮的齿形和刚轮完全相同，但齿数少于刚轮（如相差2齿），因此，当椭圆长轴的啮合位置到达刚轮–90°位置时，由于柔轮、刚轮所转过的齿数必须相同，故柔轮转过的角度将大于刚轮；如齿差为2齿，柔轮上的基准齿将逆时针偏离刚轮0°基准位置0.5个齿。进而，当椭圆长轴到达刚轮–180°位置时，柔轮上基准齿将逆时针偏离刚轮0°基准位置1个齿；而当椭圆长轴绕柔轮回转一周后，柔轮的基准齿将逆时针偏离刚轮0°位置一个齿差（2个齿）。

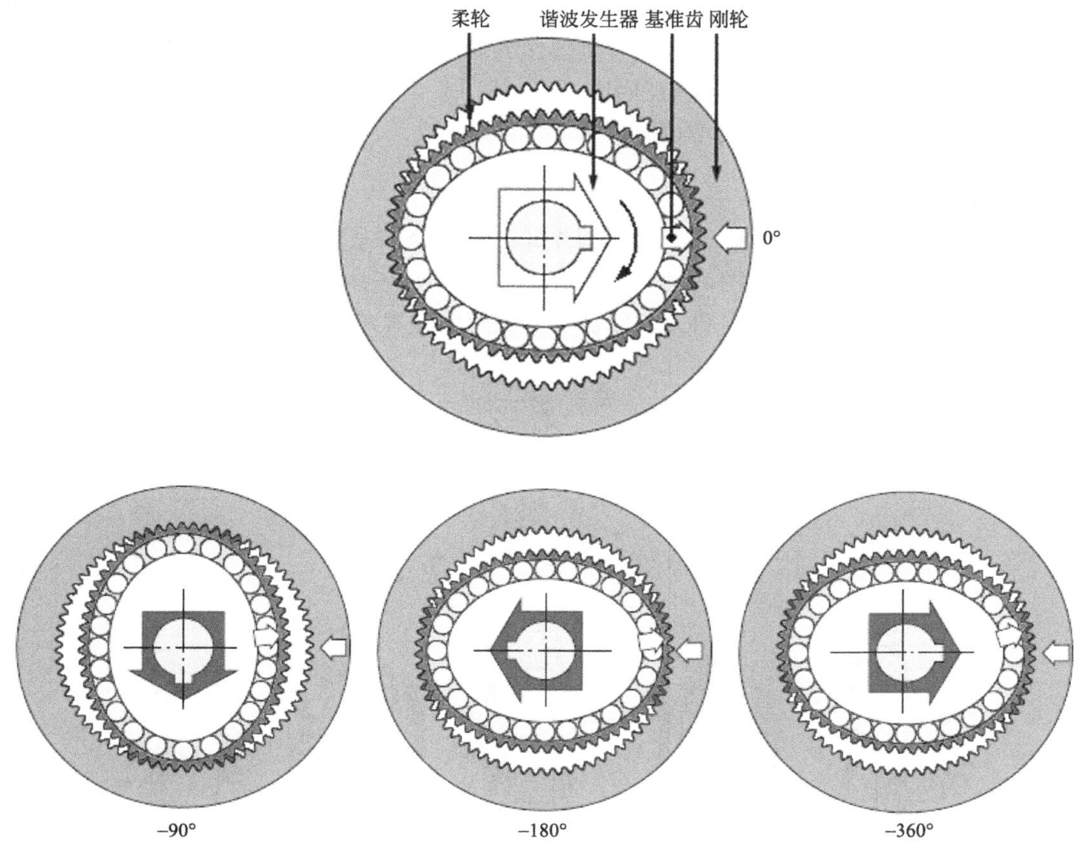

图4.1−2　谐波减速器变速原理

这就是说，当刚轮固定、谐波发生器连接输入轴、柔轮连接输出轴时，如谐波发生器绕柔轮顺时针旋转1转（−360°），柔轮将相对于固定的刚轮逆时针转过一个齿差（2个齿）。因此，假设谐波减速器的柔轮齿数为Z_f、刚轮齿数为Z_c；柔轮输出和谐波发生器输入间的传动比为：

$$i_1 = \frac{Z_c - Z_f}{Z_f}$$

同样，如谐波减速器柔轮固定、刚轮可旋转，当谐波发生器绕柔轮顺时针旋转1转（−360°）时，由于柔轮与刚轮所啮合的齿数必须相同，而柔轮又被固定，因此，将使刚轮的基准齿顺时针偏离柔轮一个齿差，其偏移的角度为：

$$\theta = \frac{Z_c - Z_f}{Z_c} \times 360°$$

因此，当柔轮固定、谐波发生器连接输入轴、刚轮作为输出轴时，其传动比为：

$$i_2 = \frac{Z_c - Z_f}{Z_c}$$

这就是谐波齿轮传动装置的减速原理。

相反，如果谐波减速器的刚轮被固定，柔轮连接输入轴、谐波发生器作为输出轴，则柔轮旋转时，将迫使谐波发生器的椭圆长轴快速回转，起到增速的作用。同样，当谐波减速器的柔轮被固定，刚轮连接输入轴、谐波发生器作为输出轴时，刚轮的回转也可迫使谐波发生器的椭圆长轴快速回转，起到增速的作用。

这就是谐波齿轮传动装置的增速原理。

3. 变速比

利用不同的安装形式，谐波齿轮传动装置可有图4.1-3所示的5种不同使用方法，图4.1-3（a）、图4.1-3（b）用于减速；图4.1-3（c）～图4.1-3（e）用于增速。

如果用正、负号代表转向，并定义谐波传动装置的基本减速比R为：

$$R=\frac{Z_f}{Z_c-Z_f}$$

则，对于图4.1-3（a），其输出转速/输入转速（传动比）为：

$$i_a=\frac{-(Z_c-Z_f)}{Z_f}=\frac{-1}{R}$$

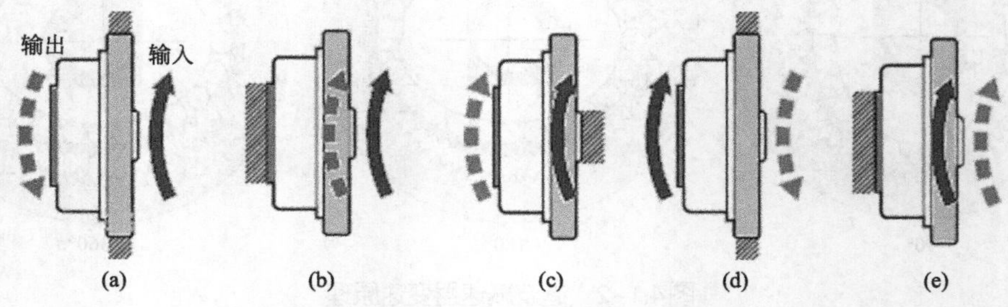

图4.1–3 谐波齿轮传动装置的使用方法

（a）—刚轮固定/柔轮输出；（b）—柔轮固定/刚轮输出；
（c）—谐波发生器固定/刚轮输出；（d）—刚轮固定/谐波发生器输出；（e）—柔轮固定/谐波发生器输出

对于图4.1-3（b），其传动比为：

$$i_b=\frac{Z_c-Z_f}{Z_c}=\frac{1}{R+1}$$

对于图4.1-3（c），其传动比为：

$$i_c=\frac{Z_c}{Z_f}=\frac{R+1}{R}$$

对于图4.1-3（d），其传动比为：

$$i_d=\frac{-Z_f}{Z_c-Z_f}=-R$$

对于图4.1-3（e），其传动比为：

$$i_e = \frac{Z_c}{Z_c - Z_f} = R + 1$$

在谐波齿轮传动装置生产厂家的样本上，一般只给出基本减速比R，用户使用时，可根据实际安装情况，按照上面的方法计算对应的传动比。

4. 主要特点

由谐波齿轮传动装置的结构和原理可见，它与其他传动装置相比，主要有以下特点。

1）承载能力强、传动精度高

齿轮传动装置的承载能力、传动精度与其同时啮合的齿数（称重叠系数）密切相关，多齿同时啮合可起到减小单位面积载荷、均化误差的作用，故在同等条件下，同时啮合的齿数越多，传动装置的承载能力就越强，传动精度就越高。

一般而言，普通直齿圆柱渐开线齿轮的同时啮合齿数只有1～2对，同时啮合的齿数通常只占总齿数的2%～7%。谐波齿轮传动装置有两个180°对称方向的部位同时啮合，其同时啮合齿数远多于齿轮传动，故其承载能力强，齿距误差和累积齿距误差可得到较好的均化。因此，它与部件制造精度相同的普通齿轮传动相比，谐波齿轮传动装置的传动误差大致只有普通齿轮传动装置的1/4左右，即传动精度可提高4倍。

以Harmonic Drive System（哈默纳科）谐波齿轮传动装置为例，其同时啮合的齿数比例最大可达30%以上；最大转矩（Peak Torque）可达4470N·m，最高输入转速可达14000r/min；角传动精度（Angle transmission accuracy）可达1.5×10^{-4}rad，滞后误差（Hysteresis loss）可达2.9×10^{-4}rad。这些指标基本上代表了当今世界谐波减速器的最高水准。

需要说明的是：虽然谐波减速器的传动精度比其他减速器要高很多，但目前它还只能达到角分级（$1'\approx2.9\times10^{-4}$rad），它与数控机床回转轴所要求的角秒级（$1''\approx4.85\times10^{-6}$rad）定位精度比较，仍存在很大差距，这也是目前工业机器人的定位精度普遍低于数控机床的主要原因之一。因此，谐波减速器一般不能直接用于数控机床的回转轴驱动和定位。

2）传动比大、传动效率较高

在传统的单级传动装置上，普通齿轮传动的推荐传动比一般为8～10、传动效率为0.9～0.98；行星齿轮传动的推荐传动比2.8～12.5、齿差为1的行星齿轮传动效率为0.85～0.9；蜗轮蜗杆传动装置的推荐传动比为8～80、传动效率为0.4～0.95；摆线针轮传动的推荐传动比11～87、传动效率为0.9～0.95。而谐波齿轮传动的推荐传动比为50～160、可选择30～320；正常传动效率为0.65～0.96（与减速比、负载、温度等有关）。

3）结构简单，体积小，重量轻，使用寿命长

谐波齿轮传动装置只有3个基本部件，它与传动比相同的普通齿轮传动比较，其零件数可减少50%左右，体积、重量大约只有1/3左右。此外，在传动过程中，由于谐波齿轮传动装置的柔轮齿进行的是均匀径向移动，齿间的相对滑移速度一般只有普通渐开线齿轮传动的百分之一；加上同时啮合的齿数多、轮齿单位面积的载荷小、运动无冲击，因此，齿的磨损较小，传动装置使用寿命可长达7000～10000小时。

4）传动平稳，无冲击、噪声小

谐波齿轮传动装置可通过特殊的齿形设计，使得柔轮和刚轮的啮合、退出过程实现连续渐进、渐出，啮合时的齿面滑移速度小，且无突变，因此其传动平稳，啮合无冲击，运行噪声小。

5）安装调整方便

谐波齿轮传动装置的只有刚轮、柔轮、谐波发生器三个基本构件，三者为同轴安装；刚轮、柔轮、谐波发生器可按部件提供（称部件型谐波减速器），由用户根据自己的需要，自由选择变速方式和安装方式，并直接在整机装配现场组装，其安装十分灵活、方便。此外，谐波齿轮传动装置的柔轮和刚轮啮合间隙，可通过微量改变谐波发生器的外径调整，甚至可做到无侧隙啮合，因此，其传动间隙通常非常小。

谐波齿轮传动装置需要使用高强度、高弹性的特种材料制作，特别是柔轮、谐波发生器的轴承，它们不但需要在承受较大交变载荷的情况下不断变形，而且为了减小磨损，材料还必须要有很高的硬度，因而，它对材料的材质、抗疲劳强度及加工精度、热处理的要求均很高，制造工艺较复杂。截至目前，除了Harmonic Drive System公司外，全球能够真正产业化生产谐波减速器的厂家还不多。

4.1.2 哈默纳科产品概况

1. 产品系列

日本的Harmonic Drive System（哈默纳科）是全球最早生产谐波减速器的企业，也是目前全球最大、最著名的谐波减速器生产企业，其产品技术先进、规格齐全、市场占有率高，代表了当今世界谐波减速器的最高水准。

工业机器人配套的Harmonic Drive System谐波减速器产品主要有以下几类。

1）CS系列

CS系列谐波减速器是Harmonic Drive System在1981年研发的产品，在早期的工业机器人上使用较多，该产品目前已停止生产，工业机器人需要更换减速器时，一般由CSF系列产品进行替代。

2）CSS系列

CSS系列是Harmonic Drive System在1988年研发的产品，在20世纪90年代生产的工业机器人上使用较广。CSS系列产品采用了IH齿形，减速器刚性、强度和使用寿命均比CS系列提高了2倍以上。CSS系列产品也已停止生产，更换时，同样可由CSF系列产品替代。

3）CSF系列

CSF系列是Harmonic Drive System在1991年研发的产品，是当前工业机器人广泛使用的产品之一。CSF系列减速器采用了小型化设计，其轴向尺寸只有CS系列的1/2、整体厚度为CS系列的3/5；最大转矩比CS系列提高了2倍；安装、调整性能也得到了大幅度改善。

4）CSG系列

CSG系列是Harmonic Drive System在1999年研发的产品，该系列为大容量、高可靠性产品。CSG系列产品的结构、外形与同规格的CSF系列产品完全一致，但其性能更好，减速器的最大转矩在CSF系列基础上提高了30%；使用寿命从7000小时提高到10000小时。

5）CSD系列

CSD系列是Harmonic Drive System在2001年研发的产品，该系列产品采用了轻量化、超薄型设计，整体厚度只有同规格的早期CS系列的1/3和CFS系列标准产品的1/2；重量比CSF/CSG系列减轻了30%。

以上为Harmonic Drive System谐波减速器常用产品的主要情况，除以上产品外，还有相位调整型（Phase adjustment type）谐波减速器，以及伺服电机集成式回转执行器（Rotary Actuator）、直线执行器（Linear Actuator）、直接驱动电机（Direct Drive Motor）等新型产品。

2. 产品结构

工业机器人常用的哈默纳科谐波减速器总体可分为图4.1-4所示的部件型（Component type）、单元型（Unit type）、简易单元型（Simple unit type）、齿轮箱型（Gear head type）、微型5大系列；部分产品还可根据柔轮的形状，分水杯形（Cup type）、礼帽形（Silk hat type）、薄饼形（Pancake type）等不同的结构类别。

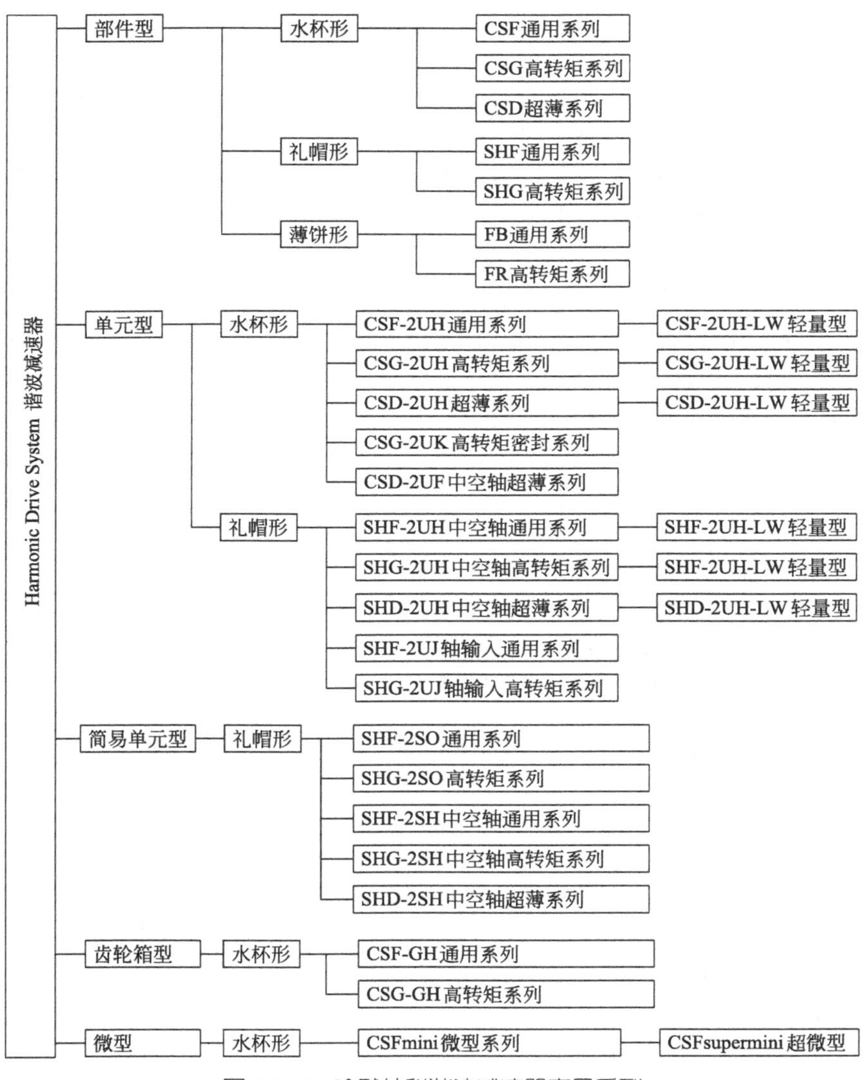

图4.1-4 哈默纳科谐波减速器产品系列

1）部件型

部件型（Component type）谐波减速器只提供刚轮、柔轮、谐波发生器3个基本部件；用户可根据自己的要求，自由选择变速方式和安装方式。

根据柔轮形状，部件型谐波减速器又分为图4.1-5所示的水杯形（Cup type）、礼帽形（Silk hat type）、薄饼形（Pancake）3大类，并有通用、高转矩、超薄等不同系列的产品。

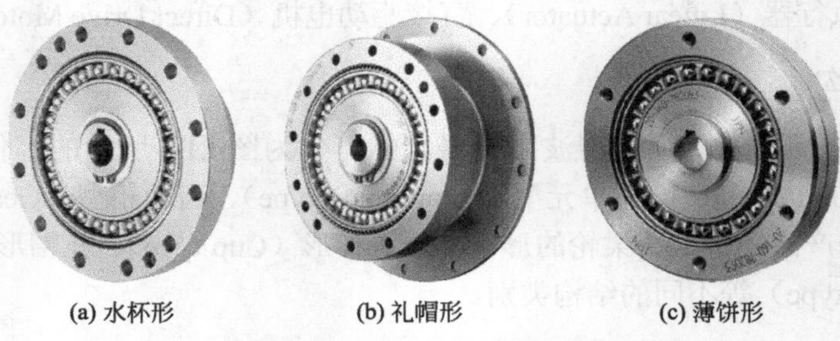

(a) 水杯形　(b) 礼帽形　(c) 薄饼形

图4.1-5　部件型谐波减速器

部件型减速器的规格齐全，产品的使用灵活，安装方便，价格低，是目前工业机器人广泛使用的产品。部件型谐波减速器采用的是刚轮、柔轮、谐波发生器分离型结构，无论是工业机器人生产厂家的产品制造，还是机器人使用厂家维修，都需要进行谐波减速器和传动零件的分离和安装，其装配调试的要求非常高。

2）单元型

单元型（Unit type）谐波减速器又称谐波减速单元，它是带有外壳和CRB输出轴承，减速器的刚轮、柔轮、谐波发生器、壳体、CRB轴承被整体设计成统一的单元；减速器带有输入/输出连接法兰或连接轴，输出采用高刚性、精密CRB轴承支承，可直接驱动负载。

单元型谐波减速器有图4.1-6所示的标准型、中空轴、轴输入三种基本结构形式，其柔轮形状有水杯形和礼帽形2类。LW轻量系列、CSG-2UK高转矩密封系列为Harmonic Drive System单元型谐波减速器的最新产品。

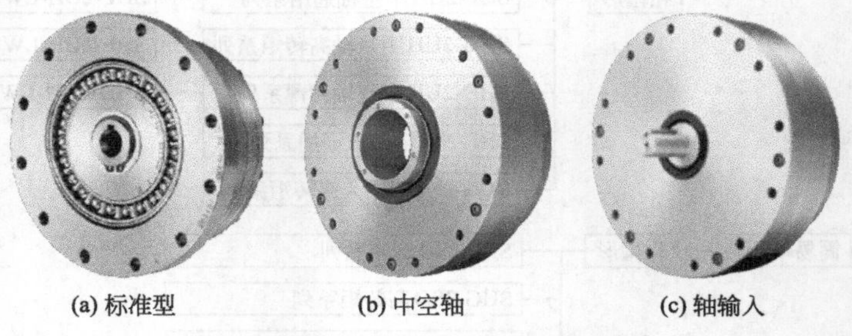

(a) 标准型　(b) 中空轴　(c) 轴输入

图4.1-6　单元型谐波减速

谐波减速单元虽然价格高于部件型，但是，由于减速器的安装在生产厂家已完成，产品的使用简单、安装方便、传动精度高、使用寿命长，无论工业机器人生产厂家的产品制造或机器人使用厂家的维修更换，都无需分离谐波减速器和传动部件，因此，它同样是目前工业机器人常用的产品之一。

3）简易单元型

简易单元型（Simple unit type）谐波减速器又称简易谐波减速单元，它是单元型谐波减速器的简化结构，它将谐波减速器的刚轮、柔轮、谐波发生器3个基本部件和CRB轴承整体设计成统一的单元；但无壳体和输入/输出连接法兰或轴。

简易谐波减速单元的基本结构有图4.1-7所示的标准型、中空轴两类，柔轮形状均为礼帽形。简易单元型减速器的结构紧凑、使用方便，性能和价格介于部件型和单元型之间，它经常用于机器人手腕、SCARA结构机器人。

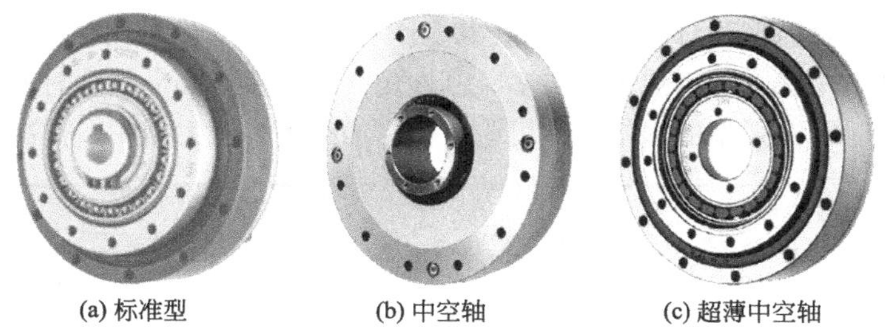

(a) 标准型　(b) 中空轴　(c) 超薄中空轴

图4.1–7　简易谐波减速单元基本结构

4）齿轮箱型

齿轮箱型（Gear head type）谐波减速器又称谐波减速箱，它可像齿轮减速箱一样，直接在其上安装驱动电机，以实现减速器和驱动电机的结构整体化，简化减速器的安装。

谐波减速箱的基本结构有图4.1-8所示的连接法兰输出和连接轴输出2类；其谐波减速器的柔轮形状均为水杯形，有通用系列、高转矩系列产品。齿轮箱型减速器多用于电机的轴向安装尺寸不受限制的后驱手腕、SCARA结构机器人。

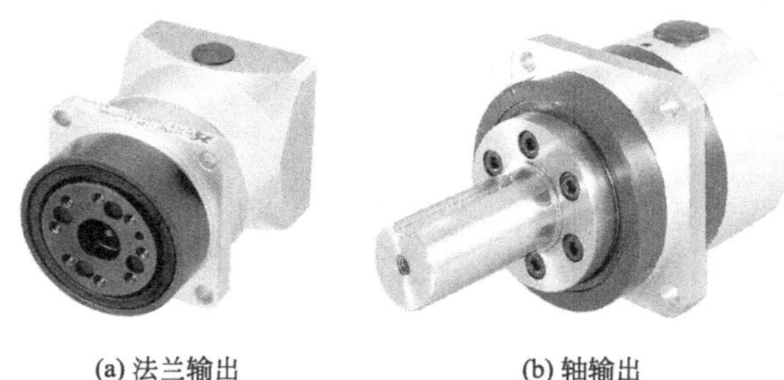

(a) 法兰输出　(b) 轴输出

图4.1–8　谐波减速箱的基本结构

5）微型和超微型

微型（mini）和超微型（supermini）谐波减速器是专门用于小型、轻量工业机器人的特殊产品，它常用于3C行业电子产品、食品、药品等小规格搬运、装配、包装工业机器人。

微型谐波减速器有图4.1-9所示的单元型（微型谐波减速单元）、齿轮箱型（微型谐波减速箱）2种基本结构，微型谐波减速箱也有连接法兰输出和连接轴输出2类。超微型减速器实际上只是对微型系列产品的补充，其结构、安装使用要求均和微型相同。

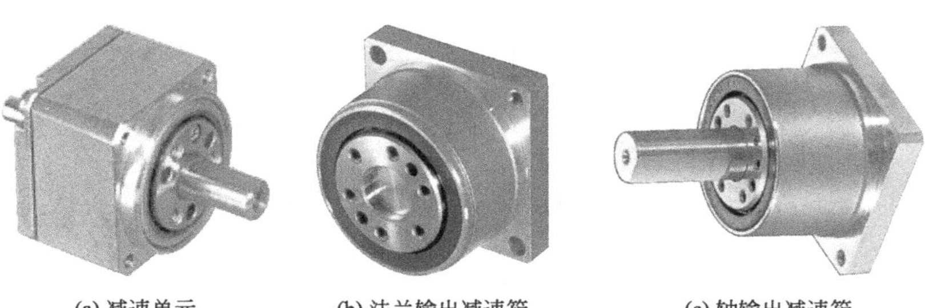

(a) 减速单元　(b) 法兰输出减速箱　(c) 轴输出减速箱

图4.1–9　微型谐波减速器基本结构

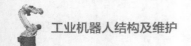

3. 技术特点

Harmonic Drive System谐波减速器产品的技术性能居世界领先水平，减速器采用了图4.1-10（a）所示的IH齿形设计，它与图4.1-10（b）所示的梯形齿相比，可使柔轮与刚轮齿的啮合过程较为连续、平稳，啮合的齿数更多、刚性更高、精度更高；啮合时的冲击和噪音更小，传动更为平稳。同时，圆弧型的齿根设计可避免梯形齿的齿根应力集中，提高产品的使用寿命。

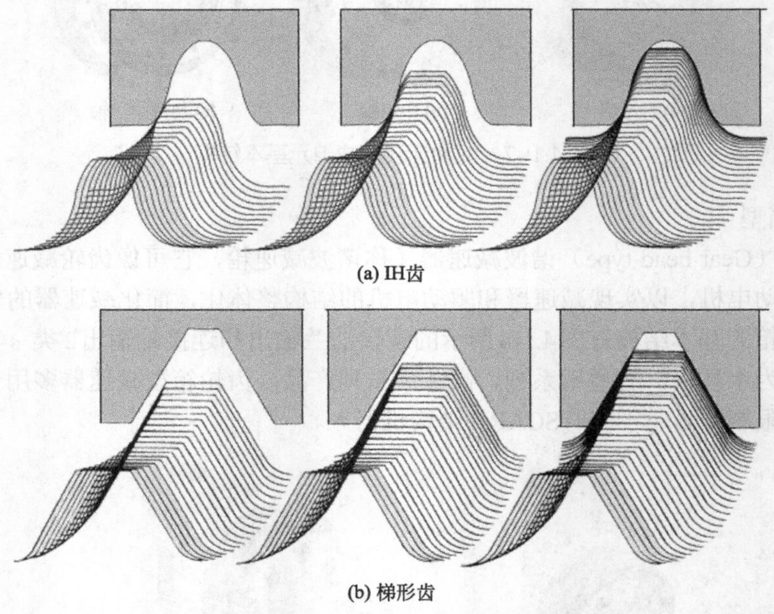

(a) IH齿

(b) 梯形齿

图4.1-10　齿轮啮合过程比较

根据产品的技术性能，Harmonic Drive System谐波减速器实际上可分为通用型、高转矩型和超薄型3大类，其他都是在此基础上所派生的产品。例如，CSF-2UH系列是CSF通用型产品的单元化结构，CSG-2UH系列是CSG高转矩型产品的单元化结构，而CSD-2UH系列是CSD超薄型产品的单元化结构等。

通用型、高转矩型和超薄型3类谐波减速器的基本性能比较如图4.1-11所示。大致而言，

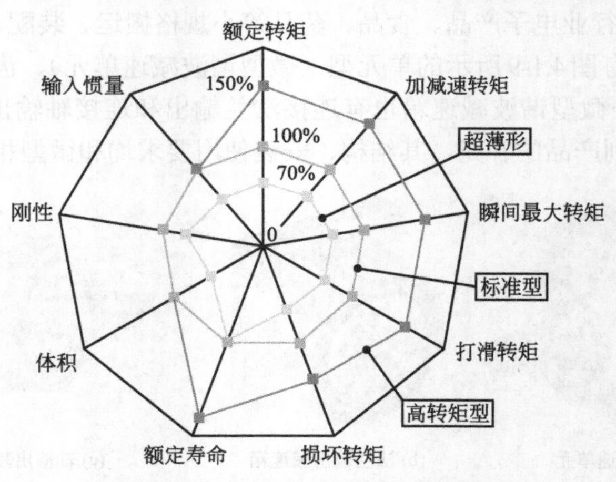

图4.1-11　谐波减速器基本性能比较

同规格的CSF通用型和CSG高转矩型减速器的结构、外形相同；但由于CSG系列产品使用的材料、热处理更先进，因此，其输出转矩提高了30%以上，使用寿命从7000小时提高到10000小时。而同规格的CSD超薄型减速器的厚度只有CSF通用型的60%左右，但在同等使用寿命下，超薄型减速器的额定转矩、加减速转矩等转矩性能及刚性等指标也将比CSF通用型减速器有所下降。

Harmonic Drive System不同系列谐波减速器的主要技术参数详见后述。

4.1.3　回转执行器与直接驱动

机电一体化集成是当前工业自动化的发展方向，通过电机直接驱动，完全取消机械传动部件，是当前伺服驱动技术的研究热点。回转执行器以及内置力矩电机、直线电机等是其中的代表性产品，一并简介如下。

1. 回转执行器

为了进一步简化谐波减速器的结构、缩小体积、方便使用，Harmonic Drive System公司在传统的谐波减速器基础上，推出了谐波减速器/驱动电机集成一体的回转执行器（Rotary Actuator）产品，代表了机电一体化技术在谐波减速器领域的最新成果和发展方向。

回转执行器又称伺服执行器（Servo Actuator），谐波减速回转执行器及伺服驱动器如图4.1-12所示。

(a) 回转执行器

(b) 伺服驱动器

图4.1-12　谐波减速回转执行器与伺服驱动器

谐波减速回转执行器是用于回转运动控制的新型机电一体化集成驱动装置，它将传统的驱动电机和谐波减速器集成为一体，可直接替代传统由驱动电机和减速器组成的回转减速传动系统。回转执行器只需要配套交流伺服驱动器，便可在驱动器的控制下，直接对负载的转矩、速度和位置进行控制；它与传统减速系统相比，其机械传动部件大大减少，传动精度更高，结构刚性更好，体积更小，使用更方便。

回转执行器的结构原理如图4.1-13所示，它是由交流伺服驱动电机、谐波减速器、CRB轴承、位置/速度检测编码器等部件组成的机电一体化回转减速单元，可直接用于工业机器人的回转轴驱动。

谐波减速回转执行器的谐波传动装置一般采用刚轮固定、柔轮输出、谐波发生器输入的

减速设计方案。执行器的输出采用了可直接驱动负载的高刚性、高精度CRB轴承；CRB轴承内圈的内部与谐波减速器的柔轮连接，外部加工有连接输出轴的连接法兰；CRB轴承外圈和壳体连接一体，构成了单元的外壳。谐波减速器的刚轮固定在壳体上，谐波发生器和交流伺服电机的转子设计成一体，伺服电机的定子、速度/位置检测编码器安装在壳体上，因此，当电机旋转时，可在输出轴连接法兰上得到可直接驱动负载的减速输出。

谐波减速回转执行器省略了传统谐波减速系统所需要的驱动电机和谐波发生器间、柔轮和输出轴间的机械连接件，其结构刚性好、传动精度高，整体结构紧凑、安装容易、使用方便，真正实现了机电一体化。

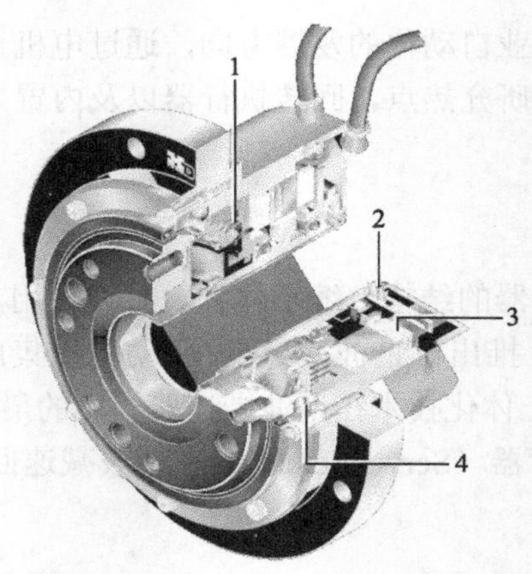

图4.1–13　回转执行器结构原理

1—谐波减速器；2—位置/速度检测编码器；3—伺服电机；4—CRB轴承

谐波减速回转执行器需要综合应用谐波减速器、交流伺服电机、精密速度/位置检测编码器等多项技术，不仅产品本身需要进行机电一体化整体设计，而且还必须有与之配套的交流伺服驱动器，因此，目前只有Harmonic Drive System等少数厂家能够生产。

2. 直接驱动

通过电机直接驱动，完全取消机械传动部件，是伺服驱动技术当前的研究热点和未来的发展方向之一。图4.1-14所示的内置力矩电机（Built-in Torque Motor）和直线电机（Linear Motor）是直接驱动电机（Direct drive Motor）的代表性产品。

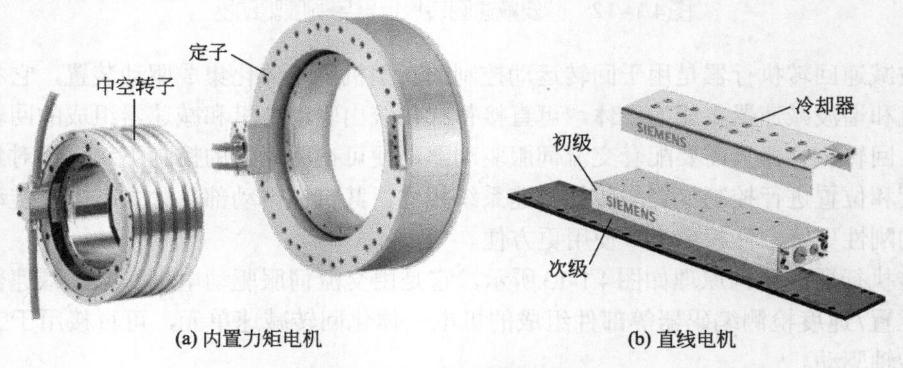

图4.1–14　直接驱动电机

内置力矩电机（Built-in Torque Motor）是用于工业机器人和数控机床回转运动轴驱动的直接驱动电机，这种电机采用了多极绕组和永磁中空转子，其转速低、输出转矩大，可直接驱动低速、大转矩回转摆动负载。

内置力矩电机由美国Kollmorgen（科尔摩根）的前身Inland电机公司于1949年率先研制，由于结构简单、使用方便，产品在工业控制领域得到了广泛的应用。目前，这种电机最大输出转矩已超过10000N·m，小规格电机最高转速超过600r/min，产品可满足绝大多数工业机器人的驱动要求，是工业机器人关节驱动的理想选择，但在数控机床和工业机器人的应用目前尚受到美国US5584621专利和相关国际专利保护。

直线电机（Linear Motor）是用于工业机器人和数控机床直线运动轴驱动系统的直接驱动电机，它由安装电枢绕组的移动初级（由定子演变）、永磁式固定次级（由转子演变）、冷却器等部件组成，次级部件可根据需要接长。直线电机驱动系统可取消机械传动系统的滚珠丝杠、同步皮带、联轴器等部件，实现直线运动系统的电气直接驱动，是目前大于100m/min高速直线运动系统的理想选择。

直线电机早在1845年由英国Charles Wheastone发明，但由于技术原因，直到20世纪70年代，才开始在工业控制领域的某些特殊行业得到应用；到了20世纪90年代，直线电机才真正开始应用于机械制造业。目前，直线电机的最大推力已超过20000N，最高移动速度已超过1200m/min，产品在高速数控机床等上的应用已经较为普遍。

为了适应用户个性化的需求，大规格的内置力矩电机、直线电机目前多以部件的形式提供，电机的安装连接件可由用户根据自己的要求设计；但用于工业机器人等中小型设备驱动的内置力矩电机、直线电机现已有图4.1-15所示的直接驱动单元问世。

图4.1-15 直接驱动单元

4.2 技术参数与使用要点

4.2.1 主要技术参数

谐波减速器的主要技术参数主要有减速比、额定输出转矩、允许最高转速、平均输入转速、传动精度等，Harmonic Drive System不同系列产品的主要技术参数见表4.2-1。在机器人设计、减速器选型时，还需要进一步考虑起制动转矩、瞬间最大转矩、使用寿命、强度、刚度、效率等详细参数。

表4.2-1 Harmonic Drive System不同系列产品的主要技术参数比较表

产品系列			减速比	额定输出转矩/N·m	允许最高转速/r/min	平均输入转速/r/min	传动精度（$\times10^{-4}$rad）		外径/mm	厚度/mm	中空直径/mm	输入轴直径/mm
							普通	特殊				
部件型	水杯形	CSF	30～160	0.9～3550	8500～1800	3500～1200	2.9～5.8	1.5～2.9	30～330	22.1～125	—	—
		CSG	50～160	7～1236	8500～2800	3500～1900	2.9～5.8	1.5～2.9	50～215	28.5～83	—	—
		CSD	50～160	3.7～370	8500～3500	3500～2500	2.9～4.4	—	50～170	11～33	—	—
	礼帽形	SHF	30～160	4～745	8500～3000	3500～2200	2.9～5.8	1.5～2.9	60～233	28.5～75.5	—	—
		SHG	50～160	7～1236	8500～2800	3500～1900	2.9～5.8	1.5～2.9	60～276	28.5～83	—	—
	薄饼形	FB	50～160	2.6～304	3600～3000	2500～1700	与负载有关		50～170	10.5～33	—	—
		FR	50～320	4.4～4470	3600～1700	2500～1000	与负载有关		50～330	18～101	—	—
单元型	标准型	CSF-2UH	30～160	4～951	8500～2800	3500～1900	2.9～5.8	1.5～2.9	73～260	41～115	—	—
		CSG-2UH	50～160	7～1236	8500～2800	3500～1900	2.9～5.8	1.5～2.9	73～260	41～115	—	—
		CSD-2UH	50～160	3.7～370	8500～3500	3500～2500	2.9～4.4	—	55～157	25～62.5	—	—
		CSD-2UK	50～160	51～1236	5600～2800	3500～1900	2.9～4.4	—	107～260	66～129	—	—
	中空轴	CSD-2UF	50～160	3.7～206	8500～4000	3500～3000	2.9～4.4	—	70～170	22～45	9～37	—
		SHF-2UH	30～160	3.5～745	8500～3000	3500～2200	2.9～5.8	1.5～2.9	64～284	48～128	14～70	—
		SHG-2UH	50～160	7～1236	8500～2800	3500～1900	2.9～5.8	1.5～2.9	64～284	48～128	14～80	—
		SHD-2UH	50～160	3.7～206	8500～4000	3500～3000	2.9～4.4	—	74～175	45.5～65	14～51	—
	轴输入	SHF-2UJ	30～160	4～745	8500～3000	3500～2200	2.9～5.8	1.5～2.9	74～284	35.5～114	—	6～22
		SHG-2UJ	50～160	7～1236	8500～2800	3500～1900	2.9～5.8	1.5～2.9	74～284	35.5～114	—	6～25
简易单元型	标准型	SHF-2SO	30～160	4～745	8500～3000	3500～2200	2.9～5.8	1.5～2.9	70～240	28.5～75.5	—	—
		SHG-2SO	50～160	7～1236	8500～2800	3500～1900	2.9～5.8	1.5～2.9	70～276	28.5～83	—	—
	中空轴	SHF-2SH	30～160	4～745	8500～3000	3500～2200	2.9～5.8	1.5～2.9	70～240	23.5～73	14～80	—
		SHG-2SH	50～160	7～1236	8500～2800	3500～1900	2.9～5.8	1.5～2.9	70～276	23.5～81.5	14～80	—
		SHD-2SH	50～160	3.7～206	8500～4000	3500～3000	2.9～4.4	—	70～170	17.5～33	11～40	—
齿轮箱型		CSF-GH	50～160	5.4～951	8500～2800	3500～1900	2.9～4.4	—	56～220	85～249	—	16～70
		CSG-GH	50～160	7～1236	8500～2800	3500～1900	2.9～4.4	—	56～220	85～249	—	16～70
微型		CSFmini	30～100	0.25～7.8	10000～8500	6500～3500	0.44～1.2	—	□20.4～51.1	19～54.4	—	2
		CSFsupermini	30～100	0.06～0.15	10000	6500	2.9	—	□13	13.5～15.4	—	3～8

1. 输出转矩

谐波减速器的输出转矩主要有额定输出转矩、加减速转矩、瞬间最大转矩3个技术参数，其含义如下。

1）额定输出转矩

额定输出转矩（Rated Torque）是指谐波发生器在输入转速为2000r/min情况下连续工作时，减速器所允许的最大负载转矩。

2）加减速转矩

加减速转矩（Peak Torque for start and stop）是指谐波发生器在正常加减速时，减速器短时间允许的最大负载转矩。

3）瞬间最大转矩

瞬间最大转矩（Maximum Momentary Torque）是指谐波发生器工作出现异常时，为保证减速器不损坏，瞬间允许的负载转矩极限值。

额定输出转矩、加减速转矩、瞬间最大转矩的含义如图4.2-1所示。

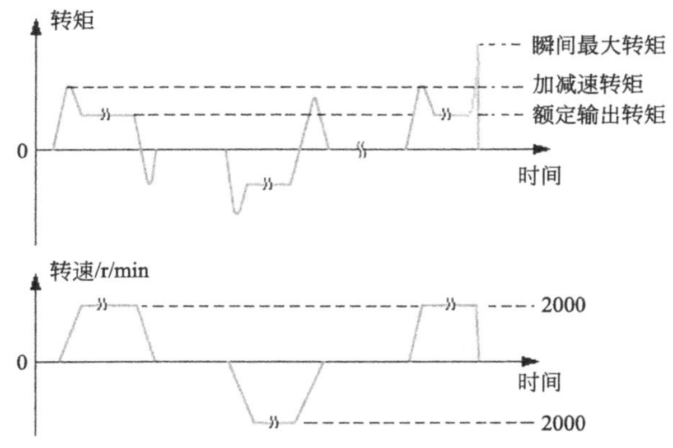

图4.2-1 额定输出转矩、加减速转矩与瞬间最大转矩

2. 使用寿命

谐波减速器的使用寿命通常有额定寿命（L_{10}）、平均寿命（L_{50}）2个技术参数，其含义如下。

1）额定寿命

额定寿命（Rated Life）是指谐波减速器在正常使用时，其中有10%产品出现损坏的理论使用时间，以参数L_{10}表示。Harmonic Drive System CSF/CSD、SHF/SHD、CSF-GH、CSF mini等标准产品的额定寿命均为7000h；高转矩的CSG系列、SHG系列产品的额定寿命均为10000h。

2）平均寿命

平均寿命（Average Life）是指谐波减速器在正常使用时，其中有50%产品出现损坏的理论使用时间，以参数L_{50}表示。Harmonic Drive System CSF/CSD、SHF/SHD、CSF-GH、CSF mini等标准产品的额定寿命均为35000h；高转矩的CSG系列、SHG系列产品的额定寿命均为50000h。

谐波减速器的实际使用寿命还与实际工作时的负载转矩、输入转速有关，其计算式及参数含义如下。

$$L_h = L_n \cdot \left(\frac{T_r}{T_{av}}\right)^3 \cdot \frac{N_r}{N_{av}}$$

式中 L_h——实际使用寿命，h；

L_n——理论寿命，h；

T_r——额定转矩，N·m；

T_{av}——实际负载转矩（平均值），N·m；

N_r——额定转速，r/min；

N_{av}——实际输入转速（平均值），r/min。

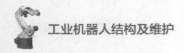

谐波减速器的实际负载转矩T_{av}、实际输入转速N_{av}，应根据图4.2-2所示的实际工作时的输出转矩、输出转速和持续时间进行计算，对于减速比为R的谐波减速器，T_{av}、N_{av}的计算式如下：

$$T_{av} = \sqrt[3]{\frac{n_1 t_1 |T_1|^3 + n_2 t_2 |T_2|^3 + \cdots + n_n t_n |T_n|^3}{n_1 t_1 + n_2 t_2 + \cdots + n_n t_n}}$$

$$N_{av} = \frac{n_1 t_1 + n_2 t_2 + \cdots + n_n t_n}{t_1 + t_2 + \cdots + t_n} R$$

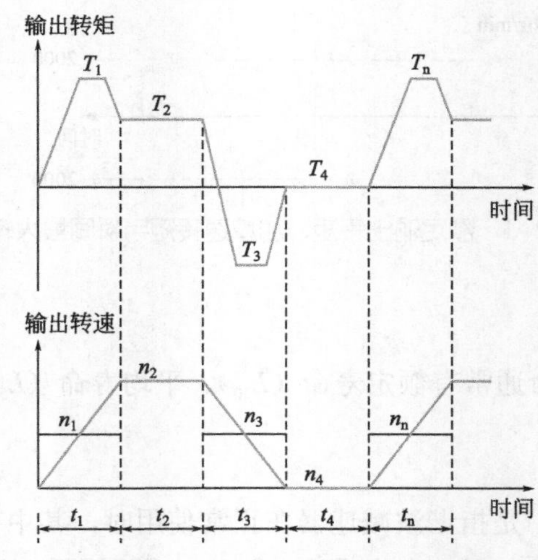

图4.2-2 谐波减速器实际运行参数图

3. 强度

强度（Intensity）是指谐波减速器柔轮的耐冲击能力。谐波减速器运行时，其柔轮需要进行持续不断的弹性变形，如果运行时存在超过加减速转矩的负载冲击，将使其疲劳加剧、使用寿命缩短；此外，冲击负载也不能超过减速器的瞬间最大转矩，否则将直接导致减速器损坏。

谐波减速器柔轮的疲劳与冲击次数、冲击负载持续时间有关。为保证理论使用寿命，减速器最大允许的负载冲击次数，可通过下式计算：

$$N = \frac{3 \times 10^5}{nt}$$

式中　N——最大允许冲击次数；

n——冲击时的实际输入转速，r/min；

t——冲击负载持续时间，s。

4. 刚度与反向间隙

刚度（Rigidity）是反映谐波减速器弹性变形误差的参数，它通常以滞后量（Hysteresis Loss）、弹性系数（Spring Constants）参数表示。

谐波减速器在摩擦转矩和负载转矩的作用下，柔轮、刚轮将产生弹性变形，导致实际输出转角与理论转角间存在误差θ。弹性变形误差θ将随着负载转矩的增加而增大，它与负载转矩的关系见图4.2-3（a）所示的非线性曲线；为了便于工程计算，实际使用时，通常以图4.2-3（b）所示的3段直线进行等效。

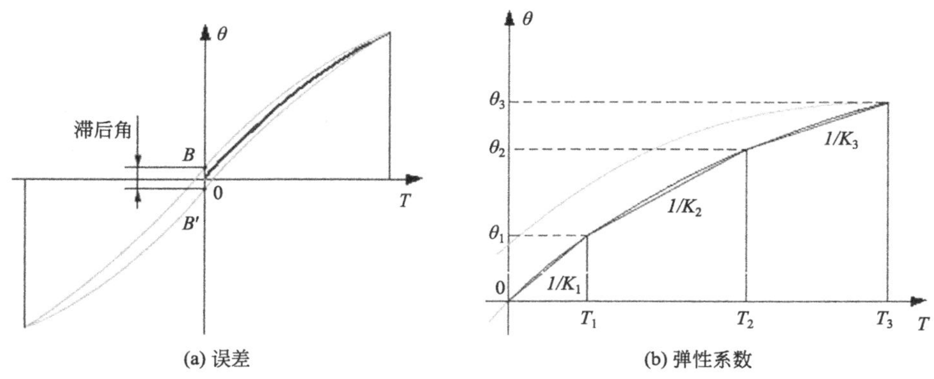

图4.2-3　弹性变形误差与弹性系数

仅由谐波减速器本身摩擦转矩所产生的弹性变形误差θ，称为谐波减速器的滞后量（Hysteresis Loss）。滞后量实际就是减速器的反向间隙（Backlash），它通常与减速器规格、传动比等因素有关；一般而言，随着减速器规格、传动比的增大，滞后量将减小；Harmonic Drive System标准产品的滞后量通常为（8.7 ～ 2.9）$\times 10^{-4}$rad。

等效直线段的$\Delta T/\Delta\theta$值（直线斜率的倒数）K_1、K_2、K_3，称为谐波减速器的弹性系数（Spring Constants）。弹性系数K_1、K_2、K_3是反映谐波减速器刚度的参数，其值确定时，对应段的弹性变形误差$\Delta\theta$便可通过下式计算：

$$\Delta\theta = \frac{\Delta T}{K_{\mathrm{i}}}$$

因此，K_1、K_2、K_3值越大，同样负载转矩下谐波减速器所产生的弹性变形误差θ就越小，减速器的刚度就越高。

谐波减速器的弹性系数同样与减速器规格、传动比等因素有关。一般而言，随着减速器规格、传动比的增大，弹性系数将显著增加；Harmonic Drive System标准产品的弹性系数为（0.034 ～ 370）$\times 10^4$N · m/rad，不同产品的区别很大。

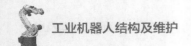

5. 传动精度

谐波减速器的传动精度（Angle Transmission Accuracy）以谐波减速器用于刚轮固定、谐波发生器输入、柔轮输出标准减速时，在任意360° 输出范围上，其实际输出转角和理论输出转角间的最大误差值θ_{er}衡量，其计算式如下：

$$\theta_{er}=\theta_2-\frac{\theta_1}{R}$$

式中 θ_{er}——传动精度，见图4.2-4；

θ_2——实际输出转角；

R——谐波减速器基本速比。

谐波减速器的θ_{er}值越小，传动精度就越高。在同等制造技术水平下，谐波减速器的传动精度还与减速器规格、传动比等因素有关；一般而言，随着减速器规格、传动比的增大，传动精度将有所提高。Harmonic Drive System标准产品的传动精度通常为（2.9 ～ 5.8）$\times10^{-4}$rad，以角度单位表示时相当于1′ ～2′。

6. 效率

谐波减速器的传动效率与传动比、输入转速、负载转矩、工作温度、润滑条件等诸多因素有关；减速器样本中所提供的效率是在输入转速1000r/min、输出转矩为额定值、工作温度为20℃、使用规定润滑方式下所得到的值。

谐波减速器效率受输出转矩的影响很大，当减速器的输出转矩低于额定值时，需要根据实际负载转矩比α（$\alpha=T_{av}/T_r$），按图4.2-5所示的修整系数K_e曲线，利用$\eta_{av}=K_e\,\eta_r$修整效率。

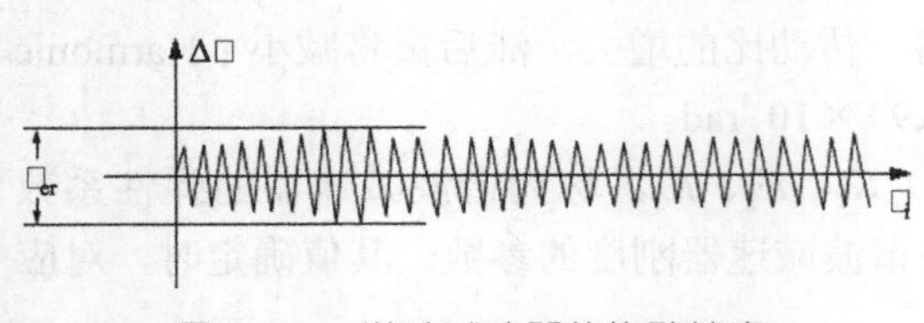

图4.2-4 谐波减速器的传动精度

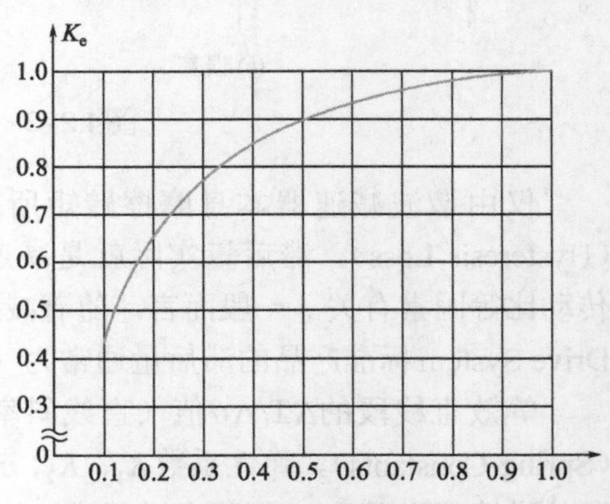

图4.2-5 谐波减速器的修整系数曲线

4.2.2 安装使用要点

1. 基本安装要求

不同结构谐波减速器的安装、使用要求有所不同，具体可参见本章后述的内容。作为部件型谐波减速器安装、使用的一般要求，传动系统设计和减速器安装时，应参照图4.2-6进行。图中的谐波发生器的输入轴4也可以直接为电机轴，此时，由于电机内部已对电机转子

（输出轴）进行可靠的前后支承，故而，谐波发生器可以直接安装在电机轴上，而无需再使用输入轴承3进行支承。

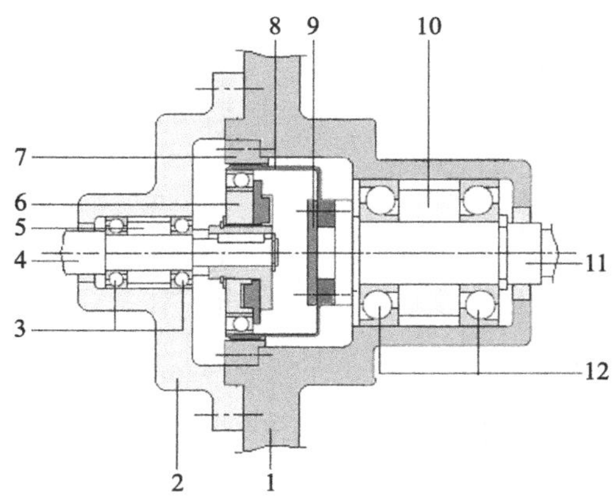

图4.2-6 谐波减速器安装图

1—安装座；2—输入支承座；3—输入轴承；4—输入轴；5、10—隔套；6—谐波发生器；7—刚轮；8—柔轮；9—固定圈；11—输出轴；12—输出轴承

谐波减速器的安装、使用要点如下。

① 传动系统设计和减速器安装时，保证输入轴4、输出轴11和谐波减速器刚轮7的同轴。在不同结构的谐波减速器上，谐波发生器6和输入轴4的连接方式可能有所不同，输入连接应根据具体结构进行。

② 谐波减速器工作时，由于谐波发生器的旋转，将产生轴向力，输入轴4应有可靠的轴向定位措施，以防止谐波发生器出现轴向窜动。

③ 柔轮8和输出轴11的连接部位，必须通过专用固定圈9固定，而不能使用普通的螺钉加垫圈固定方式固定（见4.3节）。

④ 谐波减速器工作时，柔轮8将产生弹性变形，因此，柔轮8和安装座1间应留有足够的柔轮弹性变形空间。

⑤ 输入轴4和输出轴11原则上应使用支承座2对轴承3和12进行2点支承；设计支承时，还应考虑使用图示的角接触球轴承组合，或CRB轴承等能同时承受径向、轴向载荷的支承形式。

2. 谐波发生器连接

谐波减速器的谐波发生器基本结构有图4.2-7所示的联轴器型和刚性连接2类。

谐波发生器采用刚性连接结构的减速器，其谐波发生器的结构简单、外形紧凑，便于减速器的小型化，并可以为中空轴，它是薄饼形、超薄型、中空型谐波减速器的常用结构。但是，此类谐波减速器的输入轴直接和谐波发生器的椭圆凸轮连接，因此，它输入轴和减速器的同轴度要求很高，传动部件设计、减速器安装时必须确保其同轴度要求。

联轴器结构的谐波减速发生器的输入轴套3、连接块2、椭圆凸轮4，采用了图4.2-8所示的奥尔德姆联轴器（Oldman’s Coupling），它具有偏心自动调整功能，此类谐波减速器对输入轴和减速器的安装同轴度要求较低，使用相对方便。

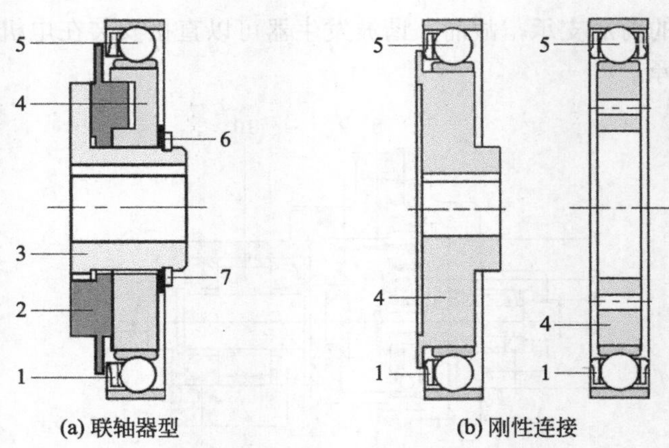

(a) 联轴器型　　(b) 刚性连接

图4.2-7　谐波发生器基本结构

1—保持架；2—连接块；3—轴套；4—椭圆凸轮；5—薄壁轴承；6—摩擦垫；7—卡簧

3. 轴向力计算

谐波减速器在运行时，由于柔轮的弹性变形，将使谐波发生器产生轴向力。谐波减速器用于减速、转速时，其轴向力方向如图4.2-9所示。

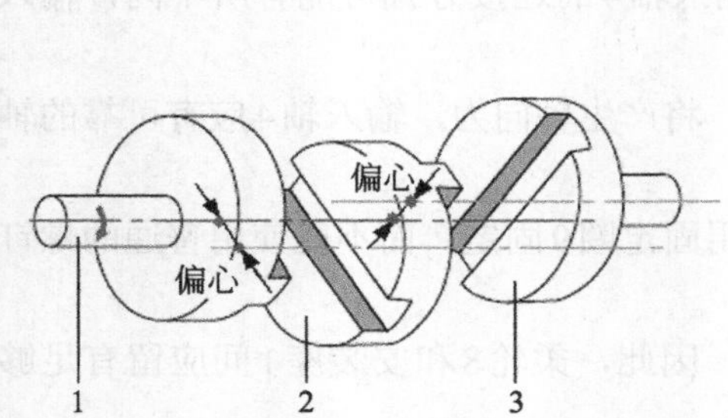

图4.2-8　奥尔德姆联轴器

1—输入轴；2—联接块；3—输出轴

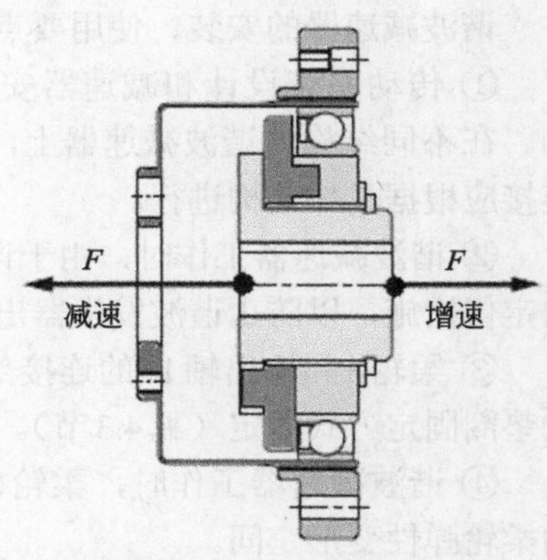

图4.2-9　轴向力方向

谐波发生器所产生的轴向力大小与传动比、减速器规格、负载转矩有关；Harmonic Drive System的不同传动比的减速器轴向力F的计算式分别如下。

（1）传动比R=30：

$$F=\frac{0.14T\tan 32^{\circ}}{0.00254\times(\text{减速器规格号})}$$

（2）传动比R=50：

$$F=\frac{0.14T\tan 30^{\circ}}{0.00254\times(\text{减速器规格号})}$$

（3）传动比$R\geqslant 80$：

$$F=\frac{0.14T\tan 20^{\circ}}{0.00254\times(\text{减速器规格号})}$$

式中　F——轴向力（N）；

T——负载转矩（N·m），计算最大轴向力时，可以使用减速器瞬间最大转矩值。

例如，Harmonic Drive System CSF-32-50-2A标准部件型谐波减速器的规格号为32，传动比为50，瞬间最大转矩为382N·m，其最大轴向力可计算如下：

$$F = \frac{0.14 \times 382 \times \tan 30°}{0.00254 \times 32} = 380(\text{N})$$

4. 安装精度检查

利用测量柔轮跳动，检查谐波减速器安装的方法如图4.2-10所示，检查步骤如下。

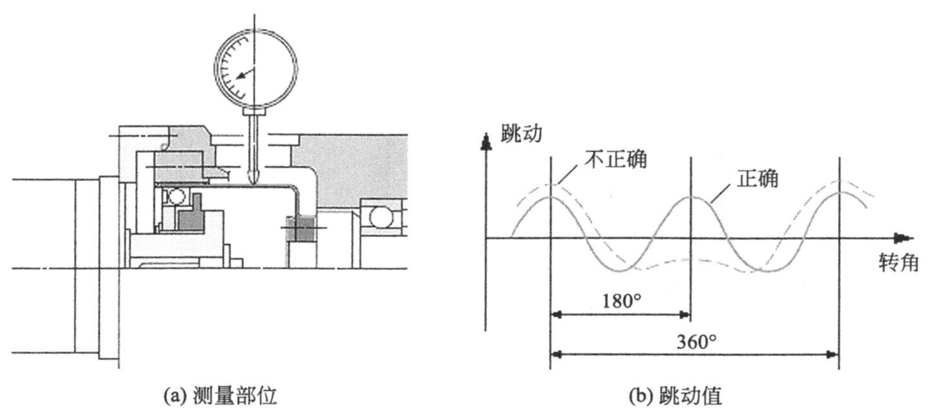

(a) 测量部位　　(b) 跳动值

图4.2-10　检查谐波减速器安装精度

① 按照图4.2-10（a）所示，在柔轮的中间部位安装测量柔轮外圆跳动的测量表。

② 启动控制系统和驱动器电源，松开伺服电机制动器。

③ 利用手动操作、缓慢旋转伺服电机，观察跳动指示。如果谐波减速器安装良好，柔轮的外圆跳动值，将呈图4.2-10（b）所示的、正确的正弦曲线均匀变化；否则，变化曲线将呈图4.2-10（b）所示的、不正确曲线变化。

在柔轮跳动不方便测量时，也可以在空载的情况下，通过手动操作、缓慢旋转伺服电机，测量电机电流的方法进行检查。如果谐波减速器安装不良，电机空载电流将显著增加，并达到正常值的2～3倍。

4.3　部件型减速器及维护

部件型谐波减速器的价格便宜、安装灵活，它是目前工业机器人广为使用的产品之一。根据外形和结构，Harmonic Drive System部件型谐波减速器分为水杯形（Cup type）、礼帽形（Silk hat type）、薄饼形（Pancake type）3大类。其中，水杯形有CSF通用、CSG高转矩、CSD超薄3个系列产品；礼帽形有SHF通用、SHG高转矩2个系列产品；薄饼形有FB通用、FR高转矩2个系列产品。

水杯形结构的CSF通用系列和CSG高转矩系列谐波减速器，只是材料、加工、热处理等存在不同之处，减速器外形、内部结构、安装维护要求均完全一致。同样，礼帽形结构的

SHF通用系列和SHG高转矩系列，也只是材料、加工、热处理等不同，减速器外形、内部结构、安装维护要求均完全一致。

由于不同类别和不同系列产品的类别结构和安装维护要求有所不同，本节将分别对其进行逐一说明。

4.3.1 水杯形减速器

1. 内部结构

Harmonic Drive System的CSF/CSG系列谐波减速器的结构如图4.3-1所示。

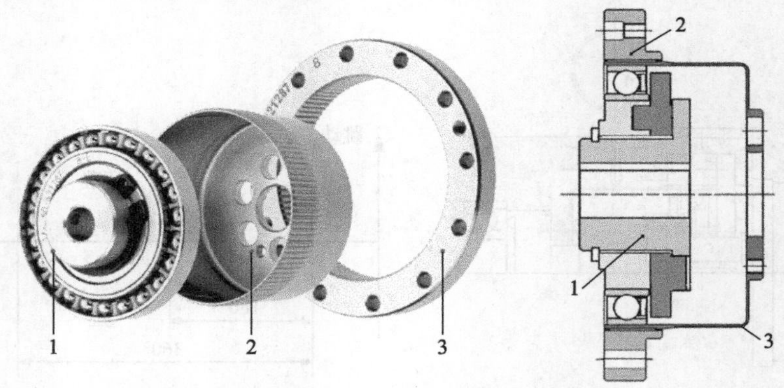

图4.3-1 CSF/CSG系列减速器的结构

1—谐波发生器组件；2—柔轮；3—刚轮

CSF/CSG系列减速器采用了部件型谐波减速器的基本结构，减速器由谐波发生器组件、柔轮、刚轮3部分组成；其中，谐波发生器组件包括轴套、连接板、椭圆凸轮、轴承、卡簧等零件；由于减速器的柔轮呈水杯状，故又称水杯形（Cup type）减速器。

CSF/CSG系列减速器的谐波发生器采用的是联轴器型结构，它具有轴心自动调整功能。谐波发生器的带键槽轴套可直接连接电机轴，用电机直接驱动谐波发生器旋转，此时无需进行输入轴的支承设计。但是，如果谐波发生器需要与齿轮、同步带轮驱动的输入轴连接，则应参照4.2节中图4.2-6的要求，合理设计输入轴的支承部件，并保证其能够承受减速器运行

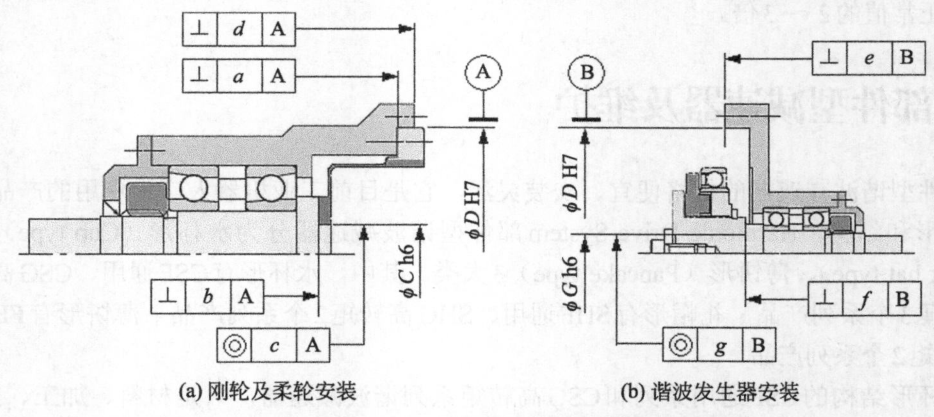

图4.3-2 CSF/CSG系列减速器安装支承面的要求

时所产生的轴向力。

减速器的柔轮通常与负载连接，以得到减速输出。输出轴的连接要求可参照4.2节中图4.2-6进行设计。

2. 安装要求

CSF/CSG系列谐波减速器安装支承面的公差要求如图4.3-2、表4.3-1所示。

表4.3-1　CSF/CSG系列减速器安装支承面公差要求　mm

规格	11	14	17	20	25	32	40	45	50	58	65	80
a	0.010	0.011	0.012	0.013	0.014	0.016	0.016	0.017	0.018	0.020	0.023	0.027
b	0.006	0.008	0.011	0.014	0.018	0.022	0.025	0.028	0.030	0.032	0.035	0.040
c	0.008	0.015	0.018	0.019	0.022	0.022	0.024	0.027	0.030	0.032	0.035	0.043
d	0.010	0.011	0.015	0.017	0.024	0.026	0.026	0.027	0.028	0.031	0.034	0.043
e	0.010	0.011	0.015	0.017	0.024	0.026	0.026	0.027	0.028	0.031	0.034	0.043
f	0.012	0.017	0.020	0.020	0.024	0.024	0.032	0.032	0.032	0.032	0.032	0.036
g	0.015	0.030	0.034	0.044	0.047	0.050	0.063	0.065	0.066	0.068	0.070	0.090

减速器柔轮安装时必须注意：为了防止柔轮变形，连接柔轮和输出轴时，必须使用图4.3-3所示的专门固定圈，夹紧输出轴的支承端面和柔轮后，再用连接螺钉紧固；而不能通过普通垫圈压紧柔轮。其他类型的谐波减速器柔轮连接，同样需要按照这一要求进行。

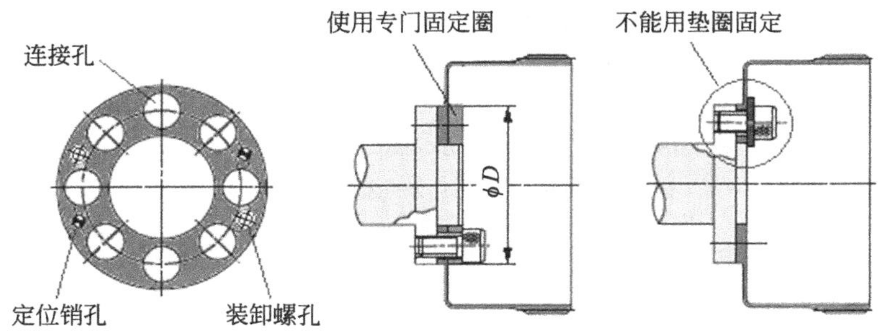

图4.3-3　柔轮的专门固定圈

3. 润滑要求

工业机器人用的谐波减速器一般都采用脂润滑，润滑脂的填充要求如图4.3-4所示。润滑脂的补充和更换时间与减速器的实际工作转速、环境温度等因素有关，减速器的实际工作转速和环境温度越高，需要补充和更换润滑脂的周期就越短。润滑脂型号、注入量、补充时间，在减速器、机器人使用维护手册上一般都有具体的要求；用户使用时，应按照生产厂的要求进行。

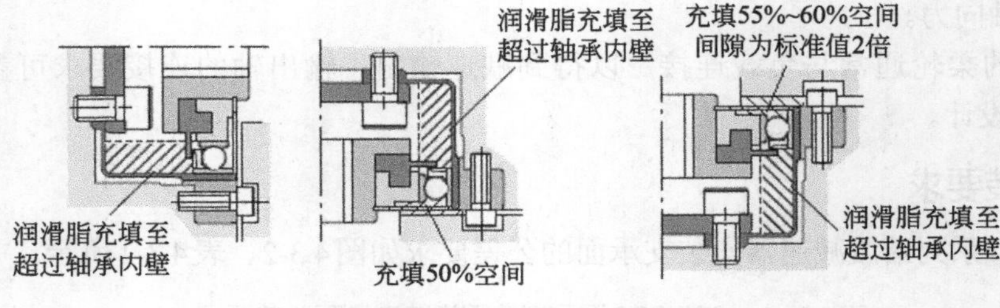

图4.3–4　润滑脂的填充要求

4.3.2　礼帽形减速器

1. 内部结构

Harmonic Drive System SHF/SHG系列谐波减速器是CSF/CSG系列的派生产品，同规格的SHF/SHG与CSF/CSG的产品使用性能相同。

SHF/SHG系列减速器的结构如图4.3-5所示。减速器同样由谐波发生器组件、柔轮、刚轮3部分组成，由于柔轮采用了大直径、中空开口的结构设计，其形状类似绅士礼帽，故称为礼帽形（Silk hat type）减速器。

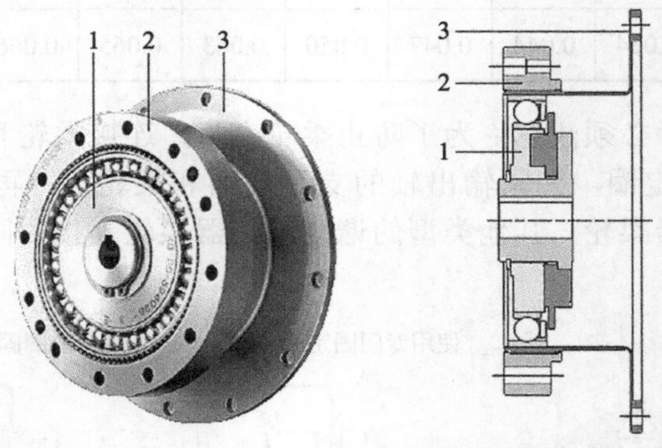

图4.3–5　SHF/SHG系列标准减速器的结构

1—谐波发生器组件；2—柔轮；3—刚轮

SHF/SHG系列减速器的大直径、中空开口柔轮可为内部连接部件提供足够的空间，它可以缩小传动部件的外形，降低支承面的公差要求，因此，多用于安装空间受限的工业机器人手腕、SCARA结构机器人。

SHF/SHG系列减速器的谐波发生器，同样采用了联轴器型结构，其输入、输出连接要求可参照4.2节中的图4.2-6。

2. 安装要求

SHF/SHG系列减速器安装时，需要注意图4.3-6所示的安装注意点。

柔轮的安装螺钉不得使用普通垫圈，柔轮也不能进行反向安装和固定；此外，由于柔轮的根部变形十分困难，在装配谐波发生器时，必须注意安装方向，不能将谐波发生器反向装入柔轮。

SHF/SHG系列减速器的安装公差要求如图4.3-7及表4.3-2所示，由于柔轮安装面直径比同规格的CSG/CSF减速器大得多，故安装面的公差要求低于CSG/CSF系列减速器。

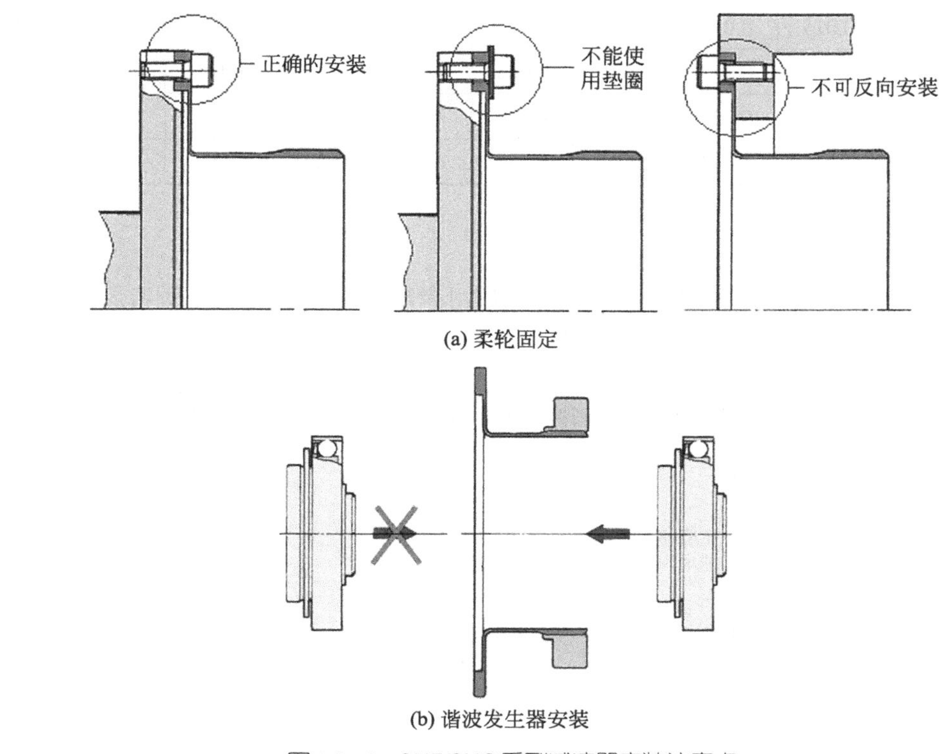

(a) 柔轮固定

(b) 谐波发生器安装

图4.3-6 SHF/SHG系列减速器安装注意点

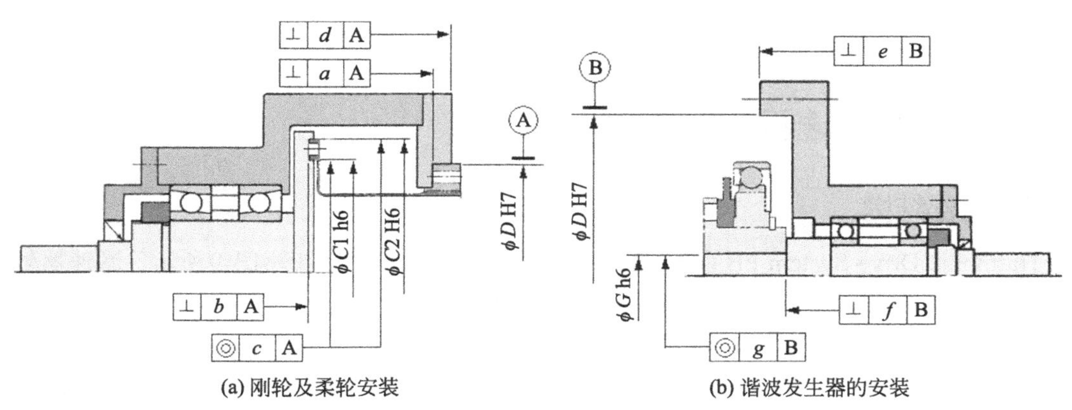

(a) 刚轮及柔轮安装

(b) 谐波发生器的安装

图4.3-7 SHF/SHG系列减速器的安装公差要求

表4.3-2 SHF/SHG系列减速器的安装公差要求 mm

规格	14	17	20	25	32	40	45	50	58	65
a	0.011	0.012	0.013	0.014	0.016	0.016	0.017	0.018	0.020	0.023
b	0.016	0.021	0.027	0.035	0.042	0.048	0.053	0.057	0.062	0.067
c	0.015	0.018	0.019	0.022	0.022	0.024	0.027	0.030	0.032	0.035

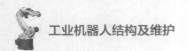

续表

规格	14	17	20	25	32	40	45	50	58	65
d	0.011	0.015	0.017	0.024	0.026	0.026	0.027	0.028	0.031	0.034
e	0.011	0.015	0.017	0.024	0.026	0.026	0.027	0.028	0.031	0.034
f	0.017	0.020	0.024	0.024	0.024	0.032	0.032	0.032	0.032	0.032
g	0.030	0.034	0.044	0.047	0.050	0.063	0.065	0.066	0.068	0.070

3. 润滑要求

采用润滑脂润滑的SHF/SHG系列减速器的润滑脂填充要求如图4.3-8所示，润滑脂的型号、注入量、补充时间，应按照生产厂的要求进行。

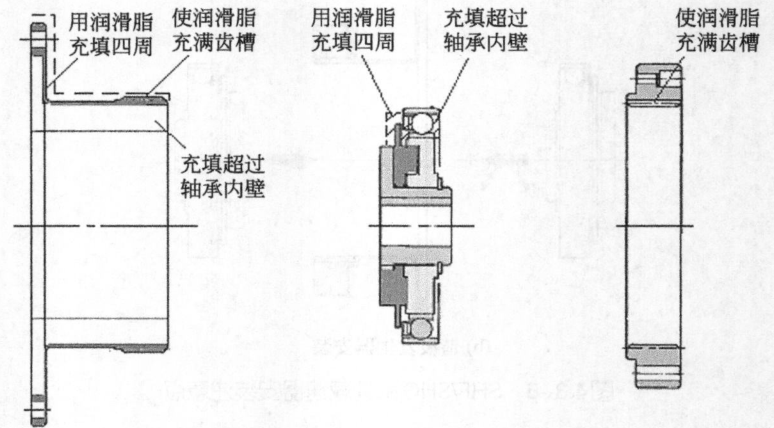

图4.3–8　SHF/SHG系列减速器的润滑脂填充要求

4.3.3　薄饼形减速器

1. 内部结构

Harmonic Drive System FB系列、FR系列谐波减速器的结构如图4.3-9所示，减速器外形扁平，状似薄饼，故称为薄饼形（Pancake type）减速器。

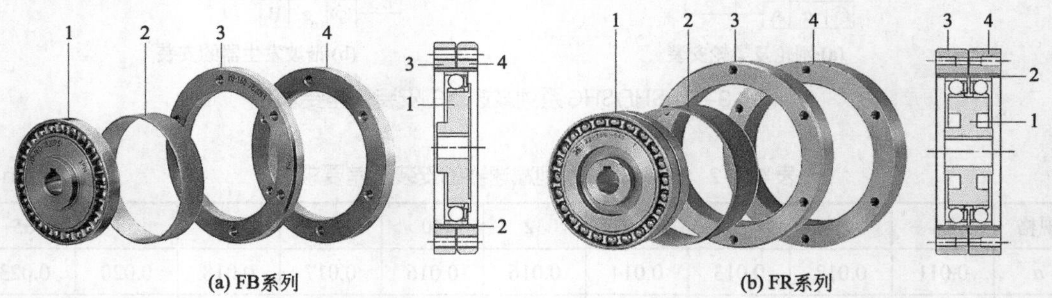

图4.3–9　FB、FR系列谐波减速器的结构

1—谐波发生器组件；2—柔轮；3—刚轮S；4—刚轮D

FB/FR系列减速器结构与CSG/CSF、SHF/SHG系列减速器均不同。这种减速器具有谐波发生器、柔轮、刚轮S、刚轮D共4个部件；其柔轮是一个薄壁外齿圈，它不能连接任何输入/输出部件。减速器的刚轮D是基本刚轮，它和柔轮间存在齿差，用来实现变速；而刚轮S的齿数和柔轮完全相同，它可随柔轮同步运动，因此它可替代柔轮，连接输入/输出部件。减速器使用时，其谐波发生器、刚轮S、刚轮D这3个部件中，可任意固定一个，而将另外2个作为输入、输出。

FR高转矩系列和FB通用系列减速器的区别在于：FR系列减速器的谐波发生器采用了双列滚珠轴承传动，因此，其谐波发生器、柔轮、刚轮的厚度均为同规格FB通用系列的2倍左右，减速器的刚性更好、输出转矩更大。

FB/FR系列减速器的结构紧凑、使用方便、刚性高、承载能力强，其额定输出转矩可达4470N·m，是目前Harmonic Drive System谐波减速器中输出转矩最大、刚性最高的产品，故可用于大型搬运、装卸的机器人。

2. 安装要求

FB/FR系列谐波减速器的谐波发生器采用的是刚性连接结构，它不具备中心自动调整功能，因此，它对输入轴的公差要求高于谐波发生器采用联轴器型结构的减速器。

FB/FR系列减速器的安装公差要求如图4.3-10及表4.3-3所示。

表4.3-3　FB/FR系列减速器的安装公差要求　　mm

规格	14	20	25	32	40	50	65	80	100
a	0.013	0.017	0.024	0.026	0.026	0.028	0.034	0.043	0.057
b	0.015	0.016	0.016	0.017	0.019	0.024	0.027	0.033	0.038
c	0.016	0.020	0.029	0.031	0.031	0.034	0.041	0.052	0.068
d	0.013	0.017	0.024	0.026	0.026	0.028	0.034	0.043	0.057
e	0.015	0.016	0.016	0.017	0.019	0.024	0.027	0.033	0.038
f	0.016	0.020	0.029	0.031	0.031	0.034	0.041	0.052	0.068
g	0.011	0.013	0.016	0.016	0.017	0.021	0.025	0.030	0.035
h	0.007	0.010	0.012	0.012	0.012	0.015	0.015	0.015	0.015

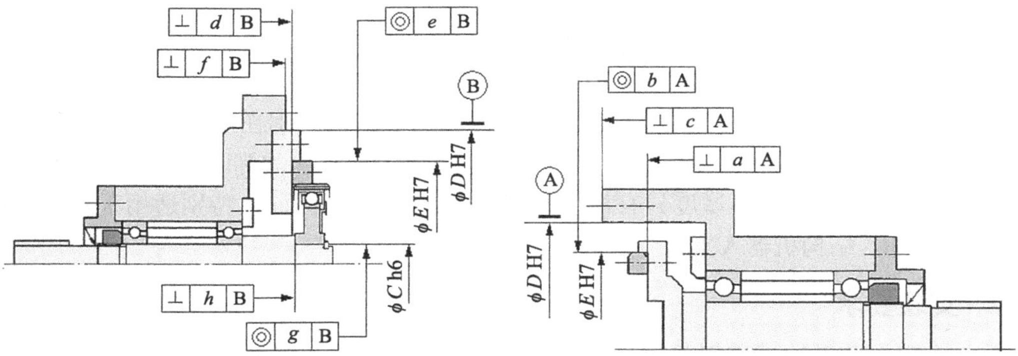

(a) 谐波发生器及刚轮S的安装　　(b) 刚轮D的安装

图4.3-10　FB/FR系列减速器的安装公差要求

FB/FR系列谐波减速器的结构决定了其谐波发生器、柔轮、刚轮都可轴向自由运动，因此，使用时必须通过合理的结构设计，避免三者出现运行时的轴向窜动；此外，还需要保证刚轮S和刚轮D的同心度、垂直度要求。图4.3-11是FB/FR系列减速器的安装示例，可供产品设计参考。

3. 润滑要求

FB/FR系列减速器的润滑要求高于其他谐波减速器，原则上需要使用油润滑，并按图4.3-12所示的要求，保证润滑油的液面在浸没轴承内圈的同时，还能与轴孔保持一定的距离，以防止油液的渗漏和溢出。

FB/FR系列减速器用于低速、断续、短时间工作时，也可使用脂润滑，采用脂润滑时，减速器的输入转速必须低于产品样本规定的平均输入转速；负载率应小于10%；连续运行时间不能超过10min。

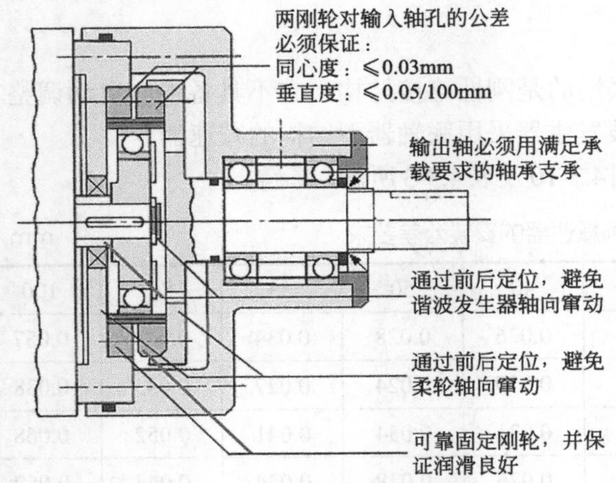

图4.3-11　FB/FR系列减速器安装示例

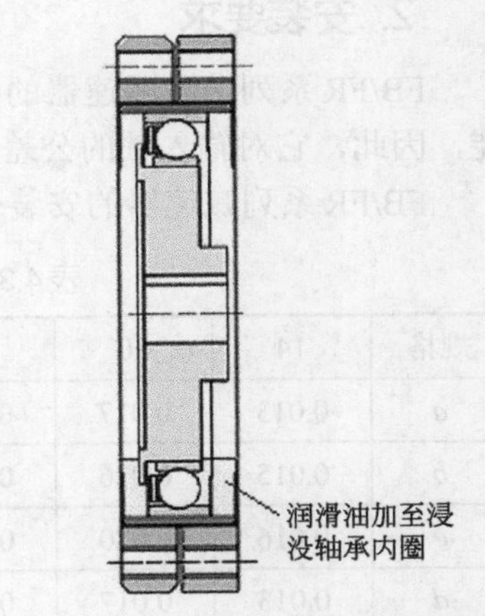

图4.3-12　FB/FR减速器润滑要求

4.3.4　超薄形减速器

1. 内部结构

Harmonic Drive System的CSD系列超薄谐波减速器结构如图4.3-13所示，这种减速器的柔轮为水杯状，故属于水杯形减速器的一种。

CSD系列超薄减速器与CSF/CSH系列标准减速器的结构区别在于：超薄减速器的谐波发生器只有椭圆凸轮和轴承、而无其他连接件，输入轴需要直接与椭圆凸轮连接，减速器的轴向尺寸被大大缩短，整体厚度只有标准减速器的2/3左右，因此，特别适用于对轴向尺寸有限制的SCARA结构机器人等。

2. 安装要求

CSD系列超薄谐波减速器的谐波发生器采用的是刚性连接结构，它不具备中心自动调整功能，因此，它对输入轴的公差要求高于谐波发生器采用联轴器型结构的CSF/CSG等系列的减速器。

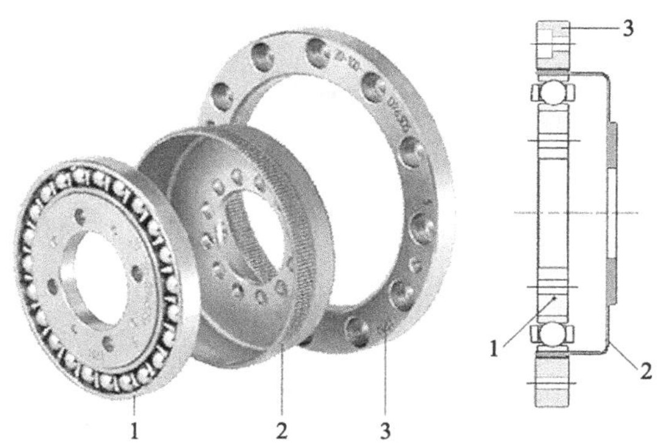

图4.3-13　CSD系列超薄谐波减速器的结构

1—谐波发生器组件；2—柔轮；3—刚轮

CSD系列减速器的安装公差要求如图4.3-14、表4.3-4所示。

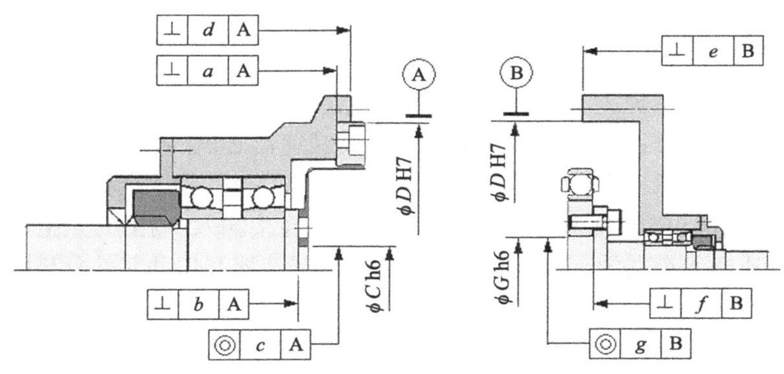

图4.3-14　CSD系列减速器的安装要求

表4.3-4　CSD系列减速器的安装公差要求　mm

规格	14	17	20	25	32	40	50
a	0.011	0.012	0.013	0.014	0.016	0.016	0.018
b	0.008	0.011	0.014	0.018	0.022	0.025	0.030
c	0.015	0.018	0.019	0.022	0.022	0.024	0.030
d	0.011	0.015	0.017	0.024	0.026	0.026	0.028
e	0.011	0.015	0.017	0.024	0.026	0.026	0.028
f	0.008	0.010	0.010	0.012	0.012	0.012	0.015
g	0.016	0.018	0.019	0.022	0.022	0.024	0.030

3. 润滑要求

CSD系列超薄型谐波减速器采用脂润滑时，润滑脂的填充要求如图4.3-15所示，减速器使用时，必须定期检查润滑情况，润滑脂型号、注入量、补充时间，应按照生产厂要求进行。

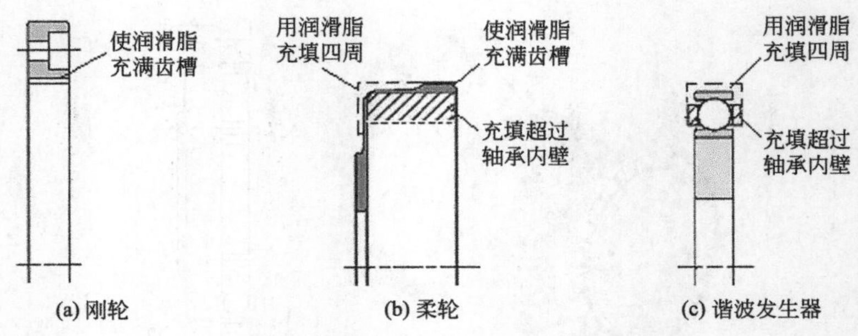

图4.3-15　CSD系列减速器的润滑要求

4.4　谐波减速单元及维护

4.4.1　产品系列

谐波减速单元又称单元型（Unit type）谐波减速器，它是Harmonic Drive System公司根据用户要求研发的新型产品。谐波减速单元在谐波减速器必需的谐波发生器、柔轮、刚轮3个基本部件的基础上，增加了壳体、CRB轴承以及谐波发生器输入连接、柔轮输出连接等部件，并通过整体设计，使之成为了可直接安装、直接连接输入/输出的完整单元，从而可避免部件型谐波减速器所存在的、机器人安装维修时的减速器和传动零件分离问题。

单元型谐波减速器是一个完整的部件，根据谐波发生器和外部输入的连接形式，它可以分为标准型、中空轴、轴输入3大类。Harmonic Drive System谐波减速单元的主要产品系列号如表4.4-1所示。

表4.4-1　Harmonic Drive System谐波减速单元主要产品一览表

结构形式	基本特征	柔轮形状	产品系列
标准型	标准结构、通用系列	水杯	CSF-2UH
	标准结构、高转矩系列	水杯	CSG-2UH
	密封型、轴孔或花键连接	水杯	CSD-2UK
	超薄型、端面螺钉连接	水杯	CSD-2UH
中空轴	标准结构、通用系列	礼帽	SHF-2UH
	标准结构、高转矩系列	礼帽	SHG-2UH
	超薄型	水杯	CSD-2UF
	超薄型	礼帽	SHD-2UH
轴输入	标准结构、通用系列	礼帽	SHF-2UJ
	标准结构、高转矩系列	礼帽	SHG-2UJ

标准型产品的谐波发生器输入连接为带有键槽的轴孔，它可与标准的带键输入轴（如电机轴）直接连接。中空轴产品的谐波发生器输入连接件为中空轴，其内部可用来安装线缆和管路，以避免扭曲；谐波发生器和输入轴间可通过端面螺钉连接。轴输入产品的谐波发生器

输入连接件是带键标准轴，它可直接安装齿轮或同步皮带轮。

CSD-2UK密封谐波减速单元如图4.4-1所示，它是Harmonic Drive System公司最新研发的产品，这种减速器的输入连接侧安装有密封保护罩，使得整个减速器单元成为了一个与外部完全密封的整体部件，其密封性好、使用寿命长，故可用于作业环境恶劣的油漆、喷涂等工业机器人。密封谐波减速单元的谐波发生器和输入轴间采用花键套连接。

图4.4-1　密封谐波减速单元

从内部结构上，水杯形（Cup type）、礼帽形（Silk hat type）谐波减速器都有对应的单元型产品，但薄饼形（Pancake）目前尚未单元化，实际使用时可选用图4.4-2所示的CSD系列、SHF系列超薄型、中空轴超薄形产品代替。

(a) CSD系列　(b) SHD系列

图4.4-2　超薄型谐波减速单元

4.4.2　标准减速单元

1. 内部结构

CSF/ CSG-2UH系列标准型谐波减速单元采用的是带键槽的标准轴孔输入，减速单元的组成及结构如图4.4-3所示。

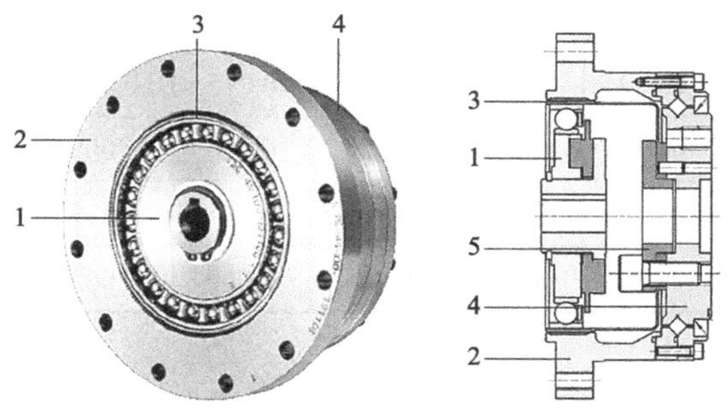

图4.4-3　CSF/CSG-2UH系列减速单元的结构

1—谐波发生器组件；2—刚轮与壳体；3—柔轮；4—CRB轴承；5—连接板

CSF/CSG-2UH系列减速单元的谐波发生器、柔轮结构与CSF/CSG系列部件型谐波减速器相同，但它增加了壳体2及连接刚轮、柔轮的CRB轴承4等部件，使之成为一个可直接安装和连接输出负载的完整单元。

CSF/CSG-2UH系列减速单元的刚轮齿直接加工在壳体2上，并与CRB轴承4的外圈连为一体；柔轮3通过连接板5和CRB轴承4的内圈连接，使刚轮和柔轮能够承受径向/轴向载荷、直接连接负载，因此，减速单元可用壳体替代刚轮、用CRB轴承内圈替代柔轮，进行安装和连接，无需考虑刚轮、柔轮的安装连接问题；加上减速器的谐波发生器，采用的是具有轴心自动调整功能的联轴器型结构，故其使用简单、安装维护方便。

2. 安装要求

（1）壳体和输出轴

CSF/CSG-2UH系列减速单元的壳体和输出轴对支承面的公差要求如图4.4-4及表4.4-2所示。由于减速单元采用了高刚性、精密CRB轴承，因此它对壳体定位圆、输出轴连接端面、CRB轴承内圈定位孔的公差要求较高。

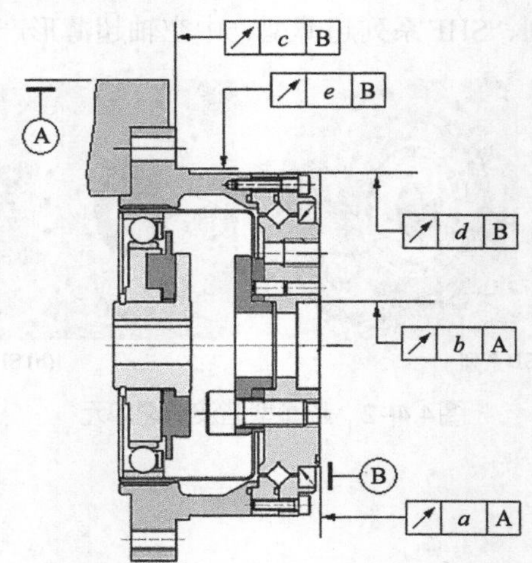

图4.4-4　CSF/CSG-2UH系列减速单元壳体安装要求

表4.4-2　CSF/CSG-2UH系列减速单元的安装公差要求　　mm

规格	14	17	20	25	32	40	45	50	58	65
a	0.010	0.010	0.010	0.015	0.015	0.015	0.018	0.018	0.018	0.018
b	0.010	0.012	0.012	0.013	0.013	0.015	0.015	0.015	0.017	0.017
c	0.024	0.026	0.038	0.045	0.056	0.060	0.068	0.069	0.076	0.085
d	0.010	0.010	0.010	0.010	0.010	0.015	0.015	0.015	0.015	0.015
e	0.038	0.038	0.047	0.049	0.054	0.060	0.065	0.067	0.070	0.075

（2）输入轴

CSF/CSG-2UH系列减速单元的输入轴安装公差要求如图4.4-5及表4.4-3所示。

表4.4-3　CSF/CSG-2UH系列减速单元的输入轴安装公差要求　　mm

规格	14	17	20	25	32	40	45	50	58	65
a	0.011	0.015	0.017	0.024	0.026	0.026	0.027	0.028	0.031	0.034
b	0.017	0.020	0.020	0.024	0.024	0.032	0.032	0.032	0.032	0.032
c	0.030	0.034	0.044	0.047	0.050	0.063	0.065	0.066	0.068	0.070

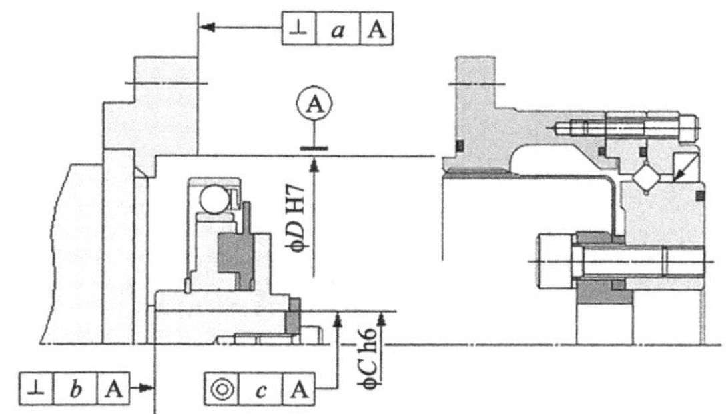

图4.4-5　CSF/CSG-2UH系列减速单元的输入轴安装公差要求

3. 驱动电机连接

CSF/CSG-2UH系列减速单元的输入轴孔通常直接连接驱动电机轴，驱动电机和减速单元间推荐通过过渡板或安装座进行图4.4-6所示的连接；为了避免谐波发生器轴向窜动，电机轴端需要安装轴向定位块7。减速单元的电机过渡板或安装座的安装公差要求应满足图4.4-7及表4.4-4所示要求，这些要求也适合于其他形式的轴输入。

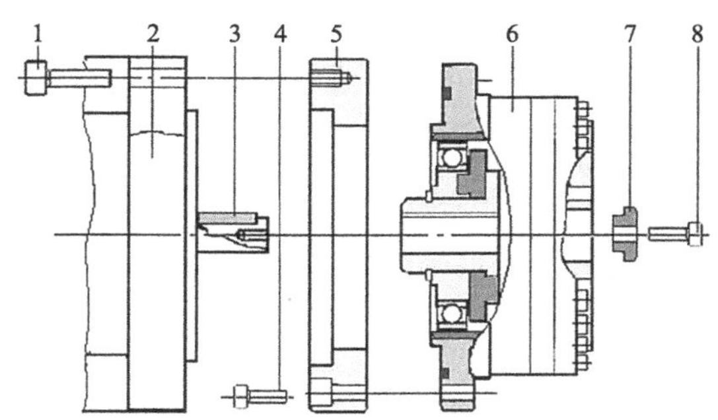

图4.4-6　CSF/CSG-2UH系列减速单元和驱动电机的连接

1、4、8—螺钉；2—驱动电机；3—键；5—过渡板或安装座；6—减速器；7—定位块

表4.4-4　CSF/CSG-2UH系列减速单元过渡板的公差要求　mm

规格	14	17	20	25	32	40	45	50	58	65
a	0.030	0.040	0.040	0.040	0.040	0.050	0.050	0.050	0.050	0.050
b	0.030	0.040	0.040	0.040	0.040	0.050	0.050	0.050	0.050	0.050
c	0.015	0.015	0.018	0.018	0.018	0.018	0.021	0.021	0.021	0.021
t	3	3	4.5	4.5	4.5	6	6	6	7.5	7.5
T	38	48	56	67	90	110	124	135	156	177

4. 润滑要求

谐波减速单元为整体结构，产品出厂时已充填润滑脂，用户首次使用时无需充填润滑脂。减速器长期使用时，可根据减速器生产厂家的要求，定期补充润滑脂，润滑脂的型号、注入量、补充时间，应按照生产厂的要求进行。

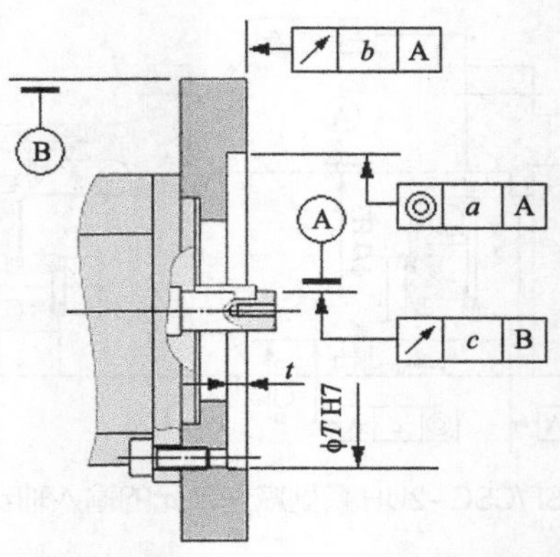

图4.4-7　CSF/CSG-2UH系列减速单元的安装公差要求

为了防止谐波发生高速运转时的润滑脂飞溅，CSF/CSG-2UH系列减速单元的安装座上一般都应设计图4.4-8所示的防溅挡板，挡板的尺寸推荐按表4.4-5设计。

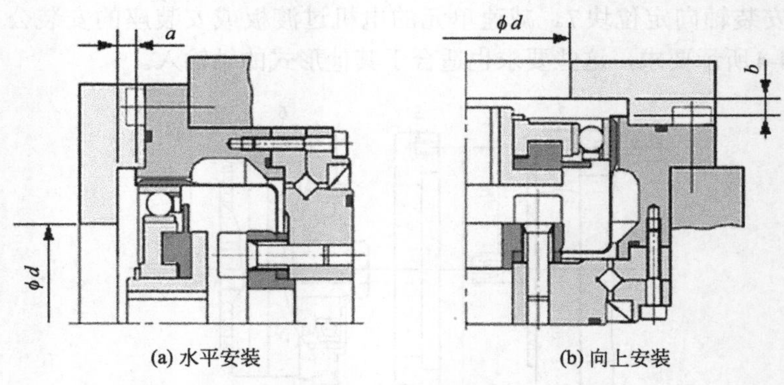

(a) 水平安装　　(b) 向上安装

图4.4-8　防溅挡板

表4.4-5　CSF/CSG-2UH系列减速单元防溅挡板尺寸　　mm

规格	14	17	20	25	32	40	45	50	58	65
a（水平或向下安装）	1	1	1.5	1.5	1.5	2	2	2	2.5	2.5
b（向上安装）	3	3	4.5	4.5	4.5	6	6	6	7.5	7.5
d	16	26	30	37	37	45	45	45	56	62

4.4.3　中空轴/轴输入减速单元

SHF/SHG系列礼帽形谐波减速器的柔轮为大直径、开口状，内部空间大，采用单元型结构时，一般设计成中空轴、轴输入等形式，中空轴产品的型号为SHF/ SHG-2UH，轴输入产品型号为SHF/SHG-2UJ。其中，SHF-2UH/2UJ为通用型产品，SHG-2UH/2UJ为高转矩系列产品；由于4系列产品的安装、维护要求基本相同，一并介绍如下。

1. 中空轴结构

SHF/SHG-2UH系列减速单元的结构如图4.4-9所示，它是一个带有中空输入连接轴和壳体、输出连接法兰，可整体安装并直接连接负载的完整单元。

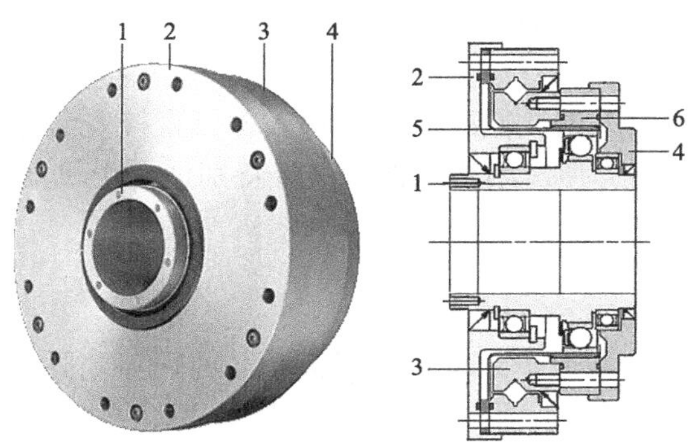

图4.4-9　SHF/SHG-2UH系列减速单元的结构

1—中空轴；2—前端盖；3—CRB轴承；4—后端盖；5—柔轮；6—刚轮

SHF/SHG-2UH系列减速单元的刚轮、柔轮与部件型SHF/SHG减速器完全相同，但它在刚轮6和柔轮5间增加了CRB轴承3，CRB轴承的内圈与刚轮6连接，外圈与柔轮5连接，使得刚轮和柔轮间能够承受径向/轴向载荷、直接连接负载。

SHF/SHG-2UH系列减速单元的谐波发生器输入轴是一个贯通整个减速单元的中空轴；输入轴的前端面加工有连接螺孔，以连接谐波发生器的输入；中间部分直接加工成谐波发生器的椭圆凸轮；前后端安装有支承轴承及前、后端盖2和4；前端盖2与柔轮5、CRB轴承3的外圈连接成一体后，作为减速单元前端外壳，用来替代柔轮连接；后端盖4和刚轮6、CRB轴承3的内圈连接成一体后，作为减速单元内芯，用来替代刚轮连接。

中空轴单元型减速器的内部可布置其他传动部件或线缆、管路，其使用简单、安装方便、结构刚性好，它是垂直串联机器人手腕及SCARA机器人常用的减速器。

2. 轴输入结构

SHF/SHG-2UJ系列减速单元的结构如图4.4-10所示，它是一个带有标准输入轴、输出连接法兰，可整体安装与直接连接负载的完整单元。

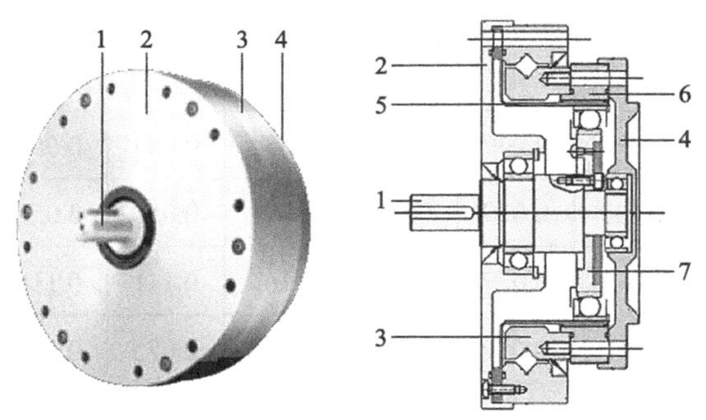

图4.4-10　SHF/SHG-2UJ系列减速单元的结构

1—输入轴；2—前端盖；3—CRB轴承；4—后端盖；5—柔轮；6—刚轮；7—谐波发生器

SHF/SHG-2UJ系列减速器的刚轮、柔轮和CRB轴承的结构均与中空轴谐波减速单元相同，但其谐波发生器的输入为带键的标准轴1，因此，可直接安装同步带轮或齿轮等。输入轴1的前后支承轴承分别安装在减速器的前、后端盖2和4上，中间部分用来连接谐波发生器椭圆凸轮。前端盖2与柔轮5、CRB轴承3的外圈连接成一体，作为减速单元的前端外壳，用来替代柔轮连接；后端盖4和刚轮6、CRB轴承3的内圈连接成一体，作为减速单元内芯，用来替代刚轮连接。

SHF/SHG-2UJ系列轴输入谐波减速单元的输入轴可直接安装输入同步带轮或齿轮，因此，其使用非常简单、安装方便，结构刚性好，故特别适用于机器人手腕、SCARA机器人的末端关节。

3. 安装与维护

SHF/SHG-2UH/2UJ系列减速单元均可采用柔轮（前端盖）固定或刚轮（内芯）固定两种方式安装，不同安装方式对支承面的公差要求分别如下。

1）柔轮固定

SHF/SHG-2UH/2UJ减速单元采用柔轮固定、刚轮输出的安装方式时，柔轮固定的安装公差要求如图4.4-11、表4.4-6所示。

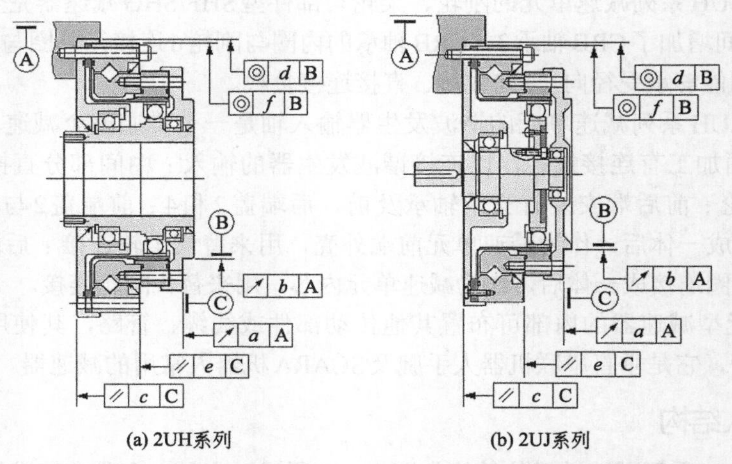

图4.4-11 SHF/SHG-2UH/2UJ减速单元柔轮固定的安装公差要求

表4.4-6 SHF/SHG-2UH、2UJ系列减速单元柔轮固定的安装公差要求 mm

规格	11	14	17	20	25	32	40	45	50	58	65
a	0.033	0.033	0.038	0.040	0.046	0.054	0.057	0.057	0.063	0.063	0.067
b	0.035	0.035	0.035	0.039	0.041	0.047	0.050	0.053	0.060	0.063	0.063
c	0.053	0.064	0.071	0.079	0.085	0.104	0.111	0.118	0.121	0.121	0.131
d	0.053	0.053	0.050	0.059	0.061	0.072	0.075	0.078	0.085	0.088	0.089
e	0.039	0.040	0.045	0.051	0.057	0.065	0.071	0.072	0.076	0.076	0.082
f	0.038	0.038	0.038	0.047	0.049	0.054	0.060	0.065	0.067	0.070	0.072

2）刚轮固定

SHF/SHG-2UH/2UJ系列减速单元采用刚轮固定、柔轮输出的安装方式时，刚轮固定的安装公差要求如图4.4-12、表4.4-7所示。

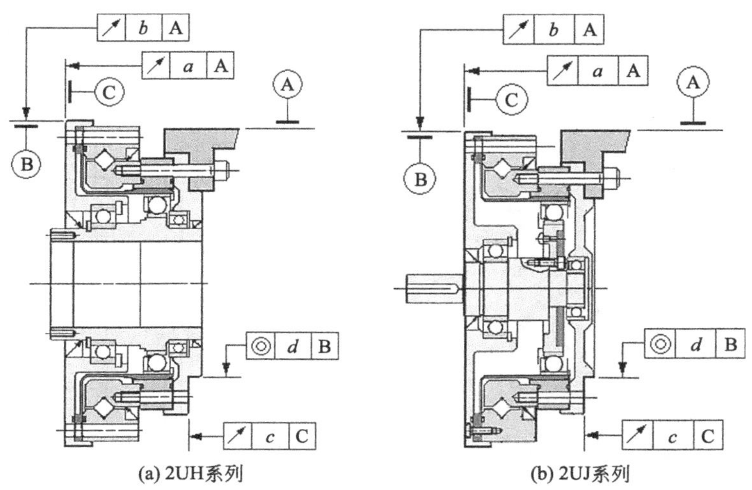

(a) 2UH系列　　(b) 2UJ系列

图4.4-12 SHF/SHG-2UH/2UJ减速单元刚轮固定的安装公差要求

表4.4-7 SHF/SHG-2UH/2UJ减速单元刚轮固定的安装公差要求 mm

规格	11	14	17	20	25	32	40	45	50	58	65
a	0.027	0.037	0.039	0.040	0.047	0.059	0.060	0.070	0.070	0.070	0.076
b	0.031	0.031	0.031	0.038	0.038	0.045	0.048	0.050	0.050	0.050	0.054
c	0.053	0.064	0.071	0.079	0.085	0.104	0.111	0.118	0.121	0.121	0.131
d	0.053	0.053	0.053	0.059	0.061	0.072	0.075	0.078	0.085	0.088	0.089

SHF/SHG-2UH/2UJ减速单元的结构刚性好，对安装面的精度要求较低，减速器安装时，主要检查减速器安装法兰、输出连接法兰的内孔，保证它们和前后端盖定位孔的同轴度、垂直度要求。

SHF/SHG-2UH/2UJ减速单元为整体完全密封结构，产品出厂时内部已充填润滑脂，在规定的使用时间内，用户无需充填润滑脂。减速器长期使用时，可根据减速器或机器人生产厂家的要求，定期补充润滑脂，润滑脂的型号、注入量、补充时间，应按生产厂的要求进行。

4.4.4 密封减速单元

1. 内部结构

CSG-2UK系列密封型谐波减速单元是Harmonic Drive System的最新产品，减速单元的结构如图4.4-13所示。

CSG-2UK系列密封型减速单元的内部结构类似中空轴减速单元，但其输出轴（CRB轴承内圈）为实心结构，谐波发生器的内侧安装有密封罩6，整个减速单元为一个与外部完全密封的整体。

由于CSG-2UK减速器的输出轴为实心结构，谐波发生器与输入轴连接时，就不能再使用键、轴端螺孔等固定方式，而是需要采用花键轴或通过花键/轴孔转换套5进行连接；花键/轴孔转换套可直接购买Harmonic Drive System配套附件。此外，由于花键连接的谐波发生器轴孔直径较大，CSG-2UK密封单元型减速器目前只有中、大规格的产品。

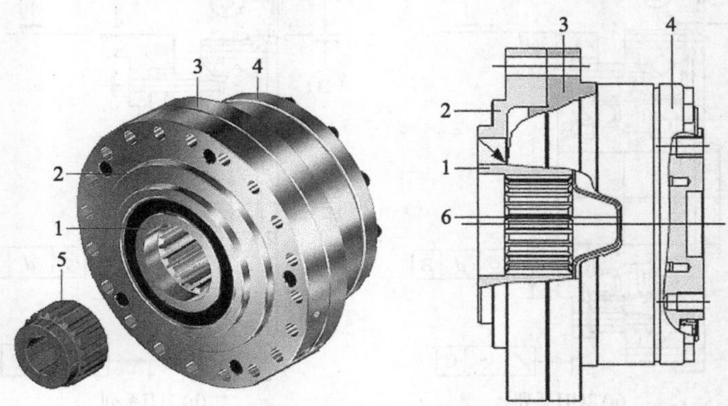

图4.4-13　CSG-2UK系列减速单元的结构

1—谐波发生器组件；2—密封端盖；3—刚轮；4—CRB轴承；5—花键套；6—密封罩

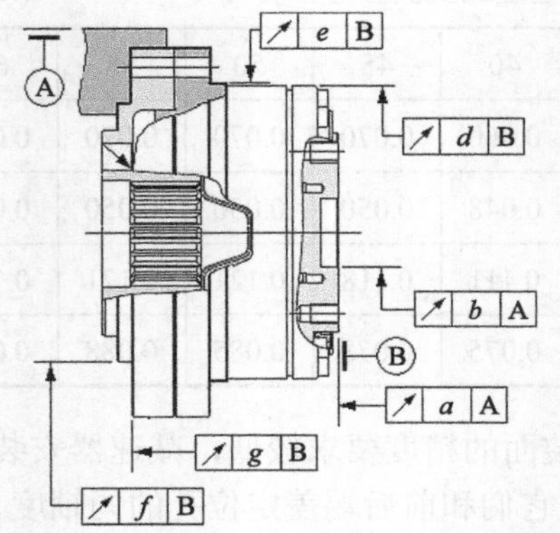

图4.4-14　CSG-2UK系列减速单元的安装要求

CSG-2UK系列密封单元型减速器的内部组件和外界完全隔离，其输入连接方便、密封性好、使用寿命长，因此，特别适用于作业环境恶劣的油漆、喷涂等工业机器人。

2. 安装与维护

1）壳体和输出轴

CSG-2UK系列减速单元的安装公差要求如图4.4-14及表4.4-8所示。减速器对减速器壳体定位圆、输出轴连接端面（基准面B）、输出轴定位孔的公差要求较高。

表4.4-8　CSG-2UK系列减速单元的安装公差要求　　mm

规格	25	32	40	45	58	65
a	0.015	0.015	0.015	0.018	0.018	0.018
b	0.013	0.013	0.015	0.015	0.017	0.017
c	0.045	0.056	0.060	0.068	0.076	0.085
d	0.010	0.010	0.015	0.015	0.015	0.015
e	0.049	0.049	0.060	0.065	0.070	0.075
f	0.157	0.172	0.185	0.200	0.212	0.218
g	0.051	0.061	0.058	0.063	0.075	0.096

2）输入轴

CSG-2UK系列减速单元的输入可直接通过花键轴或花键/轴孔转换套连接，它对花键轴或安装花键/轴孔转换套的输入轴的安装公差要求如图4.4-15及表4.4-9所示。

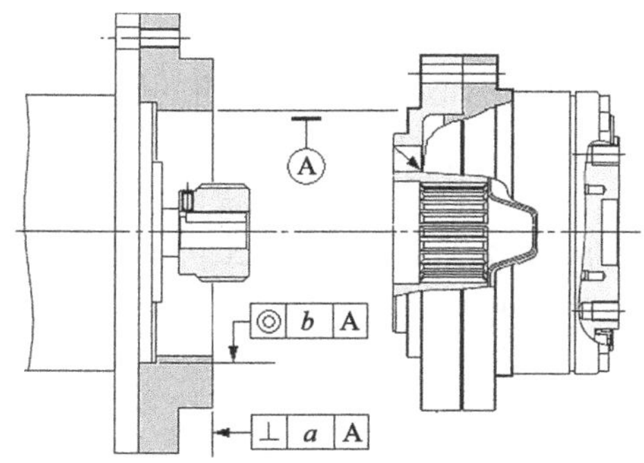

图4.4-15　CSG-2UK系列减速单元输入轴的安装公差要求

表4.4-9　CSG-2UK系列减速单元输入轴的安装公差要求　mm

规格	25	32	40	45	58	65
a	0.024	0.026	0.026	0.027	0.031	0.034
b	0.014	0.014	0.019	0.019	0.019	0.019

3）润滑

CSG-2UK系列减速单元为整体密封结构，并设计有专门的充脂孔；产品出厂时已充填润滑脂，首次使用时用户无需充填润滑脂。减速器长期使用时，可根据减速器或机器人生产厂家的要求，定期补充润滑脂，润滑脂的型号、注入量、补充时间，应按生产厂的要求进行。

4.4.5　超薄减速单元

超薄型谐波减速单元适用于对减速器厚度有要求的场合，如垂直串联机器人的手腕摆动轴、SCARA机器人等。Harmonic Drive System超薄型谐波减速单元目前有CSD-2UH、CSD-2UF、SHD-2UH三系列产品，其中，CSD-2UF、SHD-2UH系列为中空轴结构。3系列产品的内部结构和安装要求如下。

1. CSD-2UH系列减速单元

1）内部结构

CSD-2UH系列减速单元是在CSD超薄部件减速器的基础上单元化的产品，减速单元的结构如图4.4-16所示。

CSD-2UH减速单元的基本部件结构和部件型减速器相同，其柔轮3同样为水杯状，谐波发生器2也只有椭圆凸轮和轴承，输入轴需要通过端面螺钉与谐波发生器2连接等。在此基础上，减速单元在刚轮1和柔轮3之间增加了CRB轴承4；刚轮1和CRB轴承外圈连接后，构成减速单元壳体，用来替代刚轮连接；柔轮3和CRB轴承内圈连接后，构成单元内芯，用来替代柔轮连接。

CSD-2UH减速单元的结构紧凑、使用方便、安装维护简单，减速器的厚度、外径分别只有CSF/CSG系列标准减速单元的60%、70%左右，故特别适用于对减速器厚度有要求的SCARA机器人。

2）安装要求

CSD-2UH系列超薄型减速单元的谐波发生器采用的是刚性连接结构，它不具备中心自动调整功能，因此，单元的安装要求总体较高。

（1）壳体和输出轴

CSD-2UH系列减速单元的安装公差要求如图4.4-17及表4.4-10所示。减速单元对壳体定位圆、输出轴的连接端面的公差要求很高。

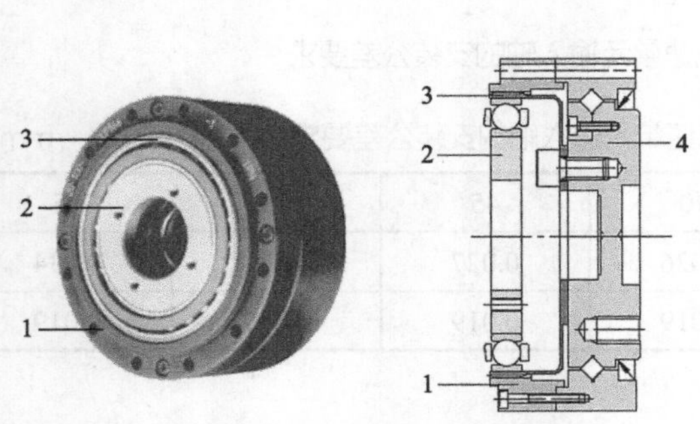

图4.4-16 CSD-2UH系列减速单元的结构

1—刚轮；2—谐波发生器；3—柔轮；4—CRB轴承

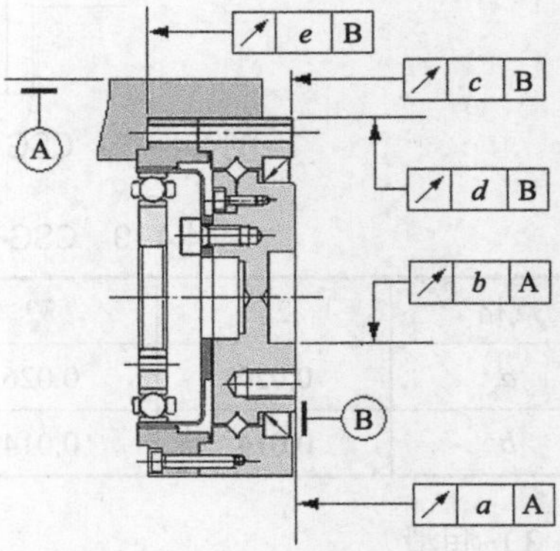

图4.4-17 CSD-2UH减速单元的安装公差要求

表4.4-10 CSD-2HU系列减速单元的安装公差要求 mm

规格	14	17	20	25	32	40	50
a	0.010	0.010	0.010	0.015	0.015	0.015	0.018
b	0.010	0.012	0.012	0.013	0.013	0.015	0.015
c	0.007	0.007	0.007	0.007	0.007	0.007	0.007
d	0.010	0.010	0.010	0.010	0.010	0.015	0.015
e	0.025	0.025	0.025	0.035	0.037	0.037	0.040

（2）输入轴

CSD-2UH系列减速单元的输入轴安装公差要求如图4.4-18及表4.4-11所示。

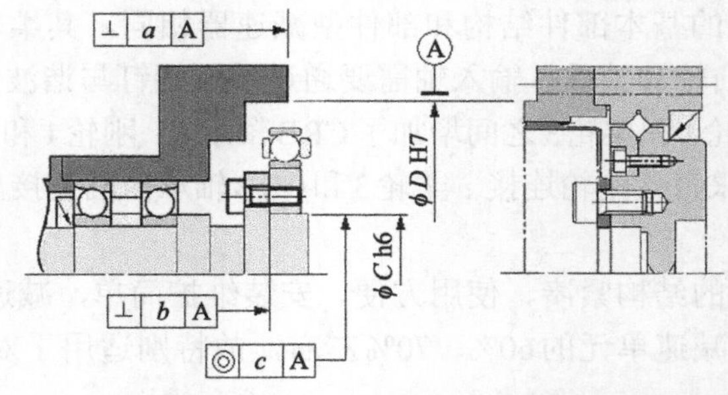

图4.4-18 CSD-2UH系列减速单元输入轴的安装公差要求

表4.4-11　CSD-2UH系列减速单元的输入轴安装公差要求　　mm

规格	14	17	20	25	32	40	50
a	0.011	0.015	0.017	0.024	0.026	0.026	0.028
b	0.008	0.010	0.012	0.012	0.012	0.012	0.015
c	0.016	0.018	0.019	0.022	0.022	0.024	0.030

3）润滑要求

为了防止谐波发生高速运转时的润滑脂飞溅，CSD-2UH系列减速单元的安装座上一般都应设计图4.4-19所示的防溅挡板，防溅挡板的尺寸推荐按表4.4-12设计。

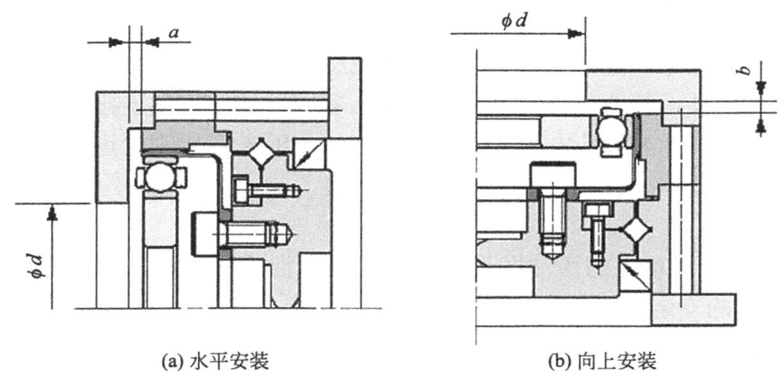

(a) 水平安装　　(b) 向上安装

图4.4-19　防溅挡板推荐尺寸

表4.4-12　CSD-2UH系列减速单元防溅区的尺寸要求　　mm

规格	14	17	20	25	32	40	50
a（水平或向下安装）	1	1	1.5	1.5	1.5	2.5	3.5
b（向上安装）	3	3	4.5	4.5	4.5	7.5	10.5
d	16	26	30	37	37	45	45

谐波减速单元为整体结构，产品出厂时内部已充填润滑脂，用户首次使用时无需充填润滑脂。减速器长期使用时，可根据减速器或机器人生产厂家的要求，定期补充润滑脂，润滑脂的型号、注入量、补充时间，应按照生产厂的要求进行。

2. CSD-2UF系列减速单元

1）内部结构

CSD-2UF系列为中空轴、超薄型减速单元，其柔轮为水杯状。通常而言，中空轴结构比较适合于大直径、开口的礼帽形柔轮；水杯状柔轮的底面直径较小，采用中空轴结构将使减速器外径增加，故较少采用中空轴结构，因此，CSD-2UF系列减速单元目前只有中小规格的产品。

CSD-2UF系列减速单元的内部组成及结构如图4.4-20所示。

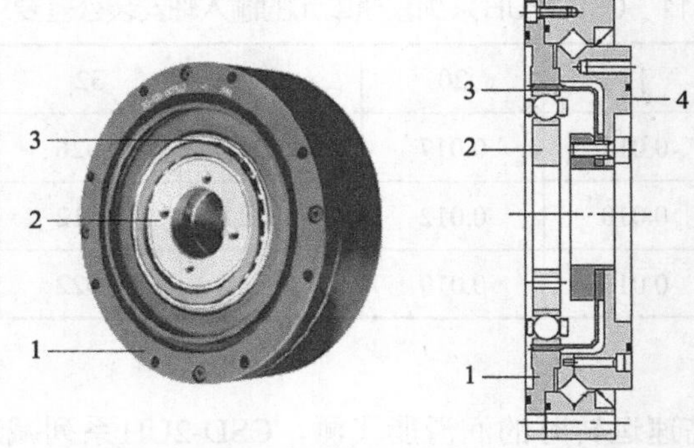

图4.4-20　CSD-2UF系列减速单元的结构

1—刚轮；2—谐波发生器；3—柔轮；4—中空CRB轴承

与CSD-2UH系列产品比较，CSD-2UF系列减速单元除了内芯的柔轮连接板、CRB轴承4内圈均为中空结构外，其他部分基本相同，输入轴同样需要直接连接谐波发生器的椭圆凸轮2；刚轮1和CRB轴承4外圈结合后构成单元壳体，用来替代刚轮连接；柔轮3和CRB轴承4内圈连接后，构成单元内芯，用来替代柔轮连接。

2）安装要求

CSD-2UF系列减速单元的谐波发生器采用的是刚性连接结构，它不具备中心自动调整功能，因此，单元的安装要求总体较高。

（1）壳体和输出轴

CSD-2UF系列减速单元壳体和内芯对支承面的公差要求如图4.4-21及表4.4-13所示，减速器对壳体定位圆、输出连接面的公差要求较高。

表4.4-13　CSD-2HF系列减速单元安装公差要求　mm

规格	14	17	20	25	32	40
a	0.010	0.010	0.010	0.015	0.015	0.015
b	0.010	0.010	0.010	0.010	0.013	0.013
c	0.010	0.010	0.010	0.010	0.013	0.013
d	0.010	0.010	0.010	0.010	0.013	0.013
e	0.031	0.031	0.031	0.041	0.047	0.047

（2）输入轴

CSD-2UF减速单元对连接谐波发生器的输入轴安装公差要求如图4.4-22及表4.4-14所示。由于输入轴需要直接与谐波发生器凸轮连接，故减速单元对输入轴和谐波发生器连接面的公差要求很高，减速单元安装或更换时，要认真检查、严格保证公差要求，避免两者倾斜。

表4.4-14　CSD-2UF系列减速单元的输入轴公差要求　mm

规格	14	17	20	25	32	40
a	0.011	0.015	0.017	0.024	0.026	0.026
b	0.008	0.010	0.012	0.012	0.012	0.012
c	0.016	0.018	0.019	0.022	0.022	0.024

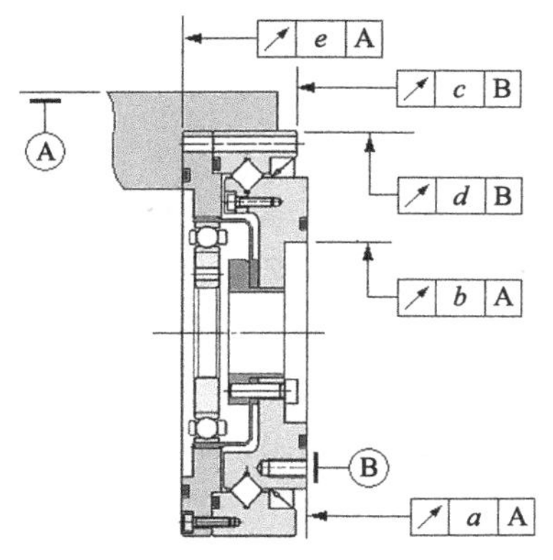

图4.4-21　CSD-2UF系列减速单元的安装要求

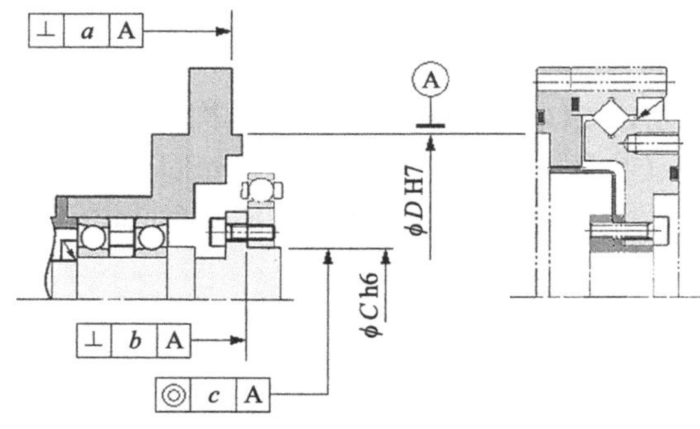

图4.4-22　CSD-2UF系列减速单元输入轴的安装要求

3）润滑要求

CSD-2UF减速单元为整体结构，产品出厂时内部已充填润滑脂，用户首次使用时无需充填润滑脂。减速器长期使用时，可根据减速器或机器人生产厂家的要求，定期补充润滑脂，润滑脂的型号、注入量、补充时间，应按照生产厂的要求进行。

为了防止谐波发生高速运转时的润滑脂飞溅，CSD-2UF系列减速单元的安装座上一般都应设计图4.4-23所示的防溅挡板，防溅挡板的尺寸推荐按表4.4-15设计。

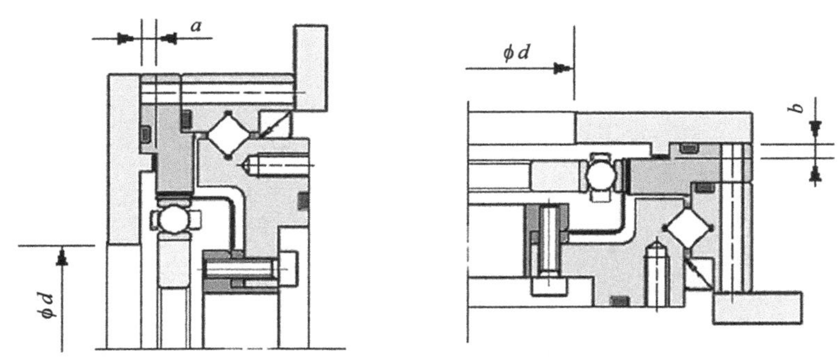

图4.4-23　防溅挡板推荐尺寸

表4.4-15　CSD-2UF系列减速单元防溅挡板的尺寸　　mm

规格	14	17	20	25	32	40
a（水平或向下安装）	1	1	1.5	1.5	1.5	2.5
b（向上安装）	3	3	4.5	4.5	4.5	7.5
d	16	26	30	37	37	45

3. SHD-2UH系列减速单元

1）内部结构

SHD-2UH系列中空轴、超薄型减速单元的结构如图4.4-24所示，小规格产品和大规格产品的壳体外形有所区别，但内部结构相同。

SHD-2UH系列减速单元的结构与SHF/SHG-2UH系列中空轴减速单元类似，但它采用了刚轮和CRB轴承一体化设计，刚轮齿直接加工在CRB轴承内圈6上，使得轴向尺寸比同规格的SHF/SHG-2UH系列缩短约15%，此外，其中空直径也大于同规格的SHF/SHG-2UH系列减速单元。

2）安装与维护

SHD-2UH系列减速单元的结构刚性好，对安装精度的要求较低，减速单元同样可采用柔轮（壳体）固定或刚轮（内芯）固定两种方式安装，减速单元对安装支承面的公差要求与SHF/SHG-2UH系列中空轴减速单元相同；有关内容可参见前述的图4.4-11、表4.4-6及图4.4-12、表4.4-7。

SHD-2UH系列中空轴超薄单元型减速器为整体完全密封结构，产品出厂时内部已充填润滑脂，在规定的使用时间内，用户无需充填润滑脂。

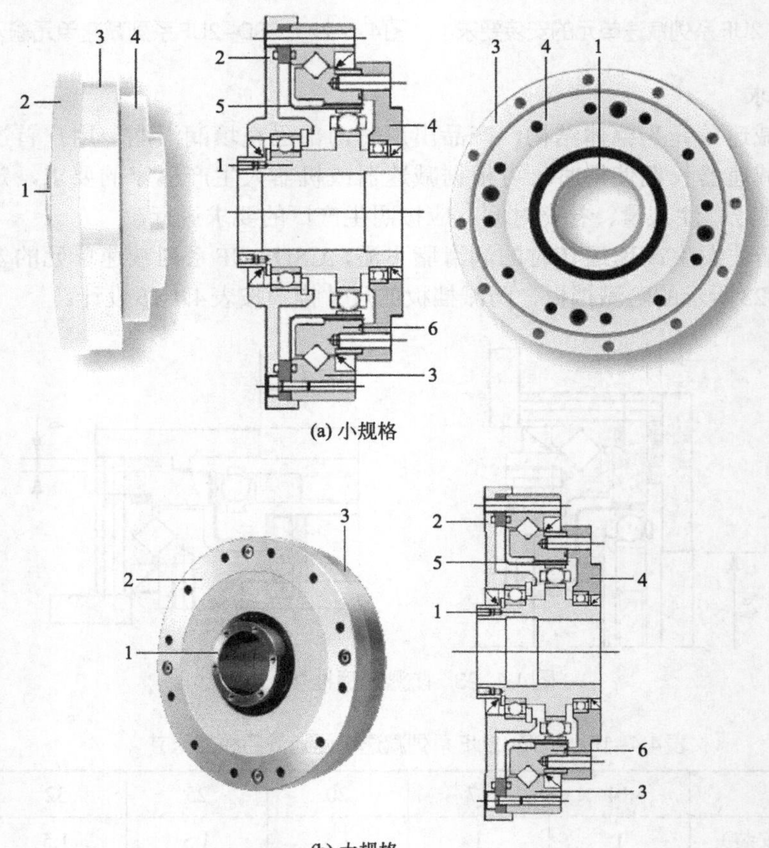

(a) 小规格

(b) 大规格

图4.4-24　SHD-2UH系列减速单元的结构

1—输入轴；2—前端盖；3—CRB轴承外圈；4—后端盖；5—柔轮；6—CRB轴承内圈（刚轮）

4.5　简易谐波减速单元及维护

4.5.1　产品与结构

谐波减速单元解决了机器人安装、维修过程中的减速器及传动部件分离问题，但其安装连接只能按照规定进行，加上减速单元的体积相对较大、成本较高，也给用户使用带来了一些问题，为此，Harmonic Drive System开发了介于部件型和单元型之间的简易单元型（Simple unit type）谐波减速器产品，并称为简易谐波减速单元。

简易谐波减速单元是谐波减速单元的简化结构，它保留了减速单元的核心部件，即刚轮、柔轮、谐波发生器和CRB轴承结构，但取消了壳体和输入/输出连接法兰或轴；其结构紧凑、使用方便，性能和价格介于部件型和单元型之间，它是机器人手腕、SCARA结构机器人常用的谐波减速单元。

根据产品结构和性能，Harmonic Drive System简易谐波减速单元产品见表4.5-1。

表4.5-1　Harmonic Drive System简易谐波减速单元产品一览表

结构形式	产品系列	产品型号	
		标准轴孔	中空轴
标准型	SHF通用系列	SHF-2SO	SHF-2SH
	SHG高转矩系列	SHG-2SO	SHG-2SH
超薄型	SHD超薄系列	—	SHD-2SH

1. SHF/SHG-2SO系列

SHF/SHG-2SO系列标准型简易减速单元的结构如图4.5-1所示。

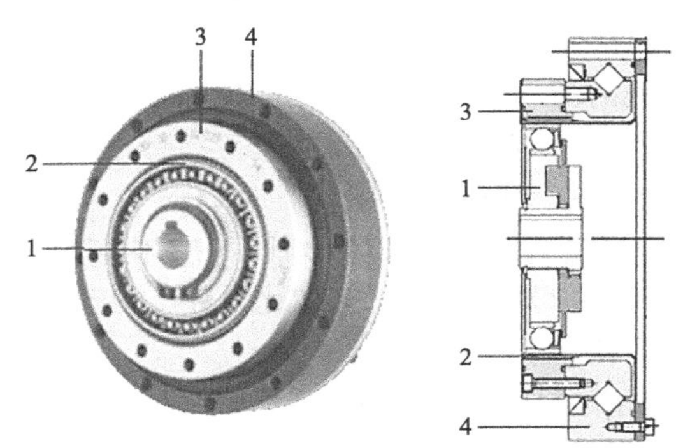

图4.5-1　SHF/SHG-2SO系列标准型减速单元的结构

1—谐波发生器输入组件；2—柔轮；3—刚轮；4—CRB轴承

SHF/SHG-2SO系列减速单元是在SHF/SHG系列部件型减速器的基础上发展起来的产品，它实际只在部件型产品上增加了连接柔轮2和刚轮3的CRB轴承4，其柔轮、刚轮、谐波发生器输入组件的结构和形状相同；谐波发生器的输入同样采用标准轴孔连接。

SHF/SHG-2SO系列减速单元的CRB轴承4内圈与刚轮3连接、外圈与柔轮2连接，使得减速器的柔轮、刚轮和CRB轴承构成了一个整体；但是，谐波发生器仍需要像部件型减速器一样，由用户自行连接。

2. SHF/SHG-2SH系列

SHF/SHG-2SH系列减速单元是在SHF/SHG-2UH系列中空轴谐波减速单元基础上派生的产品，其组成及结构如图4.5-2所示，它保留了谐波减速单元的柔轮、刚轮、CRB轴承和谐波发生器的中空输入轴；但取消了前后端盖，以及中空轴的前后支承轴承与相关的连接件。

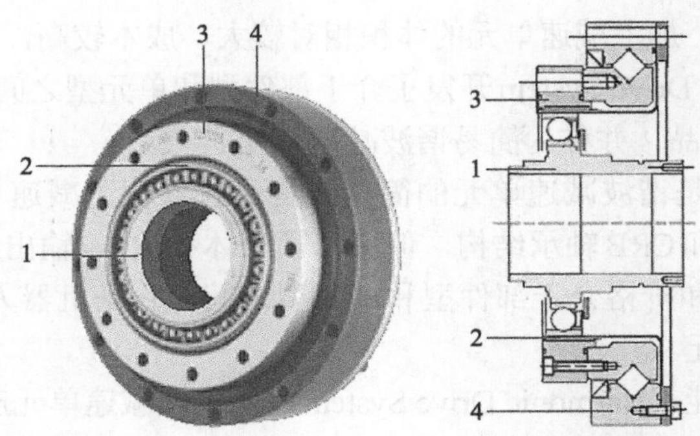

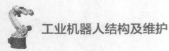

图4.5-2　SHF/SHG-2SH系列减速单元的结构

1—谐波发生器输入组件；2—柔轮；3—刚轮；4—CRB轴承

SHF/SHG-2SH系列减速单元的CRB轴承4的内圈与刚轮3连接，外圈与柔轮2连接，柔轮、刚轮和CRB轴承组成一个统一的整体。减速单元的谐波发生器输入轴1为中空结构，轴的前端面加工有连接输入轴的螺孔；中间部分直接加工成谐波发生器的凸轮；前后两侧加工有安装支承轴承的台阶面。简易单元型减速器的谐波发生器需要由用户安装，用户使用时，需要配置中空轴的前后支承轴承及固定件。

3. SHD-2SH系列

Harmonic Drive System超薄型简易谐波减速单元，目前只有SHD-2SH系列中空轴产品，其结构如图4.5-3所示。

SHD-2SH系列减速单元的谐波发生器采用的是CSD系列超薄部件型减速器的结构。减速器的谐波发生器只有中空椭圆凸轮和轴承，无其他连接件；减速器的输入轴需要直接连接凸轮；谐波发生器同样需要由用户连接和安装。

SHD-2SH系列减速单元的柔轮、刚轮及CRB轴承的结构与SHD-2UH系列中空轴超薄型谐波减速单元类似，刚轮和CRB轴承采用了一体化设计，刚轮齿直接加工在CRB轴承4内圈上，使刚轮和CRB轴承两者合一。

SHD-2SH系列减速单元集其他减速器的超薄型部件于一体，它是目前Harmonic Drive System厚度最小的减速器，特别适合于对轴向尺寸要求严格的SCARA机器人。

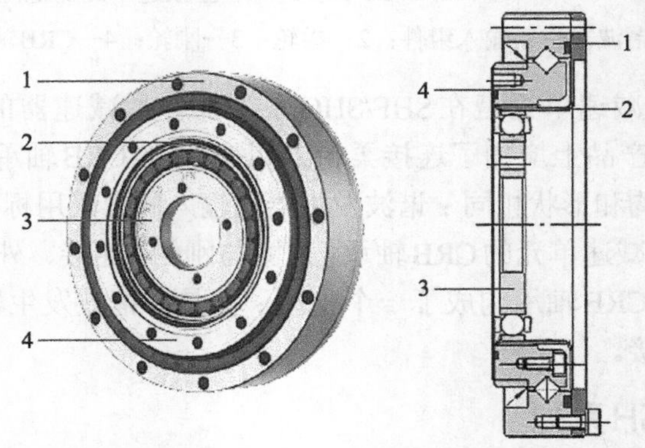

图4.5-3　SHD-2SH系列减速单元的结构

1—CRB轴承（外圈）；2—柔轮；3—谐波发生器；4—刚轮（CRB轴承内圈）

4.5.2 安装与维护

1. SHF/SHG系列安装要求

SHF/SHG-2SO系列、SHF/SHG-2SH系列中空轴减速单元的安装要求相同，4系列减速器均可采用柔轮固定或刚轮固定两种安装方式。

减速单元对安装支承面、连接轴的公差要求如图4.5-4、表4.5-2所示，安装时需要检查减速器定位圆、输入/输出轴连接端面对安装座的公差要求；为保证传动精度，其安装公差可参照CSD-2UH系列超薄型减速单元。

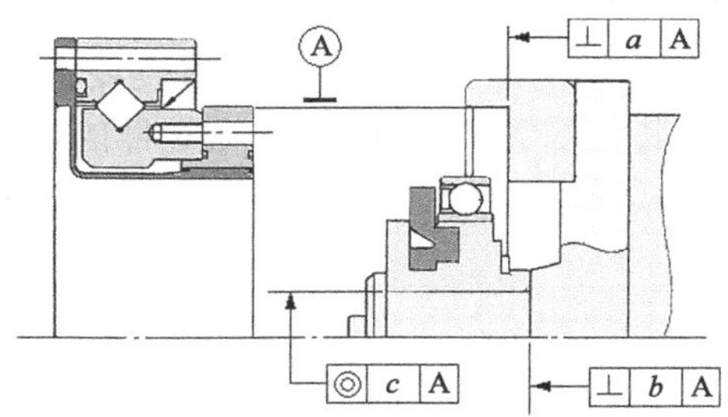

图4.5-4　SHF/SHG-2SO/2SH系列减速单元的安装要求

表4.5-2　SHF/SHG-2SO/2SH系列减速单元安装公差要求　mm

规格	14	17	20	25	32	40	45	50	58
a	0.011	0.015	0.017	0.024	0.026	0.026	0.027	0.028	0.031
b	0.017	0.020	0.020	0.024	0.024	0.024	0.032	0.032	0.032
c	0.030	0.034	0.044	0.047	0.047	0.050	0.063	0.066	0.068

2. SHD-2SH系列安装要求

SHD-2SH系列中空轴超薄型简易谐波减速单元可采用柔轮固定或刚轮固定两种安装方式，减速单元的安装公差要求如图4.5-5、表4.5-3所示。

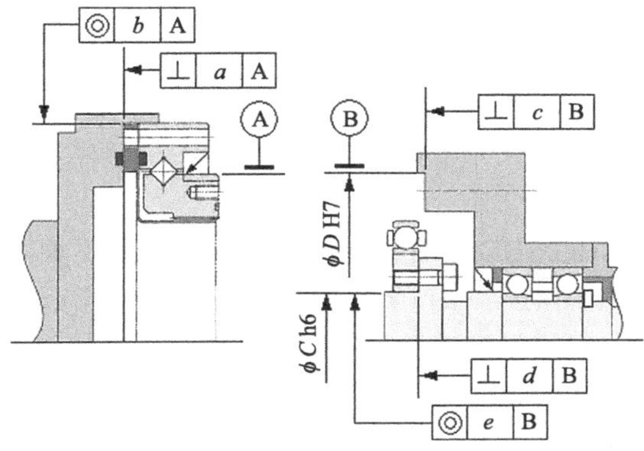

图4.5-5　SHD-2SH系列减速单元的安装公差要求

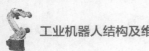

表4.5–3　SHD–2SH系列减速单元安装公差要求　　mm

规格	14	17	20	25	32	40
a	0.016	0.021	0.027	0.035	0.042	0.048
b	0.015	0.018	0.019	0.022	0.022	0.024
c	0.011	0.012	0.013	0.014	0.016	0.016
d	0.008	0.010	0.012	0.012	0.012	0.012
e	0.016	0.018	0.019	0.022	0.022	0.024

减速单元对谐波发生器输入轴的法兰定位面的垂直度要求很高，更换或重新安装减速器时要重点检查、并严格保证其公差要求；为了保证减速器的精度与可靠性，减速器的定位圆、输入/输出轴连接端面对安装座的安装公差，同样可参照CSD-2UH系列减速器。

3. 谐波发生器的安装

SHF/SHG-2SO、SHF/SHG/SHD-2SH简易谐波减速单元的谐波发生器需要用户（机器人生产厂家）安装，它一般与驱动电机输出轴或同步带轮、齿轮轴连接，进行减速单元安装、维护、更换时需要将其从减速单元中分离。

与部件型减速器一样，简易谐波减速单元柔轮虽为大直径、中空开口结构，但柔轮根部的变形十分困难，因此，进行谐波发生器装配时，要注意安装方向，如图4.5-6所示。

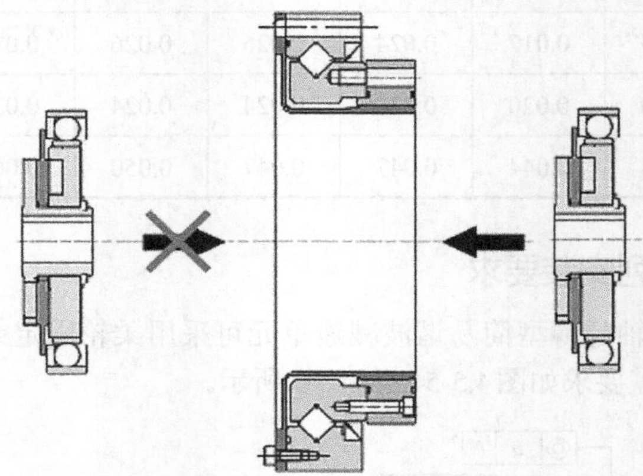

图4.5–6　谐波发生器的安装方向

4. 润滑要求

SHF/SHG-2SO、SHF/SHG/SHD-2SH系列减速单元的润滑要求如图4.5-7所示。

减速单元使用时要按照图4.5-7（a）所示的要求充填润滑脂。润滑脂的补充和更换时间与减速器的实际工作转速、环境温度有关，实际工作转速、环境温度越高，补充和更换润滑脂的周期就越短。减速器使用时，必须定期检查润滑情况，润滑脂的型号、注入量、补充时间，应按照生产厂的要求进行。

为了防止谐波发生高速运转时的润滑脂飞溅，单元安装座上一般都设计有图4.5-7（b）

所示的防溅挡板，防溅挡板的尺寸通常如表4.5-4所示，减速单元维护时应保证防溅区内部的清洁。

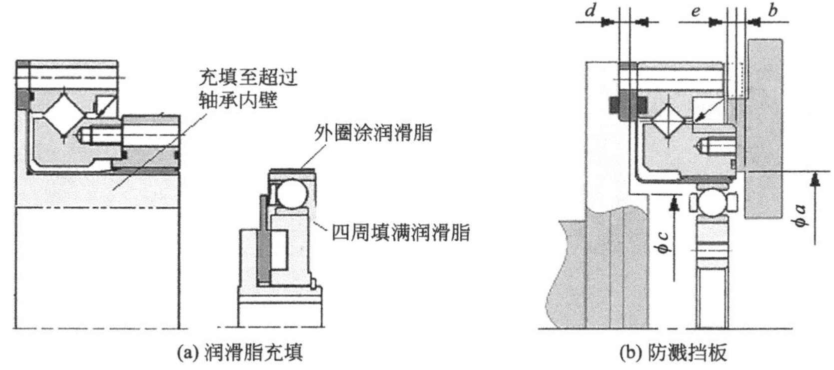

(a) 润滑脂充填　　(b) 防溅挡板

图4.5-7　减速单元润滑要求

表4.5-4　CSD-2UF系列减速单元防溅挡板的尺寸要求　　mm

规格	14	17	20	25	32	40
a	36.5	45	53	66	66	106
**b*	1（3）	1（3）	1.5（4.5）	1.5（4.5）	2（6）	2.5（7.5）
c	31	38	45	56	73	90
d	1.4	1.8	1.7	1.8	1.8	1.8
e	1.5	1.5	1.5	1.5	3.3	4

*注：括号外为谐波发生器水平或向下安装时的尺寸；括号内为谐波发生器向上安装时的尺寸。

4.6　谐波减速箱及维护

4.6.1　产品与结构

1. 产品与应用

在并联结构、前驱SCARA结构等工业机器人上，驱动电机、减速器都安装在关节部位，电机与减速器直接连接，且传动部位的轴向安装尺寸一般不受太大的限制，因此，如果将谐波减速器设计成能直接安装电机的类似于传统齿轮减速箱的结构形式，就会简化机器人传动系统设计、简化结构、方便使用和维护，这样的谐波减速器称为齿轮箱型（Gear head type）谐波减速器，又称谐波减速箱，见图4.6-1。

谐波减速箱是Harmonic Drive System近年根据用户要求研发的新产品，目前主要有CSF-GH通用和CSG-GH高转矩系列两大系列产品，标准减速比均为50/80/100/120/160，可选择减速比均为60/90/120/170/230。

CSF-GH和CSG-GH系列产品只是材料、加工、热处理等方面有所不同，同规格产品的外形、内部结构、安装维护要求均一致。其中，CSF-GH标准系列产品的额定输出转矩为5.4 ～ 951N · m，允许最高输入转速为8500 ～ 2800r/min；CSG-GH高转矩系列产品的额定输出转矩为7 ～ 1236N · m，允许最高输入转速为8500 ～ 2800r/min。

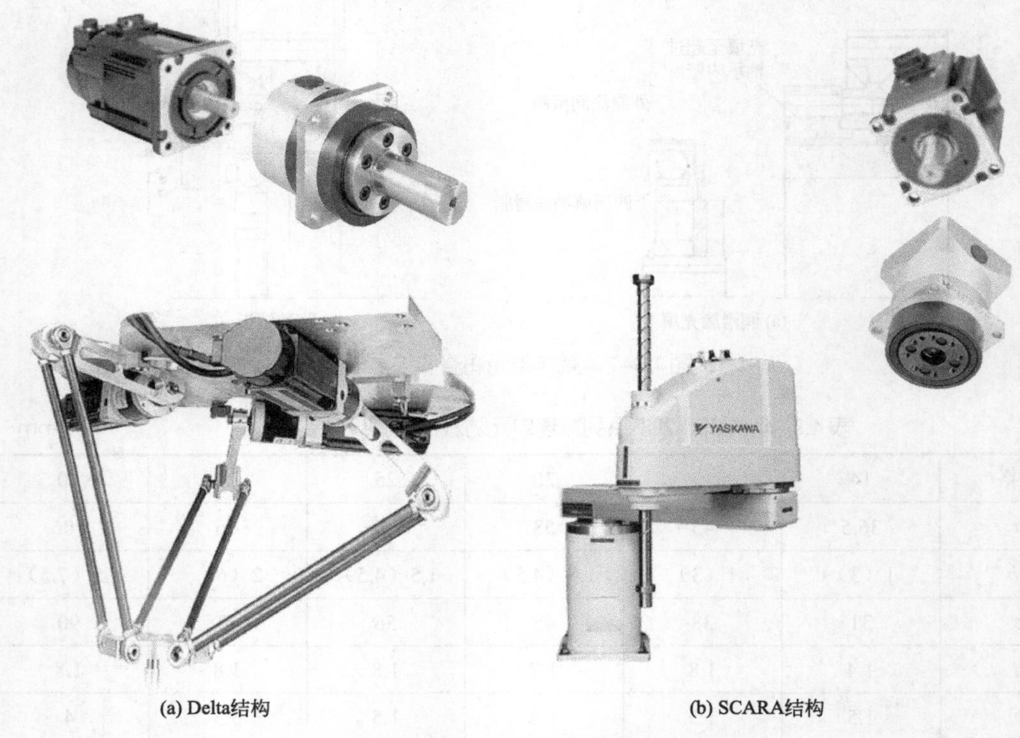

(a) Delta结构　(b) SCARA结构

图4.6–1　谐波减速箱

CSF/CSG-GH系列谐波减速箱通过整体设计，将谐波减速器的谐波发生器、柔轮、刚轮以及CRB轴承、谐波发生器，以及连接驱动电机轴或输入轴的联轴器、驱动电机安装法兰等部件集成一体；它可以直接安装驱动电机，成为一个低速、大扭矩输出的机电一体化集成驱动单元，直接安装到机器人上；故特别适用于并联Delta结构、前驱SCARA结构等关节安装空间大、轴向尺寸无太多限制的机器人本体或回转变位器等场合。

CSF/CSG-GH系列谐波减速箱的电机安装法兰、联轴器均为伺服电机标准尺寸；减速箱的输出连接形式主要有法兰连接和轴连接2类，两者的区别仅在于减速箱的输出与负载的连接形式有所不同，其他结构一致。

2. 组成与结构

Harmonic Drive System CSF/CSG-GH系列谐波减速箱的结构如图4.6-2、图4.6-3所示。

谐波减速箱在谐波减速单元的基础上，主要增加了安装座、电机安装法兰、联轴器等安装连接部件；CSF/CSG-GH系列谐波减速箱的减速器采用的是刚轮固定、柔轮输出的安装形式，柔轮为水杯形。

在图4.6-2上，CRB轴承1的外圈、减速箱的安装座11、谐波减速器的刚轮10、伺服电机安装法兰7连接为一体，构成了减速箱的外壳。电机安装法兰7上设计有标准伺服电机的安装定位面、定位孔和固定螺孔，可安装和固定伺服电机。减速箱的安装座11上设计有减速箱安装和固定用的定位面、定位圆和固定螺孔，可将减速箱连同伺服电机整体安装、固定在机器人上。

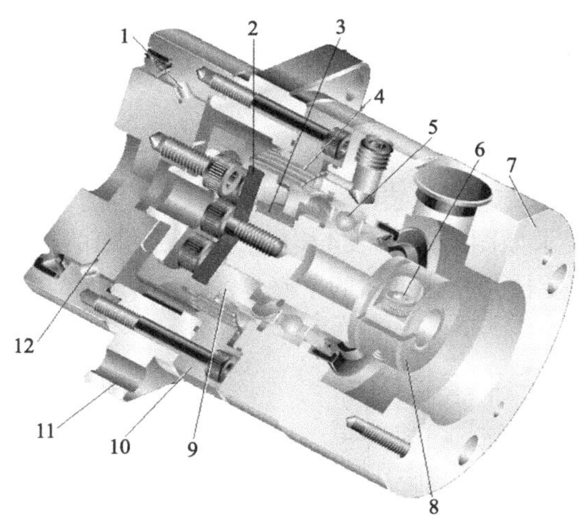

图4.6-2 谐波减速箱结构

1—CRB轴承；2—垫；3—键；4—柔轮；5—轴承；6—锁紧螺钉；
7—电机安装法兰；8—输入轴；9—谐波发生器；10—刚轮；11—安装座；12—输出法兰（CRB轴承内圈）

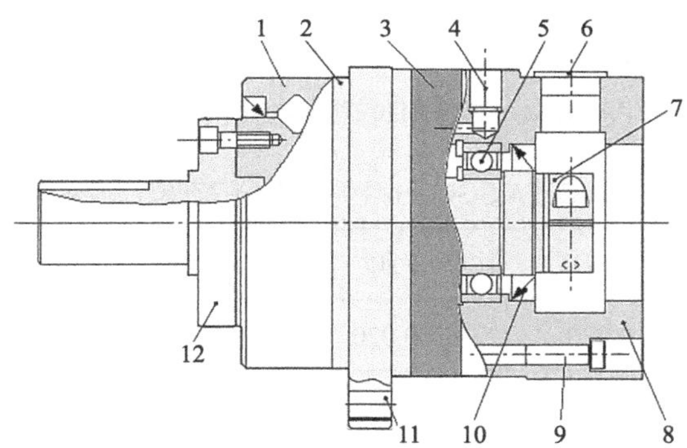

图4.6-3 轴输出减速箱

1—CRB轴承外圈；2—安装座；3—刚轮；4—润滑孔；5—输入轴承；6—盖帽；
7—联轴器；8—电机安装法兰；9—螺钉；10—密封圈；11—安装螺孔；12—输出轴

谐波减速器的柔轮4和CRB轴承1的内圈连成一体后，作为减速箱的输出。负载连接用的安装定位面、定位孔和固定螺孔直接加工在CRB轴承的内圈12上，它可与端面、外圆定位的负载连接。

谐波减速器的谐波发生器9安装在输入轴8上。输入轴8的前端可通过连接键3、端面垫2和中心螺钉连接谐波发生器9；中部利用电机安装法兰上的轴承5支承；后端为弹性夹头（联轴器），收紧锁紧螺钉6，便可夹紧电机轴。

图4.6-3所示的轴输出减速箱，只是在法兰连接型减速箱上的基础上，增加了标准的带键输出轴12，其余结构完全相同。

CSF/CSG-GH系列谐波减速箱通过以上整体设计，使得谐波减速器、输入轴连接、驱动电机安装法兰等部件集成一体，成为了一个可以直接安装的完整部件；减速箱的结构刚性好、传动精度高，使用简单、维护容易，因此，是并联Delta结构、前驱SCARA结构等工业机器人的理想选择。

4.6.2 安装与维护

1. 安装要求

CSF/CSG-GH系列谐波减速箱安装时，需要利用CBR轴承的外圈作为定位基准，减速箱对安装定位面的公差要求如图4.6-4、表4.6-1所示。减速箱的结构刚性好，对安装精度的要求较低，安装时应保证定位孔和定位面的平整、清洁，防止异物卡入和失圆。

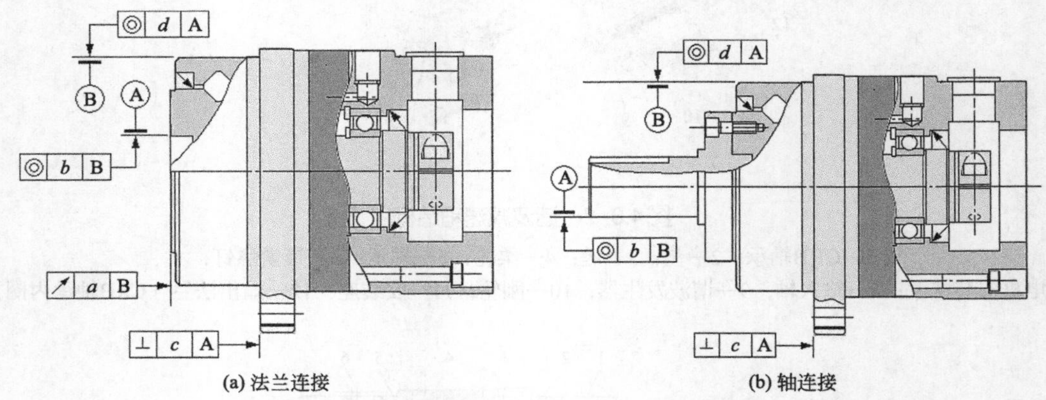

图4.6-4 减速箱对安装定位面的公差要求

表4.6-1 CSF/CSG-GH系列减速器的安装公差要求 mm

规格	11	14	20	32	45	65
a	0.020	0.020	0.020	0.020	0.020	0.020
b	0.030	0.040	0.040	0.040	0.040	0.040
c	0.050	0.060	0.060	0.060	0.060	0.060
d	0.040	0.050	0.050	0.050	0.050	0.050

2. 电机安装

CSF/CSG-GH系列谐波减速箱的驱动电机安装步骤如图4.6-5所示，安装方法如下。

① 取下装拆孔上的盖帽。

② 旋转减速器的谐波发生器，使弹性夹头的锁紧螺钉对准装拆孔。

③ 将电机装入减速箱的电机安装座、电机轴插入弹性夹头。

④ 固定电机安装螺钉。

⑤ 利用扭力扳手拧紧弹性夹头锁紧螺钉、夹紧电机轴。不同规格的锁紧螺钉，其拧紧扭矩如表4.6-2所示。

⑥ 安装装拆孔上的盖帽。

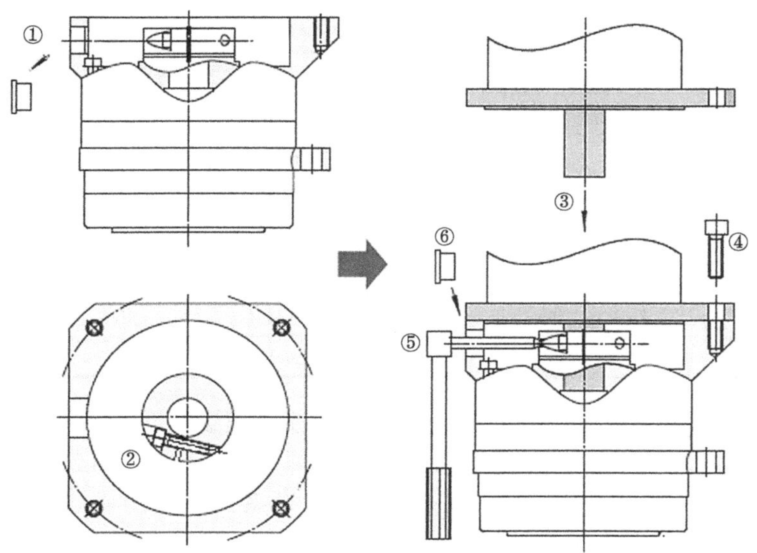

图4.6-5　驱动电机的安装步骤

表4.6-2　联轴器锁紧螺钉的拧紧扭矩表

螺钉规格	M3	M4	M5	M6	M8	M10	M12
扭矩/N·m	2	4.5	9	15.3	37.2	73.5	128

如果维护时仅仅需要进行驱动电机检测或更换，可参照上述相反的步骤，将电机从减速器上取出。

由于驱动电机本身的定位法兰、输出轴精度已在电机出厂时保证，安装时只需要要保证减速箱定位孔和定位面的平整、清洁，防止异物卡入和失圆，便可满足要求。

3. 使用与维护

CSF/CSG-GH系列谐波减速箱为整体完全密封结构，产品出厂时内部已充填润滑脂，在规定的使用时间内，用户无需充填润滑脂。

4.7　微型谐波减速器及维护

4.7.1　产品与特点

1. 产品系列

Harmonic Drive System微型谐波减速装置是专门用于小型、轻量工业机器人的特殊产品，它常用于3C行业电子产品、食品、药品等小规格搬运、装配、包装工业机器人。

Harmonic Drive System微型谐波减速装置有微型谐波减速单元、微型谐波减速箱2种基本结构，微型谐波减速单元的输入连接方式可选择轴输入或标准轴孔输入，微型谐波减速箱为标准轴孔输入；两类产品的输出连接均可选择输出轴或连接法兰；系列产品的型号如表4.7-1所示。

表4.7-1 Harmonic Drive System微型减速装置系列产品的型号

结构形式			产品系列与型号	
类 别	输入连接	输出连接	CSF mini（微型）	CSF supermini（超微型）
单元型	轴	轴	CSF-1U	CSF-1U
		法兰	CSF-1UF	——
	轴孔	轴	CSF-1U-CC	CSF-1U-CC
		法兰	CSF-1U-CCF	——
齿轮箱型	轴孔	轴	CSF-2XH-J	——
		法兰	CSF-2XH-F	——

根据产品规格，Harmonic Drive System微型谐波减速装置可分为CSF mini微型、CSF supermini超微型2大类。CSF mini微型系列产品的额定输出转矩为0.25 ～ 7.8N · m，允许最高转速为10000 ～ 6500r/min；CSF supermini超微型系列产品的额定输出转矩为0.06 ～ 0.15Nm，允许最高转速为10000r/min。

CSF supermini超微型产品，实际上只是对CSF mini微型谐波减速单元小规格产品的补充，其安装使用要求均和CSF mini系列一致；超微型谐波减速单元目前只有轴输入/轴输出的CSF-1U和轴孔输入/轴输出的CSF-1U-CC两系列产品。

Harmonic Drive System微型、超微型谐波减速装置均采用刚轮固定、谐波发生器输入、柔轮输出的结构，其柔轮均为水杯形。产品的主要特点如下。

2. 微型/超微型谐波减速单元

CSF mini微型和CSF supermini超微型谐波减速单元壳体形状为带立方体，内部结构与CSF/CSG-2UH系列标准谐波减速单元类似，减速单元带有壳体和输出轴承，其刚轮、柔轮、谐波发生器、输入轴组件、壳体、输出轴承等通过整体设计，组成了一个可直接驱动负载的完整单元，见图4.7-1。

图4.7-1 谐波减速单元

CSF mini微型谐波减速单元的输入连接方式可选择标准轴孔和轴输入2类，柔轮的输出连接方式可选择法兰连接和轴连接2类。但CSF supermini超微型谐波减速单元的输出连目前只有轴输出一种。

微型/超微型谐波减速单元的安装简单、使用方便，可用于电子产品、食品、药品等搬运、装配、包装用的小型、轻量工业机器人。

3. 微型谐波减速箱

CSF mini系列微型谐波减速箱如图4.7-2所示，其壳体为带正方形安装座的圆柱体；减速箱的输入均为标准轴孔；输出连接可以选择法兰或轴。

微型谐波减速箱可像CSF/CSG-GH系列谐波减速箱一样，通过减速箱的安装座，连同驱动电机整体安装到工业机器人上。但是，由于减速箱的体积较小，安装驱动电机时需要使用图4.7-3所示的过渡板。

微型谐波减速箱的安装和调整方便，它同样可用于电机轴向安装尺寸不受太多限制的小型、轻量并联Delta结构或前驱SCARA结构的机器人。

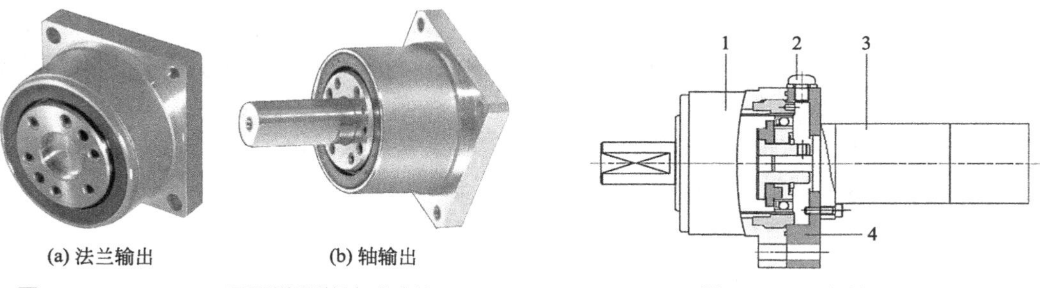

(a) 法兰输出　(b) 轴输出

图4.7-2　CSF mini系列微型谐波减速箱

图4.7-3　过渡板

1—微型减速器；2—装拆孔；3—驱动电机；4—过渡板

4.7.2　组成与结构

1. 微型谐波减速单元

Harmonic Drive System微型谐波减速单元的输入连接方式有标准轴孔和轴输入2种；输出连接方式有法兰和轴输出2种，内部结构如图4.7-4所示。由于微型谐波减速器的输入转速高、输出转矩小，减速器的输出轴（柔轮）与壳体（刚轮）采用了Harmonic Drive System专门研发的4点接触高精度、高刚性球轴承，输出轴同样可直接连接和驱动负载。

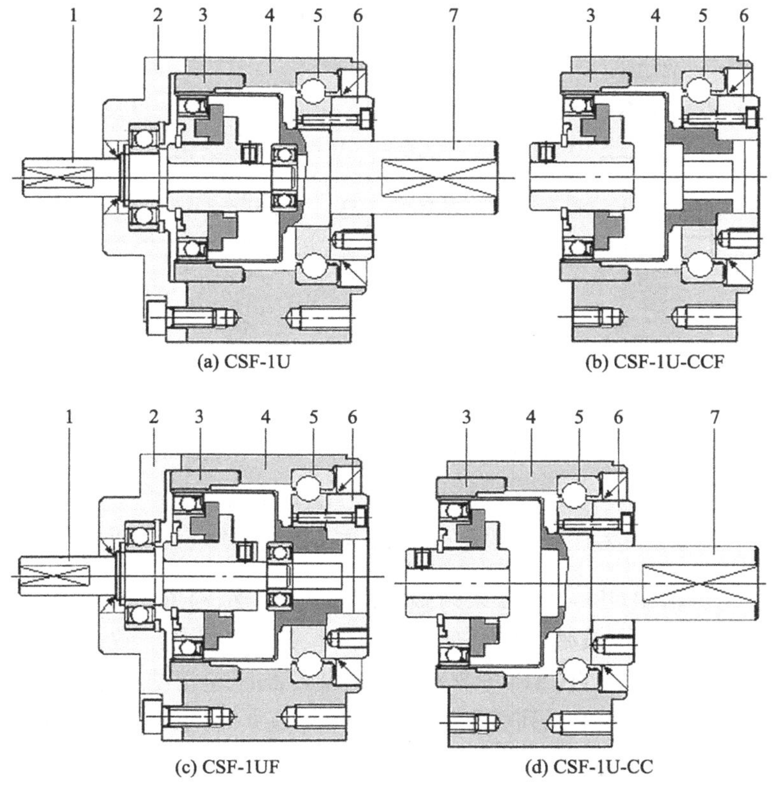

(a) CSF-1U　(b) CSF-1U-CCF

(c) CSF-1UF　(d) CSF-1U-CC

图4.7-4　微型谐波减速单元内部结构

1—输入轴组件；2—端盖；3—刚轮；4—壳体；5—输出轴承；6—输出法兰；7—输出轴

图4.7-4（a）为轴输入/轴输出的CSF-1U系列微型谐波减速单元的结构图。减速单元是一个由端盖、壳体、输入轴组件、输出轴承、输出法兰等部件构成的密封整体；其刚轮3固定在壳体4上；柔轮和输出轴7设计成一体；谐波发生器与输入轴连接。减速单元的输入轴1带有前后支承轴承，前轴承安装在端盖2上，后轴承安装在输出轴（柔轮）7上；输出轴7与壳体4间安装有4点接触高精度、高刚性专用球轴承，可直接连接负载。

图4.7-4（b）为标准轴孔输入/法兰输出的CSF-1U-CCF系列微型谐波减速单元的结构图。CSF-1U-CCF系列减速单元取消了CSF-1U系列减速单元的前端盖及输入轴组件，谐波发生器需要输入通过支头螺钉、轴孔连接；减速单元的柔轮上也不设计输出轴，负载需要通过输出法兰6连接。

图4.7-4（c）为轴输入/法兰输出的CSF-1UF系列微型谐波减速单元结构图。减速单元的输入组件与CSF-1U系列减速单元完全相同；柔轮和负载连接组件与CSF-1U-CCF系列减速单元完全相同。

图4.7-4（d）为标准轴孔输入/轴输出的CSF-1U-CC系列微型谐波减速单元结构图。减速单元的输入连接与CSF-1U-CCF系列减速单元完全相同；减速单元的柔轮及输出连接组件与CSF-1U系列减速单元完全相同。

2. 微型谐波减速箱

微型谐波减速箱的输入侧需要连接驱动电机轴，故其输入连接均为轴孔；减速箱的输出连接有轴输出的CSF-2HX-J系列和法兰输出的CSF-2HX-F系列2类。其结构如图4.7-5所示。

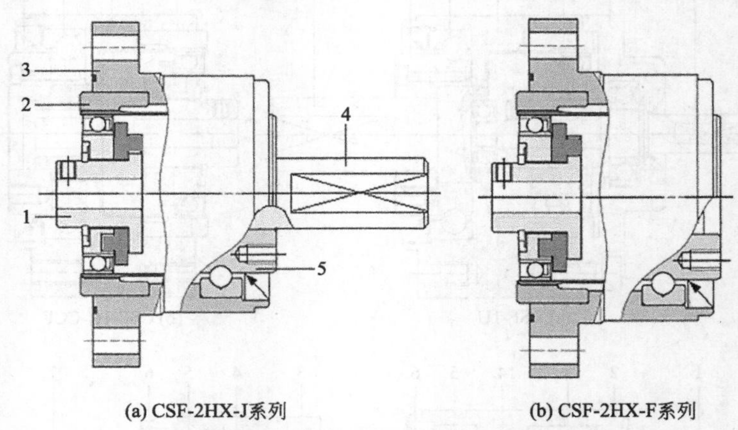

图4.7-5　微型谐波减速箱结构

1—谐波发生器；2—刚轮；3—安装座；4—输出轴；5—输出法兰

图4.7-5（a）为轴输出CSF-2HX-J系列微型谐波减速箱结构图。减速箱除了安装座3的结构与CSF-1U-CC系列微型谐波减速单元有所不同外，其他部件均一致。

图4.7-5（b）为法兰输出的CSF-2HX-F系列微型谐波减速箱结构图。同样，减速箱除了安装座3的结构与CSF-1U-CCF系列微型谐波减速单元有所不同外，其他部件均一致。

3. 超微型谐波减速单元

超微型谐波减速单元是对CSF mini系列微型谐波减速单元产品的补充，目前只有轴输入/轴输出的CSF-1U和标准轴孔输入/轴输出的CSF-1U-CC两类产品，其内部结构如图4.7-6所示。

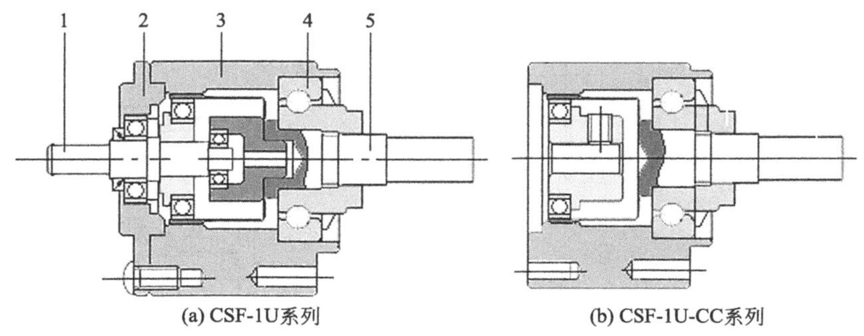

(a) CSF-1U系列　　(b) CSF-1U-CC系列

图4.7-6　超微型谐波减速单元结构

1—输入轴组件；2—端盖；3—壳体；4—输出轴承；5—输出轴

图4.7-6（a）为轴输入/轴输出的CSF-1U系列超微型谐波减速单元结构图。减速单元是一个由输入轴组件、端盖、刚轮、输出轴承等部件构成的密封整体。超微型减速单元的刚轮和壳体3、柔轮和输出轴5，均采用一体化设计，刚轮即壳体、柔轮即输出轴；减速单元的输入轴安装有前后支承轴承，前轴承安装在端盖2上，后轴承安装在输出轴（柔轮）上；输出轴与刚轮（壳体）3间安装有专用的4点接触高精度、高刚性球轴承，可直接驱动负载。

图4.7-6（b）为标准轴孔输入/轴输出的CSF-1U-CC系列超微型谐波减速单元结构图。它取消了CSF-1U系列超微型减速单元的前端盖和输入轴组件，谐波发生器的输入采用带支头螺钉的标准轴孔连接。

4.7.3　安装与维护

1. 减速器安装要求

微型、超微型谐波减速装置安装时，一般需要以输出侧的法兰作为定位基准，减速装置的安装公差要求如图4.7-7、表4.7-2所示，它们对输出法兰端面的安装公差要求很高，减速装置重新安装时，要认真检查并严格保证安装公差要求，防止减速器的倾斜。

表4.7-2　微型、超微型谐波减速装置的安装公差要求　　mm

规格	3	5		8		11		14	
	Supermini型	1U	1UF	1U	1UF	1U	1UF	1U	1UF
a	0.030	0.030	——	0.030	——	0.030	——	0.030	——
		——	0.005	——	0.005	——	0.005	——	0.005
b	0.020	0.040		0.040		0.055		0.055	
c	0.020	0.020		0.020		0.025		0.025	
d	0.005	0.005		0.005		0.005		0.005	
e	0.015	0.015		0.020		0.030		0.030	

2. 输入连接要求

谐波减速装置的输入连接要求如图4.7-8及表4.7-3所示，减速装置更换或重新安装时，要检查输入轴与减速装置安装定位面的同轴度、垂直度，并保证公差要求，避免两者倾斜。

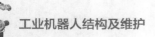

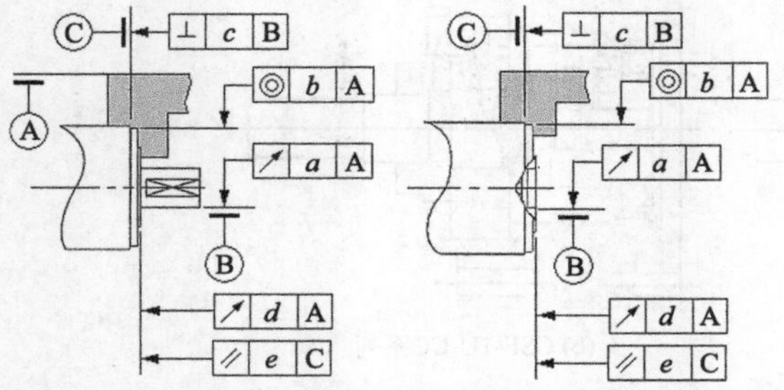

图4.7-7 微型、超微型谐波减速装置的安装公差要求

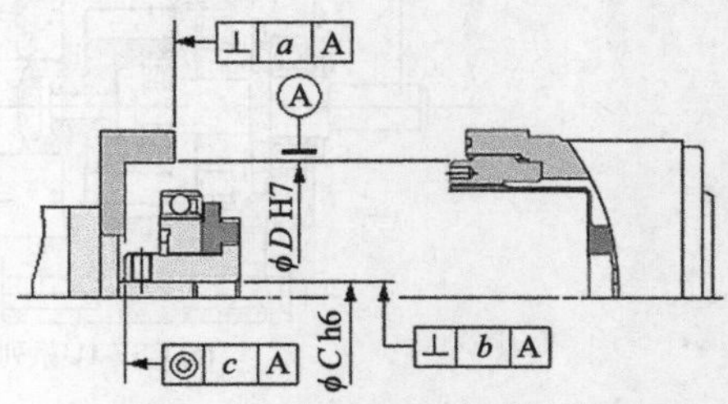

图4.7-8 谐波减速装置的输入连接要求

表4.7-3 谐波减速装置的输入连接公差要求 mm

规格	3（Supermini型）	5	8	11	14
a	0.006	0.008	0.010	0.011	0.011
b	0.004	0.005	0.012	0.012	0.017
c	0.004	0.005	0.015	0.015	0.030

3. 使用与维护

CSF mini微型、CSF supermini超微型谐波减速装置均为整体密封结构，产品出厂时内部已充填润滑脂，在规定的使用时间内，用户无需充填润滑脂。

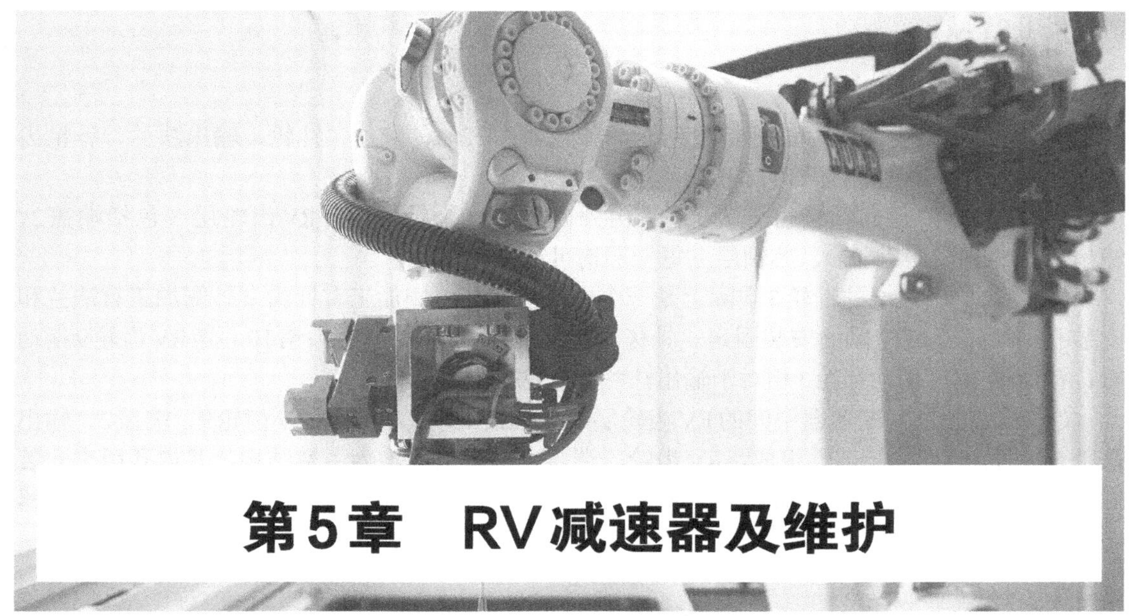

第5章　RV减速器及维护

5.1　变速原理与典型产品

5.1.1　RV齿轮变速原理

RV减速器是旋转矢量（Rotary Vector）减速器的简称，它是在传统摆线针轮、行星齿轮传动装置的基础上发展出来的一种新型传动装置。与谐波减速器一样，RV减速器实际上既可用于减速、也可用于升速，但由于传动比很大（通常为30～260），因此，在工业机器人、数控机床等产品上应用时，一般较少用于升速，故习惯上称RV减速器。本书在一般场合也将使用这一名称。

RV减速器由日本Nabtesco Corporation（纳博特斯克公司）的前身——日本的帝人制机（Teijin Seiki）公司于1985年率先研发，并获得了日本的专利；从1986年开始商品化生产和销售，并成为工业机器人回转减速的核心部件，得到了极为广泛的应用。

与传统的齿轮传动装置比较，RV减速器具有传动刚度高、传动比大、惯量小、输出扭矩大，以及传动平稳、体积小、抗冲击力强等诸多优点；它与同规格的谐波减速器比较，其结构刚性更好、惯量更小、使用寿命更长。因此，被广泛用于工业机器人、机床、医疗检测设备、卫星接收系统等领域。

RV减速器的结构比谐波减速器复杂得多，其内部通常有2级减速机构，由于传动链较长，因此，减速器间隙较大，传动精度通常不及谐波减速器；此外，RV减速器的生产制造成本也相对较高，维护修理较困难。因此，在工业机器人上，它多用于机器人机身的腰、上臂、下臂等大惯量、高转矩输出关节的回转减速，在大型搬运和装配工业机器人上，手腕有时也采用RV减速器驱动。

1. 基本结构

RV减速器的基本结构如图5.1-1所示。减速器由芯轴、端盖、针轮、输出法兰、行星齿轮、曲轴组件、RV齿轮等部件构成。

RV减速器的径向结构可分为3层，由外向内依次为针轮层、RV齿轮层（包括端盖2、输出法兰5和曲轴组件7）、芯轴层；每一层均可独立旋转。

① 针轮层。外层的针轮3实际上是一个内齿圈，其内侧加工有针齿；外侧加工有法兰和安装孔，可用于减速器的安装固定。针齿和RV齿轮9间安装有针齿销10，当RV齿轮9摆动时，针齿销10可推动针轮3相对于输出法兰5缓慢旋转。

② RV齿轮层。减速器中间的RV齿轮层是减速器的核心，它由RV齿轮9、端盖2、输出法兰5和曲轴组件7等部件组成，RV齿轮、端盖、输出法兰均为中空结构，其内孔用来安装芯轴。曲轴组件7的数量与减速器规格有关，小规格减速器一般布置2组，中大规格减速器布置3组。

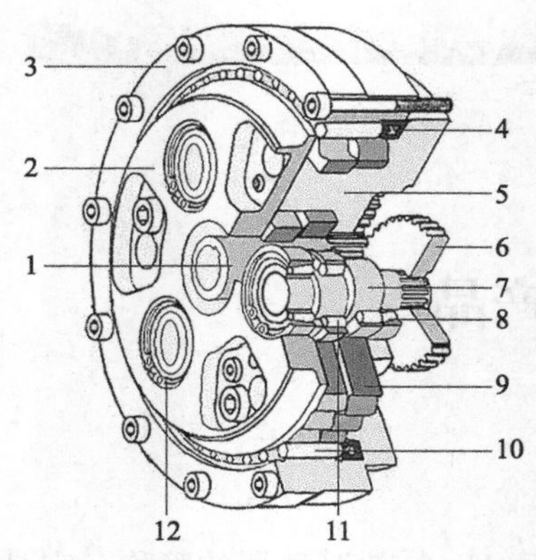

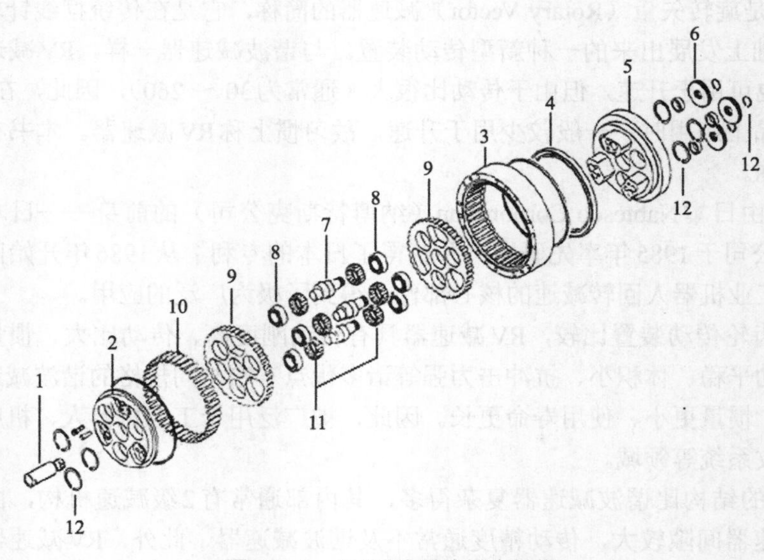

图5.1–1 RV减速器的基本结构

1—芯轴；2—端盖；3—针轮；4—密封圈；5—输出法兰；
6—行星齿轮；7—曲轴；8—圆锥滚柱轴承；9—RV齿轮；10—针齿销；11—滚针；12—卡簧

输出法兰5的内侧是加工有2～3个曲轴7安装缺口的连接段，端盖2和输出法兰（亦称输出轴）5利用连接段的定位销、螺钉连成一体。端盖和法兰的中间安装有两片可自由摆动的RV齿轮9，它们可在曲轴偏心轴的驱动下进行对称摆动，故又称摆线轮。

驱动RV齿轮摆动的曲轴7安装在输出法兰5的安装缺口上，由于曲轴的径向载荷较大，其前后端均需要采用圆锥滚柱轴承进行支承，前支承轴承安装在端盖2上、后支承轴承安装在输出法兰5上。

曲轴组件是驱动RV齿轮摆动的轴，它通常有2～3组，并在圆周上呈对称分布。曲轴组件由曲轴7、前后支承轴承8、滚针11等部件组成。曲轴7的中间部位是2段驱动RV齿轮摆动的偏心轴，偏心轴位于输出法兰5的缺口上；偏心轴的外圆上安装有驱动RV齿轮9摆动的滚针11；当曲轴旋转时，2段偏心轴将分别驱动2片RV齿轮9进行180°对称摆动。曲轴7的旋转通过后端的行星齿轮6驱动，它与曲轴一般为花键连接。

③ 芯轴层。芯轴1安装在RV齿轮9、端盖2、输出法兰5的中空内腔，其形状与减速器传动比有关，传动比较大时，芯轴直接加工成齿轮轴；传动比较小时，它是一根后端安装齿轮的花键轴。芯轴上的齿轮称为太阳轮，它和曲轴上的行星齿轮6啮合，当芯轴旋转时，可通过行星齿轮6，同时驱动2～3组曲轴旋转、带动RV齿轮摆动。减速器用于减速时，芯轴一般连接输入驱动轴，故又称输入轴。

因此，RV减速器具有2级变速：太阳轮和行星齿轮间的变速是RV减速器的第1级变速，称正齿轮变速；由RV齿轮9摆动所产生的、通过针齿销10推动针轮3的缓慢旋转，是RV减速器的第2级变速，称为差动齿轮变速。

2. 变速原理

RV减速器的变速原理如图5.1-2所示，它可通过正齿轮变速、差动齿轮变速2级变速，实现大传动比变速。

① 正齿轮变速。正齿轮减速原理如图5.1-2（a）所示，它是由行星齿轮和太阳轮实现的齿轮变速，假设太阳轮的齿数为Z_1、行星齿轮的齿数为Z_2，行星齿轮输出/芯轴输入的转速比（传动比）为Z_1/Z_2、转向相反。

② 差动齿轮变速。当行星齿轮带动曲轴回转时，曲轴上的偏心段将带动RV齿轮作图5.1-2（b）所示的摆动。因曲轴上的2段偏心轴为对称布置，故2片RV齿轮可在对称方向同时摆动。

图5.1-2（c）为其中的1片RV齿轮的摆动情况，另一片的摆动过程相同，但相位相差180°。由于减速器的RV齿轮和针轮间安装有针齿销，RV齿轮摆动时，针齿销将迫使RV齿轮沿针轮的齿逐齿回转。

如果RV减速器的RV齿轮固定、芯轴连接输入、针轮连接输出，并假设RV齿轮的齿数为Z_3，针轮的齿数为Z_4（齿差为1时，$Z_4-Z_3=1$）。当偏心轴带动RV齿轮顺时针旋转360°时，RV齿轮的0°基准齿和针轮基准位置间将产生1个齿的偏移；因此，相对于针轮而言，其偏移角度为：

$$\theta=\frac{1}{Z_4}\times 360^\circ$$

即：针轮输出/曲轴输入的转速比（传动比）为$i=1/Z_4$；考虑到行星齿轮（曲轴）输出/

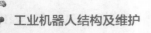

芯轴输入的转速比（传动比）为Z_1/Z_2，故可得到减速器的针轮输出/芯轴输入的总转速比（总传动比）为：

$$i=\frac{Z_1}{Z_2}\bullet\frac{1}{Z_4}$$

因RV齿轮固定时，针轮和曲轴的转向相同、行星轮（曲轴）和太阳轮（芯轴）的转向相反，故最终输出（针轮）和输入（芯轴）的转向相反。

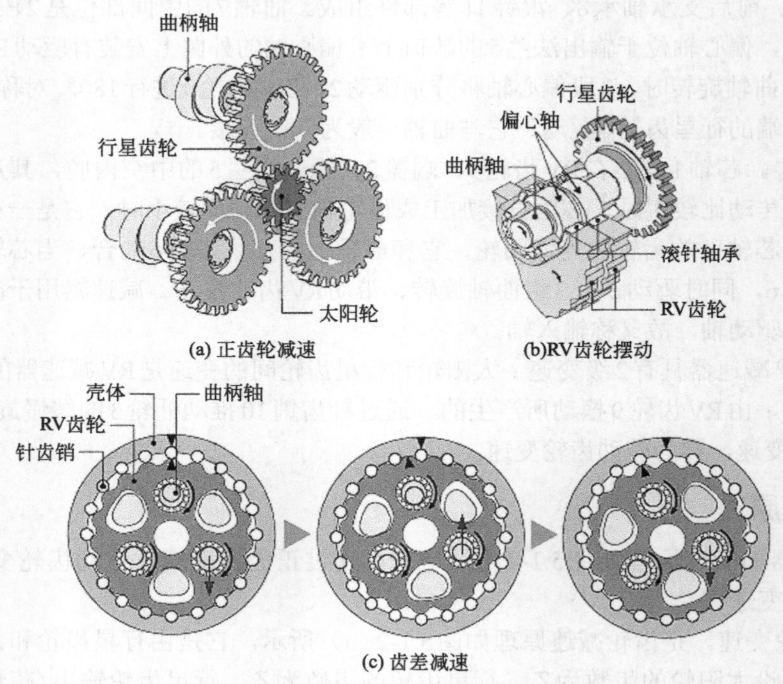

图5.1-2　RV减速器的变速原理

当减速器的针轮固定、芯轴连接输入、RV齿轮连接输出时，情况有所不同。因为，一方面，通过芯轴的（Z_2/Z_1）×360°逆时针回转，可驱动曲轴产生360°的顺时针回转，使得RV齿轮的0°基准齿相对于固定针轮的基准位置，产生1个齿的逆时针偏移，即RV齿轮输出的回转角度为

$$\theta_o=\frac{1}{Z_4}\times360^\circ$$

同时，由于RV齿轮套装在曲轴上，当RV齿轮偏转时，也将使曲轴的中心逆时针偏转θo；因曲轴中心的偏转方向（逆时针）与芯轴转向相同，因此，相对于固定的针轮，芯轴所产生的相对回转角度为

$$\theta_i=(\frac{Z_2}{Z_1}+\frac{1}{Z_4})\times360^\circ$$

所以，RV齿轮输出/芯轴输入的转速比（传动比）将变为：

$$i = \frac{\theta_o}{\theta_i} = \frac{1}{1 + \frac{Z_2}{Z_1} \cdot Z_4}$$

输出（RV齿轮）和输入（芯轴）的转向相同。

以上就是RV减速器的差动齿轮变速的减速原理。

相反，如减速器的针轮被固定，RV齿轮连接输入、芯轴连接输出，则RV齿轮旋转时，将迫使曲轴快速回转，起到增速的作用。同样，当减速器的RV齿轮被固定，针轮连接输入、芯轴连接输出，针轮的回转也可迫使曲轴快速回转，起到增速的作用。这就是RV减速器差动齿轮变速部分的增速原理。

3. 传动比

通过不同形式的安装，RV减速器可有图5.1-3所示的6种不同使用方法，图5.1-3（a）～（c）用于减速；图5.1-3（d）～（f）用于增速。

如果用正、负号代表转向，并定义针轮固定、芯轴输入、RV齿轮输出时的基本减速比为R，即

$$R = 1 + \frac{Z_2}{Z_1} \cdot Z_4$$

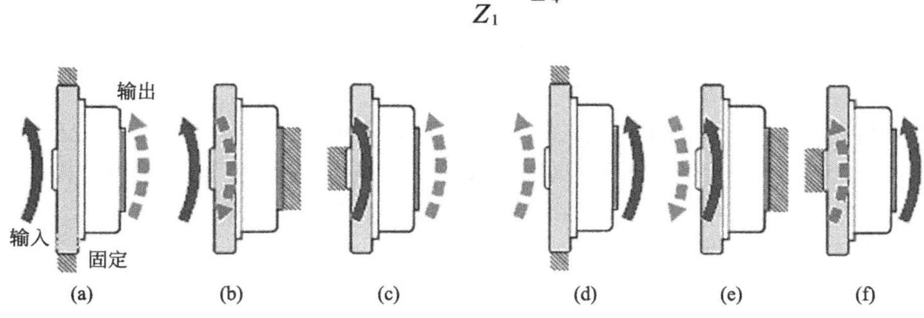

图5.1-3　RV减速器的使用方法

（a）—壳体固定/法兰输出；（b）—法兰固定/壳体输出；
（c）—芯轴固定/法兰输出；（d）—壳体固定/芯轴输出；（e）—法兰固定/芯轴输出；（f）—芯轴固定/壳体输出

则可得到如下结论：

对于图5.1-3（a）所示的安装，其输出/输入转速比（传动比）为：$i_a = \frac{1}{R}$

对于图5.1-3（b）所示的安装，其传动比为：

$$i_b = -\frac{Z_1}{Z_2} \cdot \frac{1}{Z_4} = -\frac{1}{R-1}$$

对于图5.1-3（c）所示的安装，其传动比为：

$$i_c = \frac{R-1}{R}$$

对于图5.1-3（d）所示的安装，其传动比为：

$$i_d = R$$

对于图5.1-3（e）所示的安装，其传动比为：

$$i_e = -(R-1)$$

对于图5.1-3（f）所示的安装，其传动比为：

$$i_f = \frac{R}{R-1}$$

在RV减速器生产厂家的样本上，一般只给出基本减速比R，用户使用时，可根据实际安装情况，按照上面的方法计算对应的传动比。

4. 主要特点

由RV减速器的结构和原理可见，它与其他传动装置相比，主要有以下特点。

① 传动比大。RV减速器设计有正齿轮、差动齿轮2级变速，其传动比不仅比传统的普通齿轮、行星齿轮传动、蜗轮蜗杆、摆线针轮传动装置大，且还可做得比谐波齿轮传动装置更大。

② 结构刚性好。减速器的针轮和RV齿轮间通过直径较大的针齿销传动，曲轴采用的是圆锥滚柱轴承支承；减速器的结构刚性好、使用寿命长。

③ 输出转矩高。RV减速器的正齿轮变速一般有2～3对行星齿轮；差动变速采用的是硬齿面多齿销同时啮合，且其齿差固定为1齿，因此，在体积相同时，其齿形可比谐波减速器做得更大、输出转矩更高。

但是，RV减速器的结构远比谐波减速器复杂，且有正齿轮、差动齿轮2级变速齿轮，其传动间隙较大，定位精度一般不及谐波减速器。此外，由于RV减速器的结构复杂，它不能像谐波减速器那样直接以部件形式由用户在工业机器人的生产现场自行安装，故在某些场合的使用也不及谐波减速器方便。

总之，RV减速器具有传动比大、结构刚性好、输出转矩高等优点，但由于传动精度较低、生产制造成本较高、维护修理较困难，因此，它多用于机器人机身上的腰、上臂、下臂等大惯量、高转矩输出关节减速；或用于大型搬运和装配工业机器人的手腕减速。

5.1.2 纳博特斯克产品概况

1. 公司简况

日本的Nabtesco Corporation（纳博特斯克公司）既是RV减速器的发明者，又是目前全球最大、技术最领先的RV减速器生产企业，其产品占据了全球60%以上的工业机器人RV减速器市场，以及日本80%以上的数控机床自动换刀（ATC）装置的RV减速器市场。Nabtesco Corporation的产品代表了当前RV减速器的最高水平，世界著名的工业机器人几乎都使用生产的RV减速器。

Nabtesco Corporation是由日本的帝人制机（Teijin Seiki）和NABCO公司于2003年合并成立的大型企业集团，除RV减速器外，纺织机械、液压件、自动门及航空、船舶、风电设备等也是该公司的主要产品。

帝人制机（Teijin Seiki）成立于1945年，公司的前身是日本帝国人造绢丝株式会社的航空工业部，故称“帝人”。二战结束后（1945年）更名为帝人制机株式会社，开始从事化纤、纺织机械的生产；1955年后，开始拓展航空产品、包装机械、液压等业务；70年代起开始研发和生产挖掘机的核心部件——低速、高转矩液压马达和减速器。80年代初，该公司应机器人制造商的要求，对摆线针轮减速器进行了结构改进，并取得了RV减速器专利；1986年开始批量生产和销售。从此，RV减速器开始成为工业机器人回转减速的核心部件，在工业机器人上得到了极为广泛的应用。

帝人制机也是日本著名的纺织机械、液压、包装机械生产企业，公司旗下主要有日本的东洋自动机株式会社、大亚真空株式会社、美国的Teijin Seiki America Inc.（Nabtesco Aerospace Inc.）、Teijin Seiki Boston Inc.（Harmonic Drive Technologies Nabtesco Inc.）、Teijin Seiki USA Inc.（Nabtesco USA Inc.）、Teijin Seiki Advanced Technologies Inc.（Nabtesco Motion Control Inc.）、德国的Teijin Seiki Europe GmbH（Nabtesco Precision Europe GmbH），以及上海帝人制机有限公司（现名纳博特斯克液压有限公司）、上海帝人制机纺机有限公司（现名上海铁美机械有限公司）等多家子公司，目前这些公司均已并入Nabtesco Corporation（纳博特斯克公司）。

NABCO公司成立于1925年，是日本具有悠久历史的著名制动器、自动门和空压、液压、润滑产品生产企业。NABCO早期产品以铁路机车、汽车用的空气、液压制动器闻名，公司曾先后使用过日本空气制动器株式会社（1925年）、日本制動機株式会社（1943年）等名称；1949年起，开始生产液压、润滑、自动门、船舶控制装置等产品。NABCO的液压和气动阀、油泵、液压马达、空压机、油压机、空气干燥器是机电设备制造行业的著名产品；NABCO的自动门是地铁、高铁、建筑行业的名牌。江苏纳博特斯克液压有限公司、江苏纳博特斯克今创轨道设备有限公司、上海纳博特斯克船舶有限公司，都是原NABCO在液压机械、铁路车辆机械、船舶机械方面的合资公司。

在RV减速器产品方面，RV系列基本型减速器是帝人制机（Teijin Seiki）1986年研发的传统产品；80年代末、90年代初，公司又相继推出了改进型的RV A、RV AE系列产品；90年代中后期，推出了中空轴的RV C、标准型的RV E等系列产品。帝人制机和NABCO公司合并后，Nabtesco Corporation先后推出了目前主要生产和销售的RV N紧凑型、GH高速型、RD2齿轮箱型、RS扁平型、回转执行器（Rotary Actuator，又称伺服执行器Servo Actuator）等一系列的新产品。

2. 产品系列

根据RV减速器的基本结构形式，Nabtesco Corporation目前常用的产品同样有图5.1-4所示的部件型（Component type）、单元型（Unit type）、齿轮箱型（Gear head type）3大类；此外，它也有RV减速器/驱动电机集成一体化的伺服执行器（Servo Actuator）产品。伺服执行器实际就是回转执行器（Rotary Actuator），这是一种RV减速器和驱动电机集成型减速单元，其设计思想与Harmonic Drive System谐波减速回转执行器相同，两者的区别仅在于减速器的结构，有关内容可参见前述。

① 部件型。部件型（Component type）减速器采用的是RV减速器基本结构，故又称基本型（Original）；这种减速器无外壳和输出轴承，减速器的针轮、输入轴、输出法兰的安装固定和连接需要机器人生产厂家实现；针轮和输出法兰间的支承需要用户自行设计。但是，除芯轴、太阳轮等输入部件外的其他部件，原则上不能在用户进行分离和组装。Nabtesco

Corporation部件型RV减速器目前只有RV系列产品。

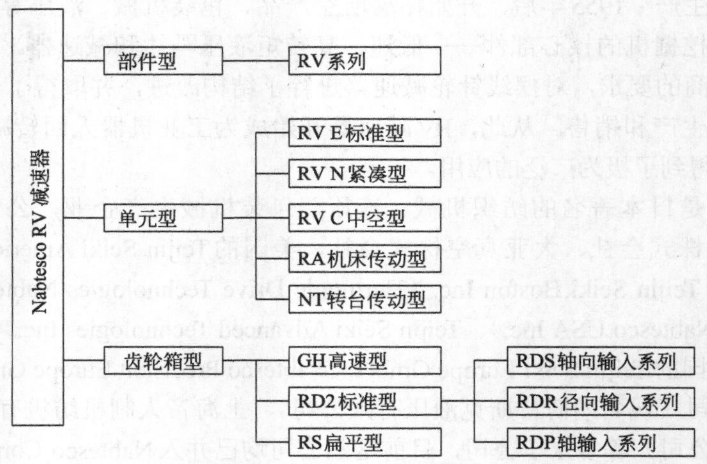

图5.1–4　RV减速器的分类

② 单元型。单元型（Unit type）减速器简称RV减速单元，它设计有安装固定的壳体和输出连接法兰；输出法兰和壳体间安装有可同时承受径向及双向轴向载荷的支承轴承，可直接连接与驱动负载。

RV减速单元目前主要有如图5.1-5所示的RV E标准型、RV N紧凑型、RV C中空型3大类。

图5.1–5　RV减速单元的类型

RV E型减速单元采用的是RV减速器标准结构，减速单元带有外壳、输出轴承和安装固定法兰、输入轴、输出法兰；输出法兰可直接连接和驱动负载。

RV N紧凑型减速单元是在RV E标准型减速单元的基础上派生的轻量级、紧凑型产品，同规格的RV N减速单元的体积和重量，分别比RV E标准型减少了8%～20%和16%～36%；它是Nabtesco Corporation当前推荐的新产品。

RV C中空型减速单元采用了大直径、中空结构，减速器的输入轴和太阳轮需要选配或由用户自行设计、制造和安装。中空型减速单元的中空部分可用来布置管线，故多用于工业机器人手腕、SCARA机器人等中间关节的驱动。

RA和NT型减速器是专门用于数控车床刀架、加工中心自动换刀装置（Automatic Tool Changer，简称ATC）以及工作台自动交换装置（Automatic Pallet Changer，简称APC）的RV减速单元，其基本结构与RV E标准型类似，但其结构刚性更好、承载能力更强。

③ 齿轮箱型。齿轮箱型（Gear head type）RV减速又称RV减速箱，它设计有驱动电机的安装法兰和电机轴连接部件，可像齿轮减速箱一样，直接安装和连接和驱动电机，实现减

速器和驱动电机的结构整体化。Nabtesco Corporation的RV减速箱目前有RD2标准型、GH高速型、RS扁平型3类常用产品。

RD2标准型RV减速箱（简称标准减速箱）是Nabtesco Corporation公司早期RD系列减速箱的改进型产品，它对壳体、电机安装法兰、输入轴连接部件进行了整体设计，使之成为了一个可直接安装驱动电机的完整减速器单元。根据RV减速箱的结构与驱动电机的安装形式，RD2系列标准减速箱如图5.1-6所示，包括轴向输入（RDS系列）、径向输入（RDR系列）和轴输入（RDP系列）3类产品；每类产品又分实心芯轴（图5.1-6上部）和中空芯轴（图5.1-6下部）2大系列，它们分别采用了RV E标准型减速器和RV C中空轴型减速器的基本结构。

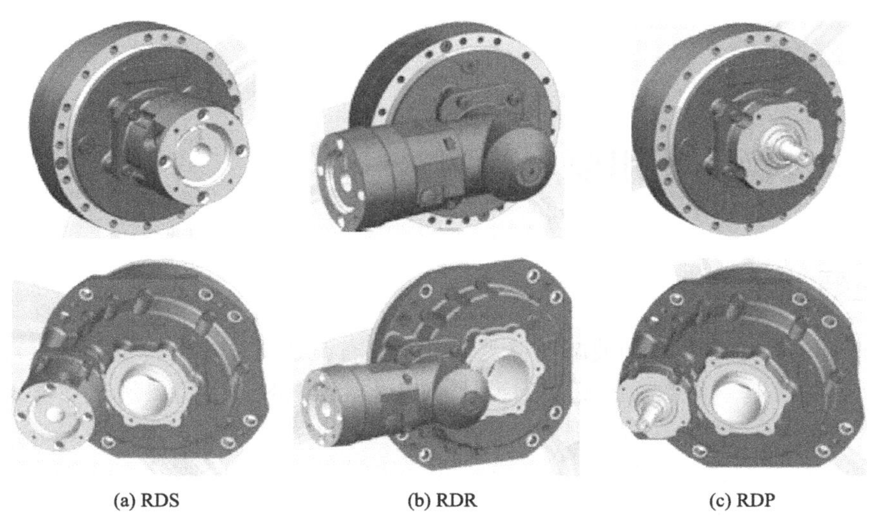

(a) RDS　　(b) RDR　　(c) RDP

图5.1-6　RD2系列标准减速箱

GH高速减速箱（简称高速减速箱）如图5.1-7所示。这种减速箱的减速比较小、输出转速较高，RV减速器的第1级正齿轮基本不起减速作用，因此，其太阳轮直径较大，故多采用芯轴和太阳轮分离型结构，两者通过花键进行连接。GH系列高速减速箱的输入连接形式为标准轴孔；RV齿轮输出有法兰连接和输出轴连接2类，用户可根据需要选择。GH减速器的减速比一般只有10～30，其额定输出转速为标准型的3.3倍、过载能力为标准型的1.4倍，故常用于转速相对较高的工业机器人上臂、手腕等关节驱动。

图5.1-7　GH高速减速箱

RS扁平减速箱（简称扁平减速箱）如图5.1-8所示，它是Nabtesco Corporation近年开发的新产品，为了减小厚度，减速箱的驱动电机统一采用径向安装，芯轴为中空。RS系列扁平减速箱的额定输出转矩高（可达8820N·m）、额定转速低（一般为10r/min）、承载能力强（载重可达9000kg）；故可用于大规格搬运、装卸、码垛工业机器人的机身、中型机器人的腰关节，以及回转工作台等的重载驱动。

图5.1-8　RS扁平减速箱

5.2　技术参数与使用要点

5.2.1　主要技术参数

RV减速器的技术参数与谐波减速器类似，主要有减速比、输出转矩、输入功率、输出转速、传动间隙等基本参数；在机器人设计、减速器选型时，还需要进一步考虑起制动转矩、瞬间最大转矩、使用寿命、强度、刚度、效率等详细参数。Nabtesco Corporation常用RV减速器基本性能如表5.2-1所示。

表5.2-1　Nabtesco Corporation常用RV减速器基本性能表

产品系列		减速比（R）	允许输入转速（r/min）	输出转矩/N·m		输出转速（r/min）		传动间隙/弧分
				额定	加减速	额定	允许	
单元型	RV	57～192.4	3500～2000	137～5390	274～13475	15	60～20	1′
	RV E	31～192.4	3500～2000	58～4410	117～11025	30，*15	100～25	1.5′，*1′
	RV N	41～203.52	3500～2000	245～7000	612～17500	15	110～19	1′
	RV C	27～37.34	3500～2000	98～4900	245～12250	15	80～20	1′
减速箱型	RDS E	31～185	3500～2000	58～3136	117～7840	30，*15	100～11	1.5′，*1′
	RDR E	31～185	3500～2000	58～3136	117～7840	30，*15	100～11	2′，*1.5′
	RDP E	57～81	3500～2000	167～3136	412～7840	15	43～25	1′
	RDS C	81～258	3500～2000	98～3136	245～7840	15	43～8	1′
	RDR C	81～258	3500～2000	98～3136	245～7840	15	43～8	1.5′
	RDP C	100～157	3500～2000	98～3136	245～7840	15	32～13	1′
	GH	11～31	4650～2000	69～980	206～2942	50	150～65	6～10′
	RS	120～240	3500～2000	2548～8820	6370～17640	15	21.5～10	1′

注：*仅RV-6E、RDS/RDR-006E型。

需要注意的是：虽然，RV减速器与谐波减速器的技术参数名称相同、含义类似，但参数的定义和计算方法却有所区别，分别说明如下。

1. 输出转矩

RV减速器的输出转矩主要有额定输出转矩、加减速转矩、瞬间最大转矩3个技术参数，其含义如图5.2-1所示。

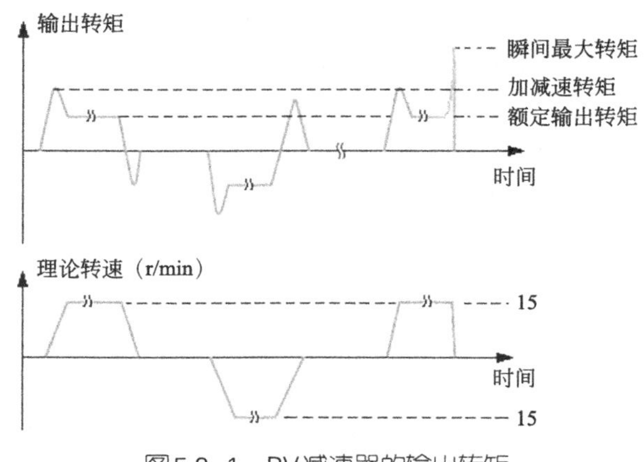

图5.2–1 RV减速器的输出转矩

1）额定输出转矩

额定输出转矩（Rated Torque）是指RV减速器在额定输出转速时，减速器输出转矩的理论计算值；RV减速器的实际输出转矩与工作转速、工作制（负载率）等因素密切相关，转速和负载率越低、输出转矩就越大。

特别需要注意的是：Nabtesco Corporation RV减速器的额定输出转速仅是为了计算额定输出转矩、使用寿命的理论值，绝大多数产品通常规定为15r/min，个别小规格产品（如RV-6E、RDS/RDR-006E）为30 r/min，GH系列为50 r/min；但是，部分减速器实际上的允许输出转速低于额定转速值，如RDS-200C-245、RDS-320C-253等减速器的允许输出转速仅为8r/min等；因此，RV减速器的额定输出转速，并不是减速器的长时间、连续工作转速值。

2）加减速转矩

加减速转矩（Peak Torque for start and stop）是指RV在正常加减速时，减速器短时间允许的最大负载转矩。

3）瞬间最大转矩

瞬间最大转矩（Maximum Momentary Torque）是指负载出现异常时，为保证减速器不损坏，瞬间允许的负载转矩极限值。Nabtesco Corporation RV减速器的瞬间最大转矩通常是加减速转矩的2倍，可以直接根据加减速转矩计算得到。

2. 输入功率

部分RV减速器样本上，有时还提供输入功率或输入容量参数；Nabtesco Corporation RV减速器的输入功率（或输入容量），一般是直接利用下式所计算得到的理论值：

$$P_{\mathrm{i}} = \frac{NT}{9550\eta}$$

式中 P_i——输入功率，kW；

N——输出转速；

T——输出转矩，N·m；

η——减速器效率，计算输入功率理论值时取$\eta = 0.7$。

3. 使用寿命

RV减速器的使用寿命通常以额定寿命（Rated Life）参数表示，它是指RV减速器在正常使用时，出现10%产品损坏的理论使用时间。Nabtesco Corporation RV减速器的额定寿命均一般为6000h。

RV减速器的实际使用寿命还与实际工作时的负载转矩、输出转速有关，其计算式及参数含义如下，它与谐波减速器的计算式有所不同。

$$L_h = L_n \cdot \left(\frac{T_0}{T_m}\right)^{\frac{10}{3}} \cdot \frac{N_0}{N_m}$$

式中 L_h——实际使用寿命，h；

L_n——额定寿命，h，Nabtesco Corporation RV减速器取$L_n = 6000h$；

T_0——额定输出转矩，N·m；

T_m——实际负载转矩（平均值），N·m；

N_0——额定输出转速，r/min；

N_m——实际输出转速（平均值），r/min。

上式中的实际负载转矩T_m、实际输出转速N_m，应根据实际运行时的输出转矩、输出转速特性进行计算，见图5.2-2。计算式如下：

$$T_m = \sqrt[\frac{10}{3}]{\frac{n_1 \cdot t_1 \cdot |T_1|^{\frac{10}{3}} + n_2 \cdot t_2 \cdot |T_2|^{\frac{10}{3}} + \cdots + n_n \cdot t_n \cdot |T_n|^{\frac{10}{3}}}{n_1 \cdot t_1 + n_2 \cdot t_2 + \cdots + n_n \cdot t_n}}$$

$$N_m = \frac{n_1 \cdot t_1 + n_2 \cdot t_2 + \cdots + n_n \cdot t_n}{t_1 + t_2 + \cdots + t_n}$$

4. 强度

强度（Intensity）是指RV减速器柔轮的耐冲击能力。RV减速器运行时如果存在超过加减速转矩的负载冲击（如急停等），将使部件的疲劳加剧、使用寿命缩短；此外，冲击负载也不能超过减速器的瞬间最大转矩，否则将直接导致减速器损坏。

RV减速器的疲劳与冲击次数、冲击负载持续时间有关。为保证理论使用寿命，Nabtesco Corporation RV减速器的最大允许冲击次数可通过下式计算：

$$C_{em} = \frac{46500}{Z_4 \cdot N_{em} \cdot t_{em}} \left(\frac{T_{s2}}{T_{em}}\right)^{\frac{10}{3}}$$

式中 C_{em}——最大允许冲击次数；

T_{s2}——RV减速器允许的瞬间最大转矩值，N·m；

T_{em}——冲击转矩值，N·m；

Z_4——减速器的针齿销数量；

N_{em}——冲击时的输出转速，r/min；

T_{em}——冲击时间，s。

5. 刚度、反向间隙与空程

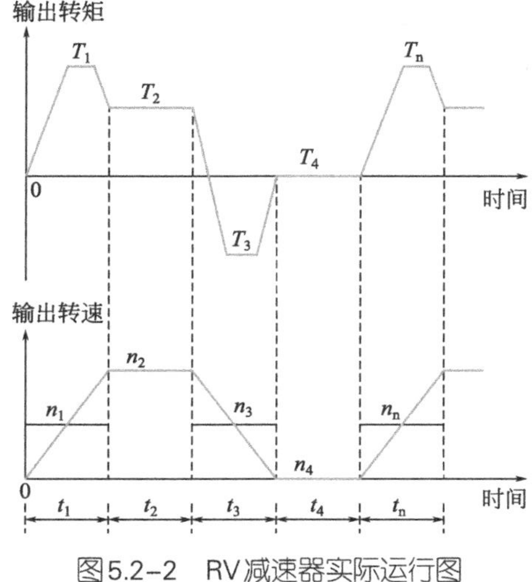

图5.2–2　RV减速器实际运行图

刚度（Rigidity）是反映RV减速器弹性变形误差的参数，它通常以反向间隙（Backlash）、空程（Lost motion）、弹性系数（Spring Constants）等参数表示。

RV减速器在摩擦转矩和负载转矩的作用下，针轮、针齿销、齿轮等都将产生弹性变形，导致实际输出转角与理论转角间存在误差θ。弹性变形误差θ将随着负载转矩的增加而增大，它与负载转矩的关系为图5.2-3（a）所示的传动误差曲线；为了便于工程计算，实际使用时，通常以图5.2-3（b）所示的弹性系数进行等效。

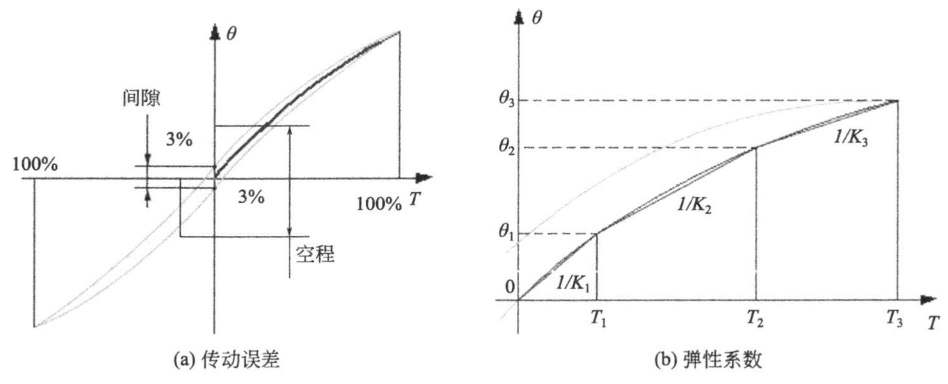

图5.2–3　谐波减速器的传动误差和弹性系数

仅由RV减速器本身摩擦转矩所产生的弹性变形误差θ，称为RV减速器的反向间隙（Backlash）；当负载转矩为额定输出转矩T_0的3%时，减速器所产生的弹性变形误差θ，称为RV减速器的空程（Lost motion）。Nabtesco Corporation RV减速器的反向间隙、空程一般均为1′（1弧分，即2.9×10^{-4}rad）左右，其值与谐波减速器基本相同。

等效直线段的$\Delta T/\Delta\theta$值（直线斜率的倒数）K_1、K_2、K_3，称为RV减速器的弹性系数（Spring Constants）。弹性系数K_1、K_2、K_3是反映RV减速器刚度的参数，其值确定时，对应段的弹性变形误差$\Delta\theta$便可通过下式计算：

$$\Delta\theta=\frac{\Delta T}{K_i}$$

因此，K_1、K_2、K_3值越大，同样负载转矩下RV减速器所产生的弹性变形误差θ就越小，减速器的刚度就越高。

RV减速器的弹性系数同样与减速器规格、传动比等因素有关。一般而言，随着减速器规格的增大，弹性系数将显著增加；Nabtesco Corporation RV减速器的弹性系数通常为

(6.88 ～ 413)×10^4N·m/rad，不同产品的区别很大。由此可见，与谐波减速器比较，RV减速器的刚性、特别是小规格减速器的刚性要明显高于谐波减速器。

6. 传动精度

RV减速器的传动精度（Angle Transmission Accuracy）以RV减速器用于针轮固定标准减速时，在任意360°输出范围上，其实际输出转角和理论输出转角间的最大误差值θ_{er}衡量，其计算式如下：

$$\theta_{er} = \theta_2 - \frac{\theta_1}{R}$$

式中 θ_{er}——传动精度，见图5.2-4；

θ_2——实际输出转角；

R——RV减速器减速比。

RV减速器的θ_{er}值越小，传动精度就越高。RV减速器的传动精度受减速器规格、传动比的影响较小；Nabtesco Corporation RV减速器的传动精度一般为50 ～ 70″ [50 ～ 70弧秒，即(2.4 ～ 3.4)×10^{-4}rad]。

7. 效率

RV减速器的传动效率与输出转速、负载转矩、工作温度、润滑条件等诸多因素有关；通常而言，在同样的工作温度和润滑条件下，输出转速越低、输出转矩越大，减速器的效率就越高。

RV减速器的效率曲线见图5.2-5，它表示在工作温度为30°、使用规定润滑方式时，RV减速器在不同输出转矩和典型输出转速下的实际效率值。

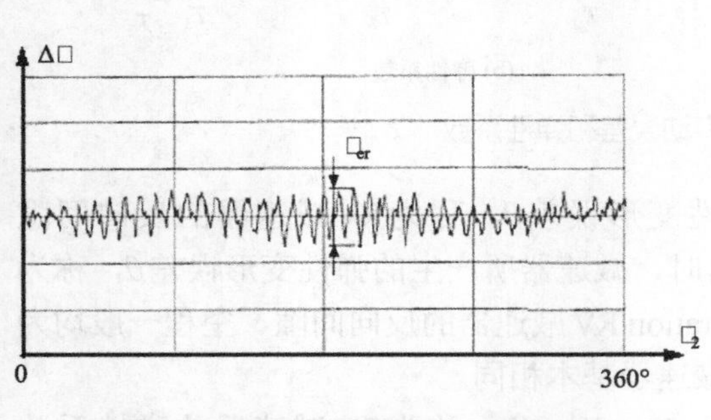

图5.2-4　RV减速器的传动精度

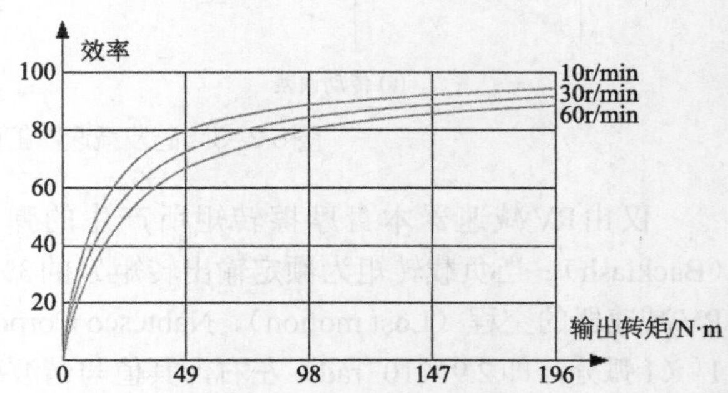

图5.2-5　RV减速器的效率曲线

5.2.2　安装使用要点

1. 减速器安装

RV减速器的安装方式与工业机器人传动系统的设计有关，工业机器人的RV减速器均用于减速，因此，减速器的太阳轮输入芯轴总是与驱动电机轴或齿轮、同步皮带轮输入轴连接；壳体（针轮）和输出法兰既可采用壳体（针轮）固定、输出轴旋转的安装方式，也可以采用壳体（针轮）旋转、输出轴固定的安装方式。

RV减速器的一般安装方法见图5.2-6。减速器13的针轮（壳体）、驱动电机安装座12可通过连接螺钉7固定在减速器安装座13上；减速器的输出法兰通过连接螺钉1连接输出轴；驱动电机通过连接螺钉8固定在电机安装座12上；减速器的芯轴10直接与驱动电机9的输出轴连接。基本型减速器针轮和输出法兰间无输出轴承，因此，减速器的输出轴15和减速器安装座14间，需要安装输出轴承3（通常为CRB轴承）；单元型减速器的壳体（针轮）和输出法兰间已经安装有输出轴承，故其输出轴15可以直接连接减速器输出法兰。

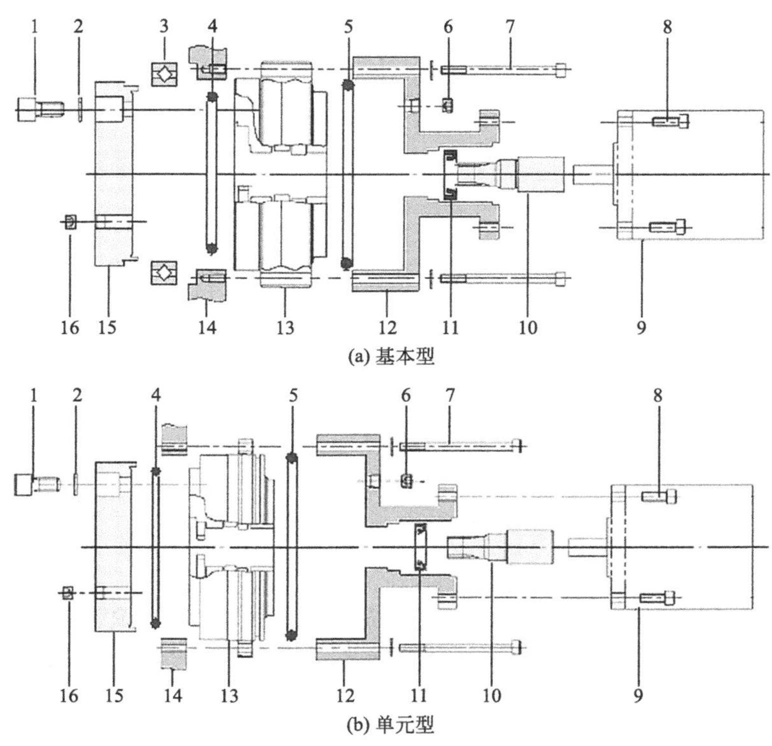

图5.2-6　RV减速器安装图

1、7、8—螺钉；2—垫圈；3—CRB轴承；4、5、11—密封圈；6、16—润滑堵；9—电机；10—输入轴；12—电机安装座；13—减速器；14—减速器安装座；15—输出轴

当RV减速器采用壳体（针轮）固定、输出轴旋转的安装方式时，减速器的针轮（壳体）、驱动电机安装座12、减速器安装座13安装在回转关节的固定部件上，输出轴15可驱动负载旋转；当减速器采用壳体（针轮）旋转、输出轴固定的安装方式时，减速器的针轮（壳体）、驱动电机安装座12、减速器安装座13安装在回转关节的负载侧，输出轴15安装在回转关节的固定部件上。

为了方便使用、保持环境清洁，工业机器人的传动系统及部件通常都采用润滑脂润滑，因此，RV减速器的电机安装座12和输出轴15上需要加工润滑脂充填孔；正常使用通过堵6、16，密封润滑脂充填孔。为保证减速器内部的密封，防止异物进入和润滑脂的溢出，输出轴15和减速器输出法兰间、针轮（壳体）和电机安装座12间、输入轴10和电机安装座12间，均需要通过密封圈4、5、11，进行可靠密封。RV减速器其他各部件的连接要求如下。

2. 芯轴连接

在绝大多数情况下，RV减速器的芯轴都和电机轴连接，两者的连接形式与驱动电机的输出轴结构有关，常用的连接形式有以下2种。

① 平轴连接。一般而言，中大规格的伺服电机输出轴为平轴，并且有带键或不带键、带中心孔或无中心孔等形式；由于工业机器人对位置精度的要求较低，但其负载惯量和输出转矩很大，因此，电机轴通常直接选用平轴带键的结构。

如图5.2-7所示，为了避免输入轴的窜动和脱落、确保连接可靠，输入轴安装时，应通过键紧固螺钉，或利用中心孔螺钉固定；芯轴安装和维护时，应检查、并保证公差在$a \leqslant 0.050$mm、$b \leqslant 0.040$mm的范围。

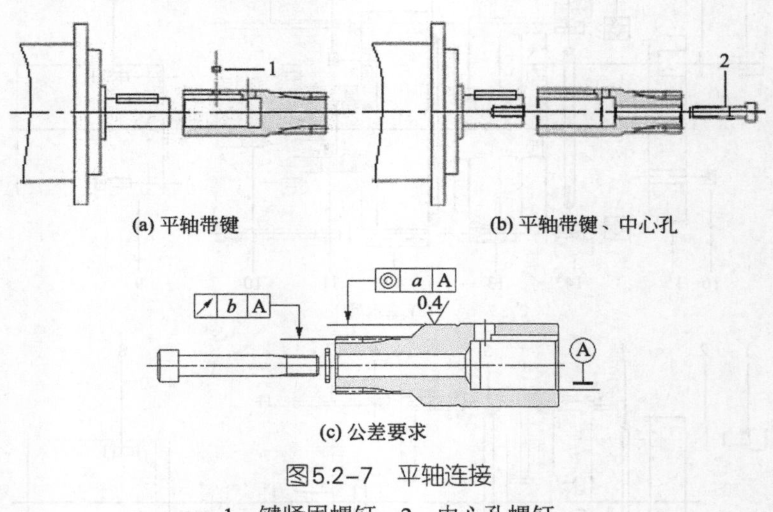

图5.2-7　平轴连接

1—键紧固螺钉；2—中心孔螺钉

② 锥轴连接。小规格的伺服电机输出轴通常为带键锥轴。由于RV减速器的芯轴通常较长，它一般不能利用电机输出轴前端的螺母直接紧固，因此，需要通过过渡连接件，来加长电机轴。过渡连接件的设计可采用如下2种方法。

图5.2-8所示为利用过渡螺钉加长电机轴的方法。过渡螺钉3一端的螺孔用来连接电机轴；另一端为加长螺栓可通过螺母6、弹簧垫圈5，连接和固定RV减速器芯轴。采用这样连

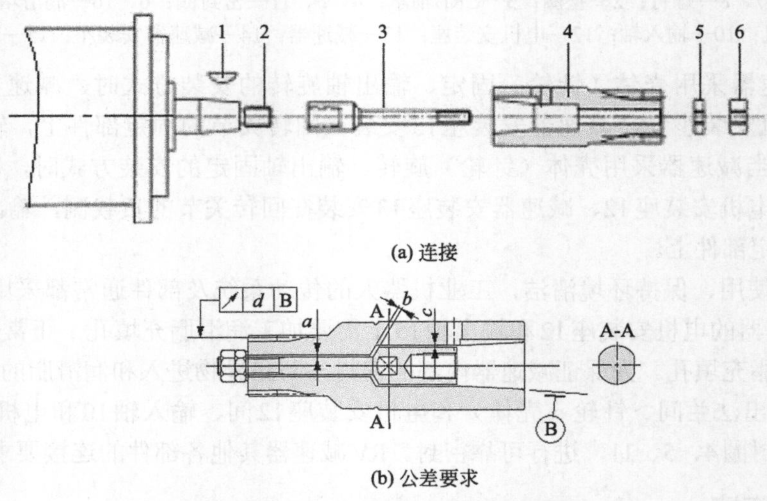

图5.2-8　利用过渡螺钉加长电机轴

1—键；2—电机轴；3—过渡螺钉；4—芯轴；5—弹簧垫圈；6—螺母

接方式时，图中的安装间隙应为a≥0.25mm、b≥1mm、c≥0.25mm；芯轴安装后的公差应为d≤0.040mm。

电机轴也可通过图5.2-9所示的过渡套加长。过渡套3的一端螺孔用来连接电机轴4；另一端螺孔用来连接固定RV减速器芯轴的螺栓1。采用这样连接方式时，安装间隙应为a≥0.25mm、b≥1mm、c≥0.25mm；芯轴安装后的公差应为d≤0.040mm。

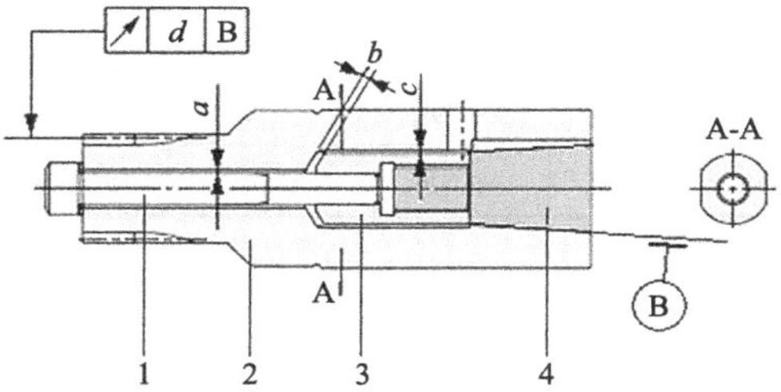

图5.2-9 过渡套连接与安装公差要求

1—螺钉；2—芯轴；3—过渡套；4—电机轴

3. 安装要点

RV减速器安装时，一般需要注意以下基本问题。

① 芯轴安装。RV减速器的芯轴一般需要连同电机装入减速器，安装时必须保证太阳轮和行星轮间的啮合良好。特别对于只有2对行星齿轮的小规格RV减速器，由于太阳轮无法利用行星齿轮进行定位，如果芯轴装入时出现偏移或歪斜，就可能导致出现图5.2-10所示的啮合错误，从而损坏减速器。

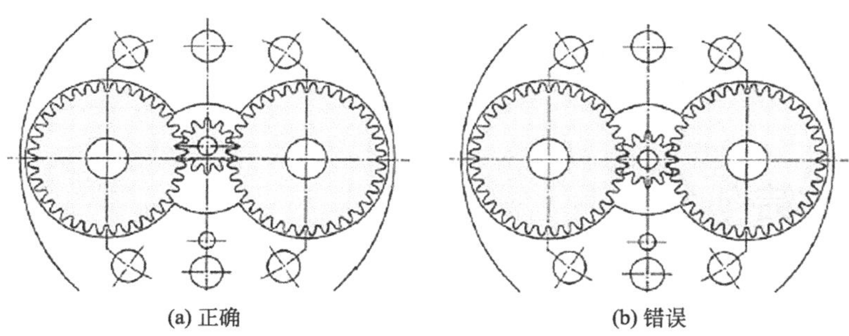

图5.2-10 行星齿轮的啮合要求

② 螺钉固定。为了保证连接螺钉可靠固定，安装RV减速器时，应使用拧紧扭矩可调的扭力扳手拧紧连接螺钉。不同规格的减速器安装螺钉，其拧紧扭矩要求如表5.2-2所示，表中的扭矩适用于RV减速器的所有安装螺钉。

表5.2-2 RV减速器安装螺钉的拧紧扭矩表

螺钉规格	M5×0.8	M6×1	M8×1.25	M10×1.5	M12×1.75	M14×2	M16×2	M18×2.5	M20×2.5
扭矩/N·m	9	15.6	37.2	73.5	128	205	319	441	493
锁紧力/N	9310	13180	23960	38080	55100	75860	103410	126720	132155

③ 垫圈选配。为了保证连接螺钉的可靠，除非特殊规定，RV减速器的固定螺钉一般都应选择图5.2-11所示的蝶形弹簧垫圈，垫圈的公称尺寸应符合表5.2-3的要求。

表5.2-3 蝶形弹簧垫圈的公称尺寸 mm

螺钉规格	M5	M6	M8	M10	M12	M14	M16	M20
d	5.25	6.4	8.4	10.6	12.6	14.6	16.9	20.9

续表

螺钉规格	M5	M6	M8	M10	M12	M14	M16	M20
D	8.5	10	13	16	18	21	24	30
t	0.6	1.0	1.2	1.5	1.8	2.0	2.3	2.8
H	0.85	1.25	1.55	1.9	2.2	2.5	2.8	3.55

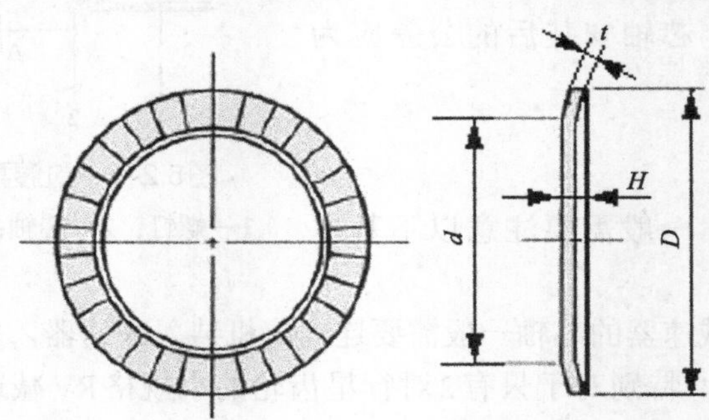

图5.2–11　蝶形弹簧垫圈

5.3　基本型减速器及维护

5.3.1　组成与结构

1. 基本结构

RV系列减速器是早期工业机器人的常用产品，减速器的内部基本结构如图5.3-1所示，其针轮3和输出法兰6间无输出轴承，因此，减速器的输出法兰和针轮间需要安装输出轴承（如CRB轴承）。减速器的其他组成部件及其说明可参见5.1节。

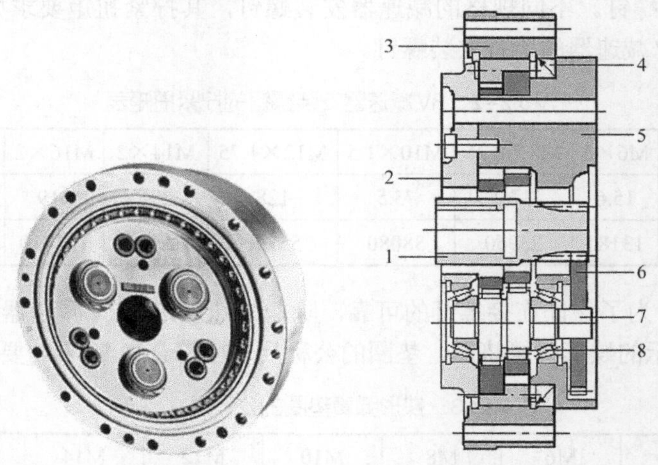

图5.3–1　RV系列减速器内部基本结构

1—芯轴；2—端盖；3—针轮；4—针齿销；5—RV齿轮；6—输出法兰；7—行星齿轮；8—曲轴

基本型减速器的产品规格较多，在不同型号的减速器上，其行星齿轮和输入轴（芯轴）结构不同。

2. 行星齿轮

RV减速器行星齿轮的数量越多，轮齿单位面积的承载就越小，误差均化性能也越好，但是，它受减速器结构尺寸的限制，通常只能布置图5.3-2所示的2～3对。

RV系列减速器的行星齿轮数量与减速器规格（额定输出转矩）有关。Nabtesco Corporation RV-30（额定输出转矩333N·m）及以下规格采用的是图5.3-2（a）所示的2对行星齿轮；RV-60（额定输出转矩637N·m）及以上规格采用的是图5.3-2（b）所示的3对行星齿轮。

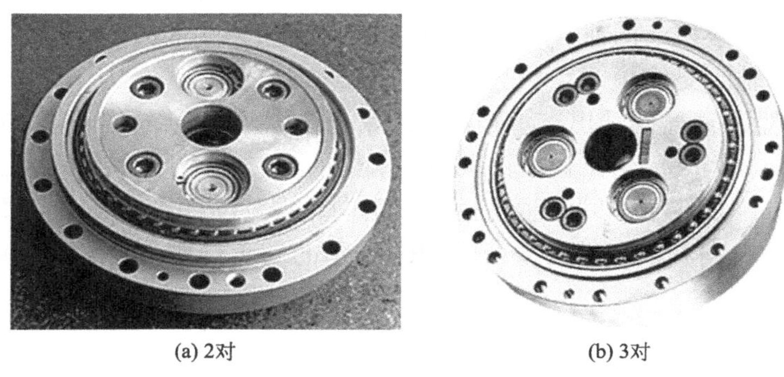

(a) 2对　　(b) 3对

图5.3-2　行星齿轮的结构布置

3. 输入轴

RV减速器的输入轴（芯轴）结构与传动比有关。为了简化设计，RV减速器的传动比一般直接通过改变第1级正齿轮减速比改变，当减速比较小时（70以下），就需要增加太阳轮的齿数、减少行星齿轮的齿数；使太阳轮的直径变大，以至于芯轴无法从输入侧安装。输入轴有图5.3-3所示的2种结构。

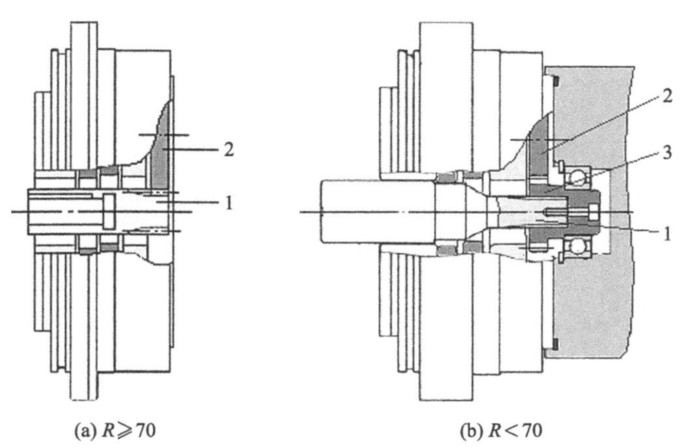

(a) $R \geqslant 70$　　(b) $R < 70$

图5.3-3　输入轴结构

1—输入轴；2—行星齿轮；3—太阳轮

在Nabtesco Corporation减速比$R \geqslant 70$的RV减速器上，太阳轮一般如图5.3-3（a）所示，直接加工在输入芯轴上；但减速比$R < 70$时，则采用输入芯轴和太阳轮分离型结构，利用

如图5.3-3（b）所示的方式安装。

采用输入芯轴和太阳轮分离的RV减速器，一般需要通过花键连接输入芯轴和太阳轮，此时，需要在减速器的输出侧安装太阳轮的支承轴承。

5.3.2 安装与维护

1. 输入/输出连接

RV系列基本型减速器无输出轴承和壳体，而减速器运行时，输出法兰与针轮间将产生轴向力，因此，输入芯轴、输出法兰都需要使用能承受双向轴向载荷和径向的轴承支承。但如果输入芯轴直接安装在电机轴上，其支承可直接由电机内部的转子支承轴承承担，传动系统无需考虑输入芯轴的支承。

RV系列基本型减速器的输出支承轴承，通常可根据传动系统的结构，选择图5.3-4所示的2种。图5.3-4（a）为采用角接触球轴承的支承结构，它通过1对背对背（或面对面）安装的角接触球轴承，组合成了能同时承受径向和双向轴向载荷的支承结构；图5.3-4（b）为直接采用能同时承受径向和双向轴向载荷的CRB轴承的支承结构，其结构简单、并可缩短支承部件的轴向尺寸。

2. 安装公差要求

RV系列基本型减速器的输入轴、针轮、输出轴均需要用户安装和连接，减速器的电机座及针轮安装座、输出轴的公差要求如图5.3-5及表5.3-1所示。减速器安装时，应检查和保证输出轴、减速器输出法兰、电机安装法兰之间的同轴度，以及输出法兰端面、针轮安装端面的垂直度和平行度要求，以防止输入轴、减速器和输出轴的不同轴或歪斜。

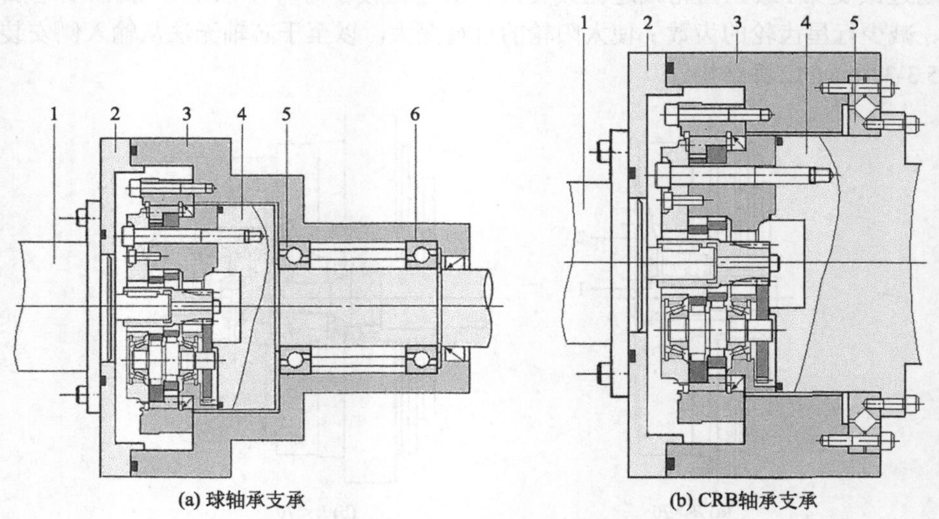

图5.3-4 输出轴的支承方式

1—驱动电机；2—电机安装板；3—针轮安装座；4—输出轴；5、6—输出轴承

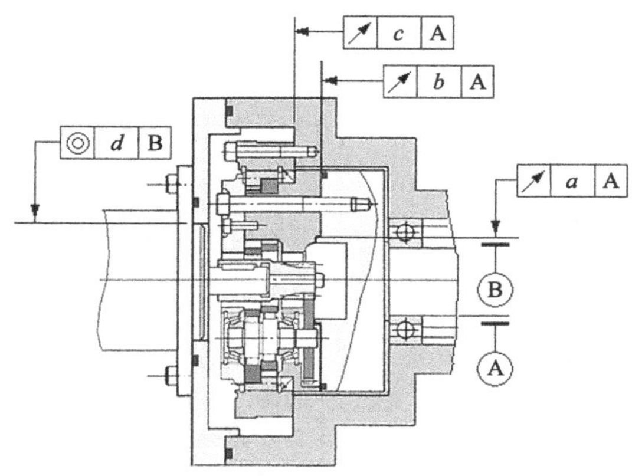

图5.3-5　RV系列减速器的安装公差

表5.3-1　RV系列减速器的安装公差要求　　mm

规格	15	30	60	160	320	450	550
a	0.020	0.020	0.050	0.050	0.050	0.050	0.050
b	0.020	0.020	0.030	0.030	0.030	0.030	0.030
c	0.020	0.020	0.030	0.030	0.050	0.050	0.050
d	0.050	0.050	0.050	0.050	0.050	0.050	0.050

3. 减速器安装步骤

工业机器人安装或维修时，如果进行RV减速器的维护或更换，需要进行重新安装。作为一般方法，RV减速器安装时，通常需要先连接输出侧的负载；在完成负载连接后，再依次进行减速器芯轴、驱动电机安装座、驱动电机等部件的安装。

减速器安装前必须进行零部件的清洁工作，去除RV减速器、负载轴、驱动电机、输入轴等部件所有安装、定位面的杂物、灰尘、油污和毛刺；然后，使用规定的安装螺钉及垫圈，按照表5.3-2所示的步骤，依次完成RV减速器的安装。

用于RV减速器安装的螺钉拧紧扭矩、使用的垫圈要求，可参见前述5.2节表5.2-2、表5.2-3。

表5.3-2　RV减速器的安装步骤

序号	安装示意	安装说明
1	密封圈 定位面	1. 安装负载轴和输出法兰间的密封圈 2. 用输出法兰的内孔（或外圆）定位，将减速器安装到负载轴上 3. 利用带蝶形弹簧垫圈的安装螺钉，对RV减速器输出法兰和负载轴进行初步的固定

续表

序号	安装示意	安装说明
2	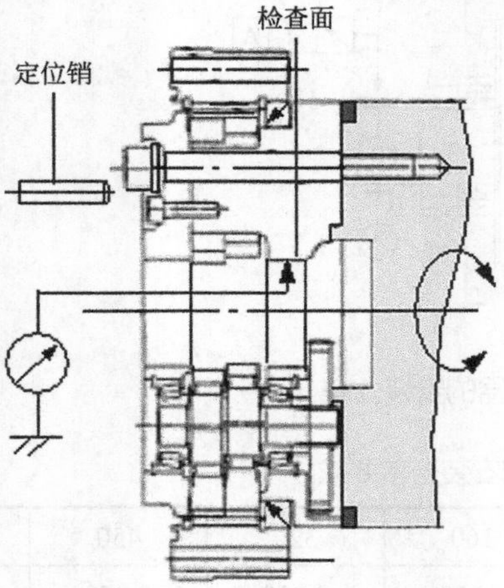 检查面 定位销	1. 安装千分表，使之能够检测RV减速器输出侧的基准内孔跳动 2. 手动旋转输出轴360°以上，检查并确认RV减速器的内孔跳动不大于0.02mm 3. 如跳动大于0.02mm，需要检查并重新安装RV减速器；以保证RV减速器的内孔跳动不大于0.02mm 4. 根据安装螺钉规格，利用扭力扳手，按规定的扭矩，完全紧固连接螺钉 5. 再次检查并确认输出轴旋转时的RV减速器内孔跳动不大于0.02mm 6. 安装RV减速器和输出轴间的定位销，进行负载轴的定位
3	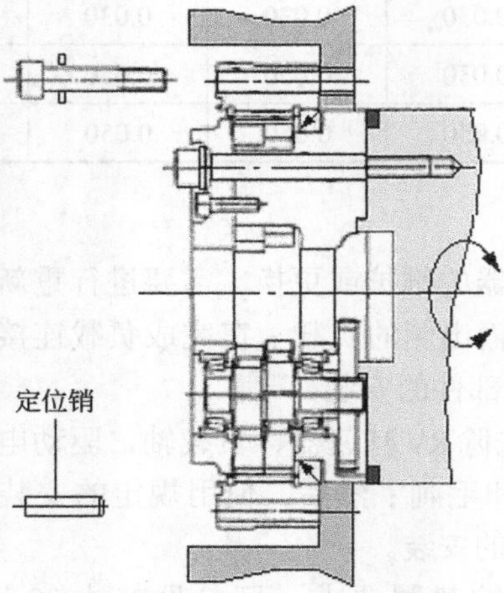 定位销	1. 旋转RV减速器或负载轴，使针轮（壳体）和安装座上的安装孔对准 2. 利用带蝶形弹簧垫圈的安装螺钉，对针轮（壳体）和减速器安装座进行初步的固定 3. 通过输入轴齿轮或其他方法，转动RV减速器行星齿轮；检查并确认减速器转动平稳，负载正常并均匀 4. 根据安装螺钉规格，利用扭力扳手，按照规定的扭矩，紧固安装螺钉 5. 安装RV减速器和壳体间的定位销，定位壳体
4	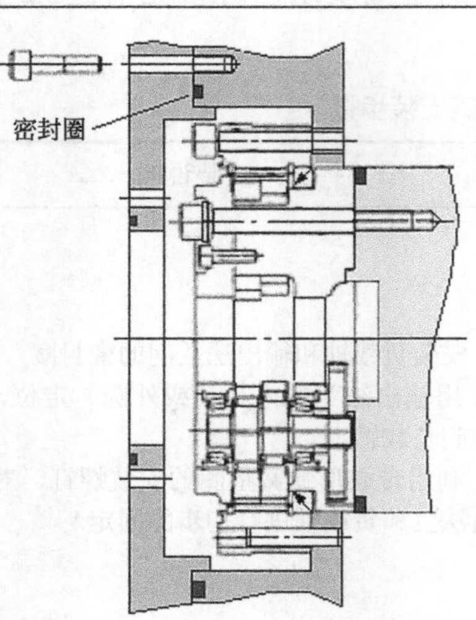 密封圈	1. 安装电机安装板和减速器安装座间的密封圈 2. 根据减速器安装公差要求，检查电机安装板的位置公差；并安装、固定电机安装板 3. 根据不同的安装形式，充填RV减速器润滑脂

续表

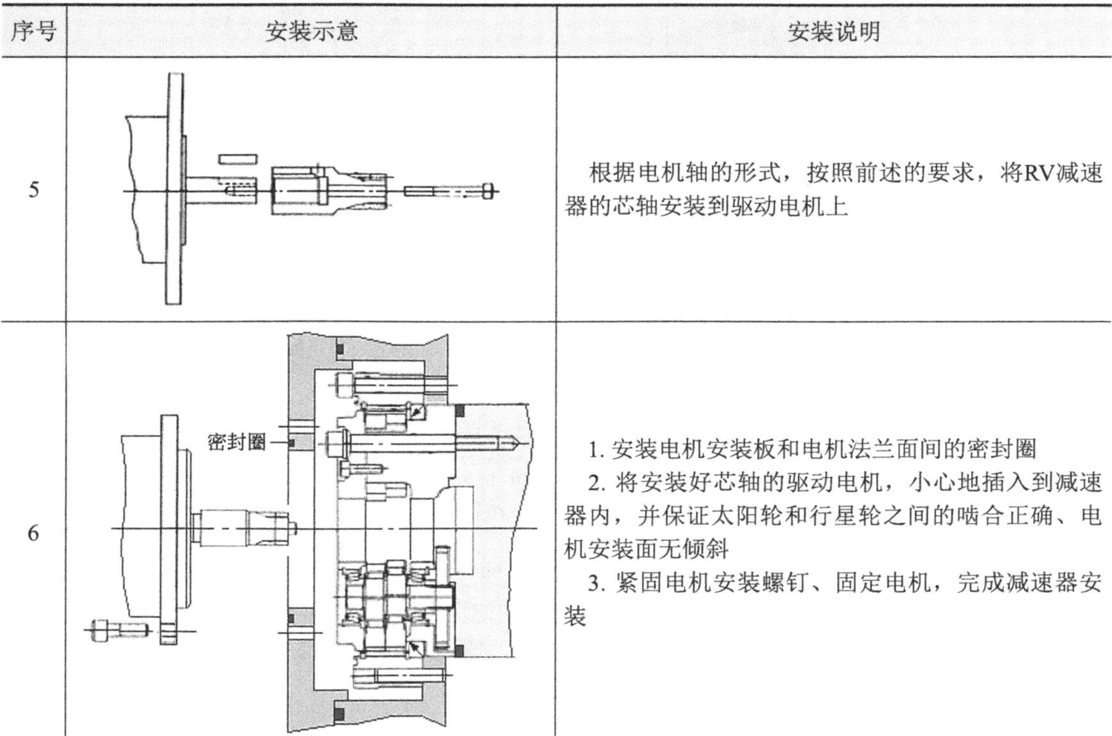

序号	安装示意	安装说明
5		根据电机轴的形式，按照前述的要求，将RV减速器的芯轴安装到驱动电机上
6	密封圈	1. 安装电机安装板和电机法兰面间的密封圈 2. 将安装好芯轴的驱动电机，小心地插入到减速器内，并保证太阳轮和行星轮之间的啮合正确、电机安装面无倾斜 3. 紧固电机安装螺钉、固定电机，完成减速器安装

4. 润滑要求

良好的润滑是保证RV减速器正常使用的重要条件，为了方便使用、减少污染，工业机器人用的RV减速器一般采用润滑脂润滑。为了保证润滑良好，Nabtesco Corporation RV减速器原则上应使用Vigo grease Re0品牌RV减速器专业润滑脂。

RV减速器的润滑脂充填与减速器安装方式有关。输出法兰向上垂直安装时，润滑脂充填应超过行星齿轮上端面；当输出法兰向下垂直安装时，润滑脂充填应超过端盖面；减速器水平安装时，润滑脂充填高度应超过输出法兰的3/4左右。

润滑脂的补充和更换时间与减速器的工作转速、环境温度有关，转速和环境温度越高，补充和更换润滑脂的周期就越短。对于正常使用，润滑脂更换周期为20000h，但如果环境温度高于40℃，或工作转速较高、污染严重时，应缩短更换周期。润滑脂的注入量和补充时间，在机器人说明书上均有明确的规定，用户可按照生产厂的要求进行。

5.4 RV减速单元及维护

5.4.1 标准型减速单元

1. 内部结构

标准型减速单元的结构如图5.4-1所示。

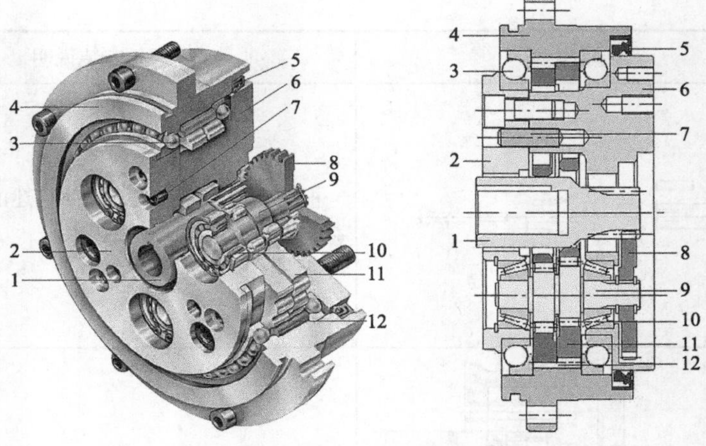

图5.4-1　标准型减速单元结构

1—芯轴；2—端盖；3—输出轴承；4—壳体（针轮）；5—密封圈；6—输出法兰（输出轴）；7—定位销；8—行星齿轮；9—曲轴组件；10—滚针轴承；11—RV齿轮；12—针齿销

RV E系列减速单元与RV系列基本减速器的区别在于：RV E减速单元在减速器的输出法兰6和壳体（针轮）4间增加了一对可同时承受径向和双向轴向载荷的高精度、高刚性角接触球轴承3，其输出法兰6可直接连接和驱动负载。减速器的其他部件的结构及作用与RV基本减速器相同。

Nabtesco Corporation减速单元的行星齿轮数量同样与减速器规格（额定输出转矩）有关。RV-40E（额定输出转矩412N·m）及以下规格采用的是2对行星齿轮；RV-80E（额定输出转矩784N·m）及以上规格，采用的是3对行星齿轮。

减速单元的输入轴（芯轴）结构同样决定于减速比。$R \geqslant 70$时，太阳轮直接加工在输入芯轴上；$R < 70$时，采用输入芯轴和太阳轮分离型结构，两者通过花键连接，太阳轮需要有相应的支承轴承。

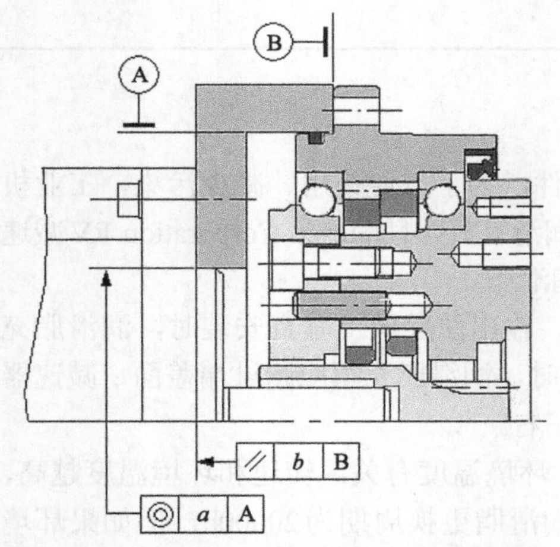

图5.4-2　RV E系列减速单元的安装公差

2. 安装要求

RV E系列减速单元的输入芯轴、壳体、输出连接法兰的安装公差要求如图5.4-2及表5.4-1所示。

表5.4-1　RV E系列减速单元的安装公差要求　mm

规格	6E	20E	40E	80E	110E	160E	320E	450E
a/b	0.030	0.030	0.030	0.030	0.030	0.050	0.050	0.050

对于多数情况，减速单元的输入芯轴通常直接与驱动电机轴连接，此时，电机轴和电机法兰间的同轴度已由电机生产厂家保证；而减速单元输出法兰和壳体间的同轴度，则可由减速器生产厂家保证；故用户安装时只需要保证电机安装法兰的公差，使之达到表5.4-1所示的公差要求。

3. 润滑要求

减速单元的润滑要求与基本型减速器相同，Nabtesco Corporation RV E系列减速单元原则上应使用Vigo grease Re0专业润滑脂，正常使用时的润滑脂更换周期为20000h。润滑脂的注入量和补充时间，可参照机器人使用说明书进行。

减速单元安装到机器人后需要充填润滑脂。根据减速单元的不同安装情况，其润滑脂充填要求如图5.4-3所示。

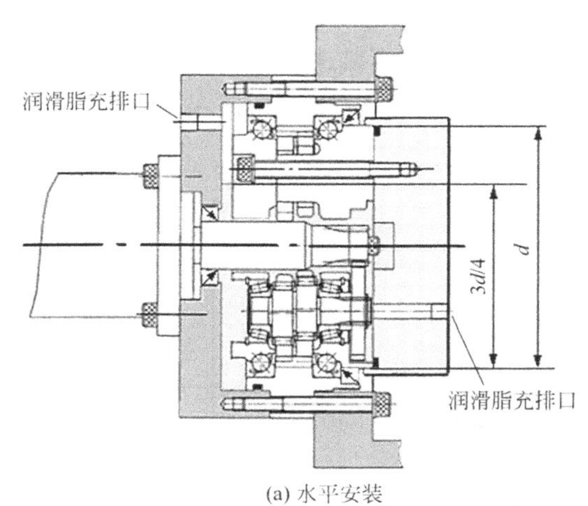

(a) 水平安装

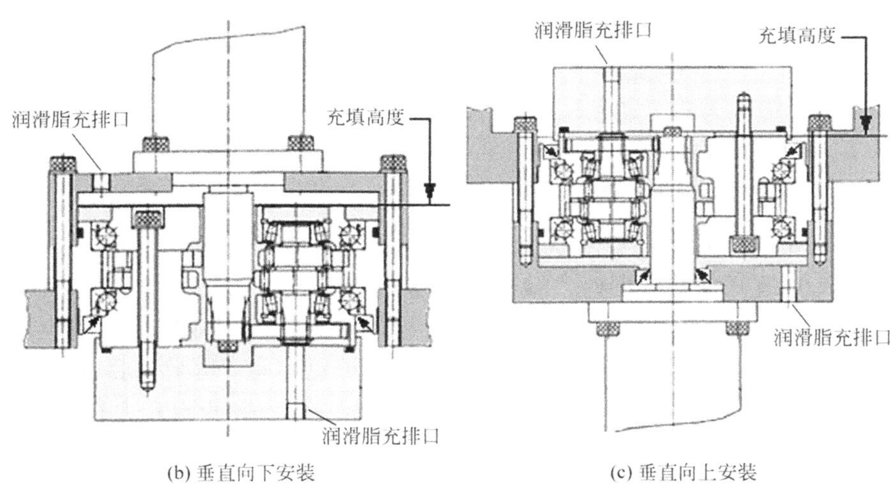

(b) 垂直向下安装　　(c) 垂直向上安装

图5.4-3　RV E减速单元的润滑脂充填要求

图5.4-3（a）为减速单元水平安装的情况，此时，润滑脂的充填高度应超过输出法兰直径的3/4，以保证输出轴承、行星齿轮、曲轴、RV齿轮、输入轴等旋转部件都能够得到充分的润滑。

图5.4-3（b）为减速单元垂直向下安装的情况，润滑脂的充填高度应超过减速单元的上端面，使减速器内部充满润滑脂。

图5.4-3（c）为减速单元垂直向上安装的情况，润滑脂的充填高度应超过减速单元的输出法兰面，完全充满减速单元的内部空间。

但是，由于润滑脂受热后将出现膨胀，因此，润滑脂充填时一方面需要保证完全充满减

速单元的内部空间，同时，还必须合理设计安装部件，保证有10%左右的润滑脂膨胀空间。此外，为了防止润滑脂的溢出，减速单元的壳体定位面、输出法兰安装面，以及输出轴端面、电机安装面等部位，都需要安装密封圈。

5.4.2 紧凑型减速单元

1. 内部结构

Nabtesco Corporation RV N系列紧凑型减速单元是在RV E标准型减速单元的基础上，发展起来的轻量级、紧凑型产品，减速单元的结构如图5.4-4所示。

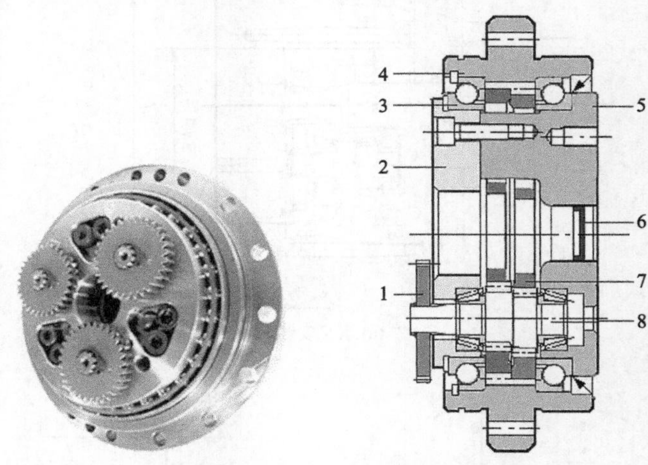

图5.4-4 RV N系列减速单元结构

1—行星齿轮；2—端盖；3—输出轴承；4—壳体（针轮）；
5—输出法兰（输出轴）；6—密封盖；7—RV齿轮；8—曲轴

为了减小单元的外圆和直径，RV N系列减速单元的输入芯轴不穿越减速器，行星齿轮1采用了输入侧敞开安装；同时，减速器的输出连接法兰长度也被缩短。通过上述设计，RV N系列减速单元的体积和重量，分别比同规格的标准型减速单元减少了8～20%和16～36%；且其输入芯轴的安装调整更方便、维护更容易，因此，目前已逐步替代标准型减速单元，在工业机器人上得到越来越多的应用。

为了保证减速单元的结构刚性，Nabtesco Corporation RV N系列紧凑型减速单元的行星齿轮数量均为3对。标准产品不提供输入芯轴，但可购买Nabtesco Corporation配套的齿轮轴半成品，然后，根据需要补充加工电机轴安装孔；输入芯轴的形状、加工精度及公差要求可参见5.2节。

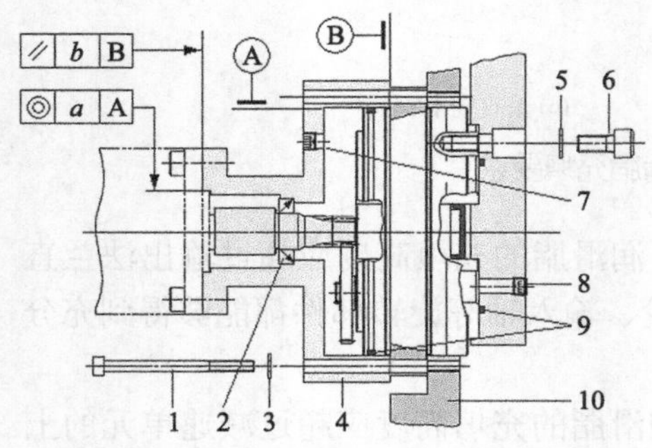

图5.4-5 RV N系列减速单元的结构

1、6—螺钉；2、9—密封圈；
3、5—碟型弹簧垫圈；4—电机安装座；
7、8—润滑脂充排口；10—减速器安装座

2. 安装要求

RV N系列紧凑型减速单元的结构及安装公差要求如图5.4-5、表5.4-2所示。

表5.4-2　RV N系列减速单元的安装公差要求　　mm

规格	25N	42N	60N	80N	100N	125N	160N	380N	500N	700N
a	0.030	0.030	0.030	0.030	0.030	0.030	0.030	0.050	0.050	0.050
b	0.030	0.030	0.030	0.030	0.030	0.030	0.030	0.050	0.050	0.050

在减速单元的输入侧，驱动电机可通过电机安装座4和减速单元壳体、减速器安装座连接；输入芯轴可直接安装在电机轴上。为了充填和更换润滑脂，电机安装座4上需要加工润滑脂充排口7；输入轴和电机安装座、减速单元和电机安装座等配合件间，需要安装密封圈2和9。

在减速单元的输出侧，负载与减速单元的输出法兰连接，并通过输出法兰的端面、内孔或外圆定位。同样，为了充填和更换润滑脂，负载连接件上需要加工润滑脂充排口8，输出法兰和连接件间需要安装密封圈9。

由于电机轴和电机法兰间的同轴度可由电机生产厂家保证，减速单元输出法兰和壳体间的同轴度，则可由减速器生产厂家保证；因此，减速单元安装时，一般只需要检查电机安装座的公差，保证电机安装法兰和壳体定位圆的同轴度、平行度要求。

3. 润滑要求

RV N系列减速单元的润滑脂充填需要在减速单元安装完成后进行，润滑脂的填充要求如图5.4-6所示。

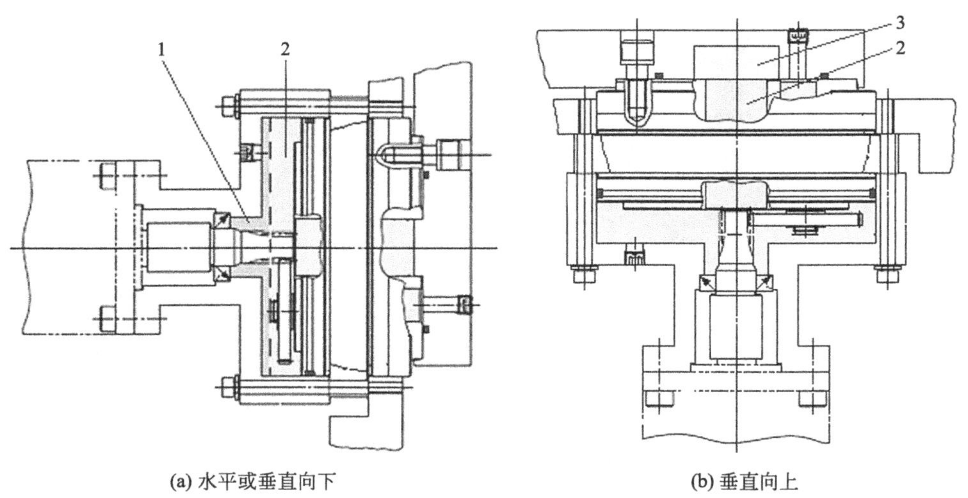

(a) 水平或垂直向下　　(b) 垂直向上

图5.4-6　RV N系列减速单元的润滑要求

1—可充填区域；2—必须充填区域；3—预留膨胀区

当减速单元水平安装或垂直向下安装时，润滑脂需要填满行星齿轮至输出法兰端面的全部空间；输入芯轴周围部分可适当充填，但为防止润滑脂受热后的膨胀，润滑脂充填一般不能超过总空间的90%。

当减速单元垂直向上安装时，润滑脂需要充填至输出法兰端面，为防止润滑脂受热膨胀后的溢出，在负载连接件上，需要预留图示的膨胀空间，膨胀空间的体积应不小于润滑脂充填区域的10%。

Nabtesco Corporation RV E系列减速单元原则上应使用Vigo grease Re0润滑脂，润滑脂更换周期一般为20000小时，但如环境温度高于40℃、工作转速高或环境污染严重时，需要缩短润滑脂更换周期。润滑脂的注入量和补充时间，可根据机器人使用说明书进行。

5.4.3 中空型减速单元

1. 内部结构

中空型减速单元是RV减速单元的变形产品，这种减速单元无输入芯轴，其RV齿轮和端盖、输出法兰均为中空结构，内部可用来布置管线或其他传动轴。因此，它特别适用于垂直串联机器人的腰、手腕回转和摆动，以及SCARA结构机器人中间轴等关节的减速和驱动。

RV C系列减速单元的结构如图5.4-7所示，单元的结构与RV N系列紧凑型减速单元类似，减速器的行星齿轮同样直接安装在输入侧，标准产品也不提供输入芯轴，因此，图5.4-7中的输入轴1、双联太阳轮3及其支承轴承等部件，均需要用户自行设计制造，或选配Nabtesco Corporation附件。

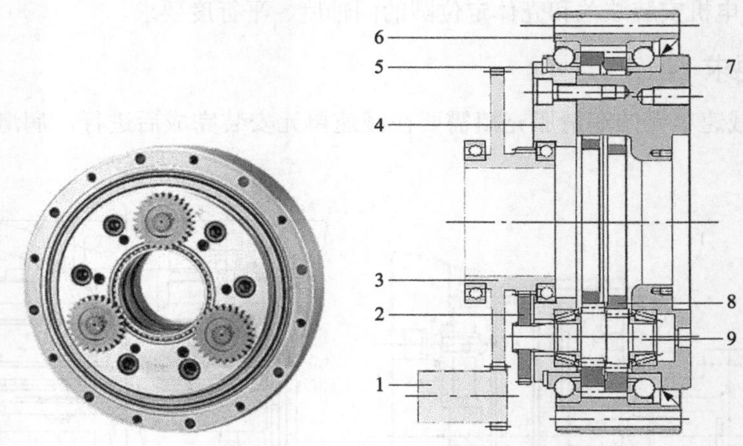

图5.4-7 RV C系列减速单元结构

1—输入轴；2—行星齿轮；3—双联太阳轮；4—端盖；
5—输出轴承；6—壳体（针轮）；7—输出法兰（输出轴）；8—RV齿轮；9—曲轴

减速单元的壳体（针轮）、RV齿轮、行星齿轮、曲轴、输出轴承等部件结构均和RV N系列标准型减速单元相同；但为了便于安装太阳轮和输入轴套，端盖4、输出法兰7的内侧都加工有安装双联太阳轮支承轴承的安装定位面和固定螺孔。

RV C系列减速单元的行星齿轮为2～3对，RV-50C（额定输出转矩490N·m）及以下规格为2对；RV-100C（额定输出转矩980N·m）及以上规格为3对行星齿轮。

2. 安装要求

RV C系列中空型减速单元的安装要求如图5.4-8及表5.4-3所示。

表5.4-3 RV C系列减速单元的安装公差要求 mm

规格	10C	27C	50C	100C	200C	320C	500C
a/b/c	0.030	0.030	0.030	0.030	0.030	0.030	0.030

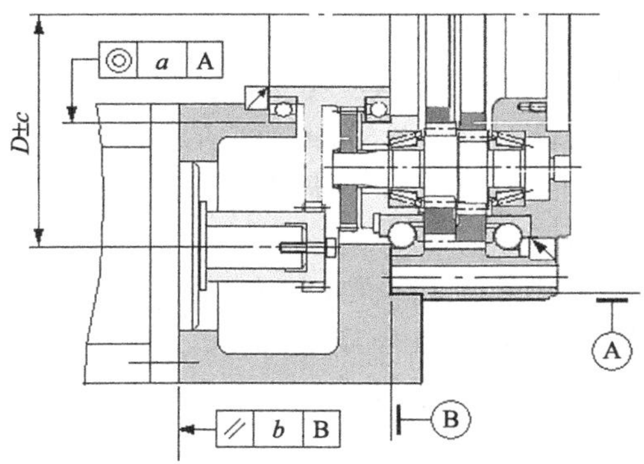

图5.4-8 RV C系列减速单元的安装要求

中空型减速单元的输入芯轴、双联太阳轮需要用户安装，减速单元安装时，需要保证双联太阳轮的轴承支承面和壳体的同轴度要求，控制减速单元和电机轴的中心距偏差，防止双联太阳轮啮合间隙过大或过小。

3. 润滑要求

RV C系列减速单元出厂时未充填润滑脂，减速单元安装完成后，需要根据图5.4-9所示的不同情况，填充润滑脂。

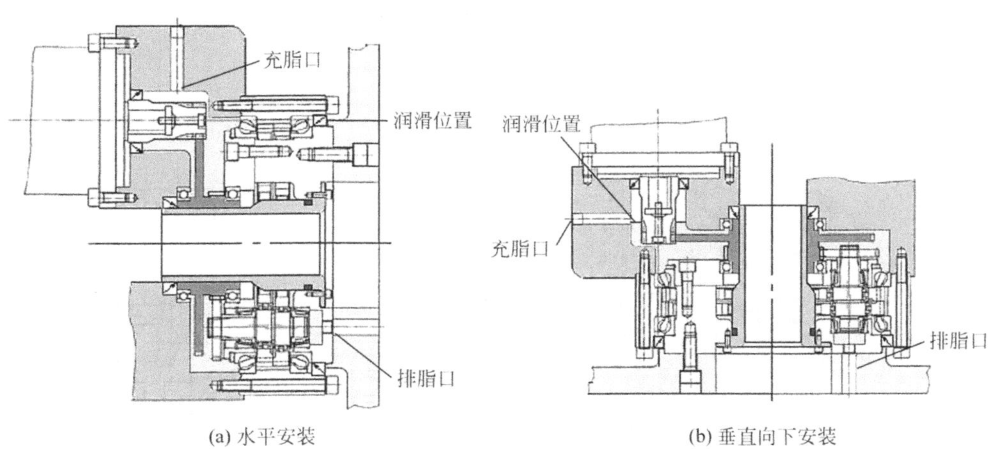

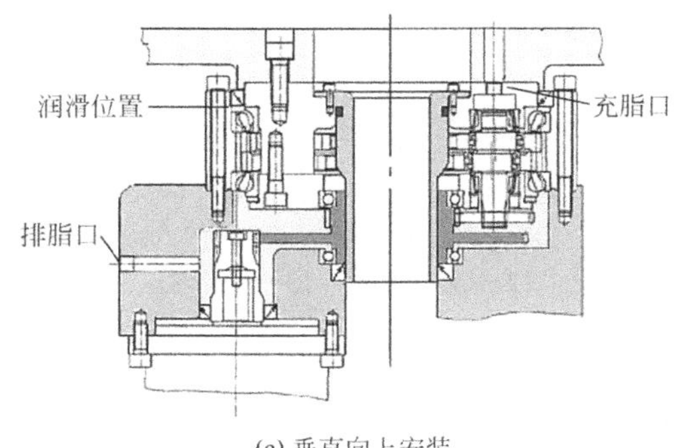

图5.4-9 RV C系列减速单元的润滑要求

当减速单元采用图5.4-9（a）所示的水平安装时，润滑脂的充填高度应保证填没输出轴承和部分双联太阳轮驱动齿轮；对于图5.4-9（b）所示的垂直向下安装，润滑脂的充填高度应保证填没双联太阳轮驱动齿轮；对于图5.4-9（c）所示的垂直向上安装，润滑脂的充填高度应保证填没减速单元的输出轴承。但是，同样需要预留不小于润滑脂充填区域10%的润滑脂膨胀空间。

Nabtesco Corporation RV C减速单元同样应使用Vigo grease Re0润滑脂。在正常使用的情况下，RV C系列减速单元的润滑脂更换周期为20000小时，但如环境温度高于40℃、工作转速较高，或环境污染严重时，需要缩短更换周期。润滑脂的注入量和补充时间应按照机器人生产厂的要求进行。

5.5 RV减速箱及维护

5.5.1 高速型减速箱

1. 基本结构

Nabtesco Corporation GH系列高速型RV减速箱的结构如图5.5-1所示。图中的电机安装法兰6、输入轴组件8可根据驱动电机的要求选配。

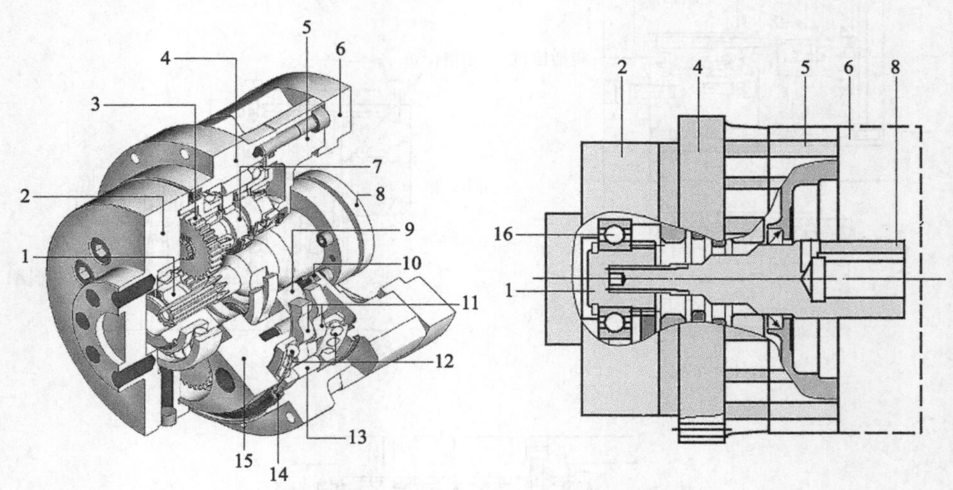

图5.5–1　GH系列减速箱结构

1—太阳轮；2—输出法兰；3—行星齿轮；4—壳体（针轮）；
5—端盖；6—电机安装法兰；7—曲轴；8—输入轴组件；9—连接杆；
10、14—密封圈；11—RV齿轮；12—输出轴承；13—针形销；15—输出法兰或轴；16—轴承

高速型RV减速箱采用的是整体结构，减速箱的外壳由输出法兰（或输出轴）2、针轮（壳体）4、端盖5、电机安装法兰6等部件组成，整个减速箱可像齿轮变速箱一样，直接在电机安装法兰6上安装驱动电机，实现RV减速器和驱动电机的一体化。

GH系列高速型减速箱的减速比较小，因此，其第1级正齿轮减速比小、太阳轮直径大，

因此，减速箱采用的是输入轴和太阳轮分离型结构，输入轴和太阳轮采用花键连接；输入轴组件8可根据驱动电机选配。

GH系列高速型减速箱的输出连接，可根据需要选择图5.5-2所示的输出法兰（GH-P系列）和输出轴（GH-S系列）2种，两者的区别仅在于输出连接形式，其他部件的结构完全相同。

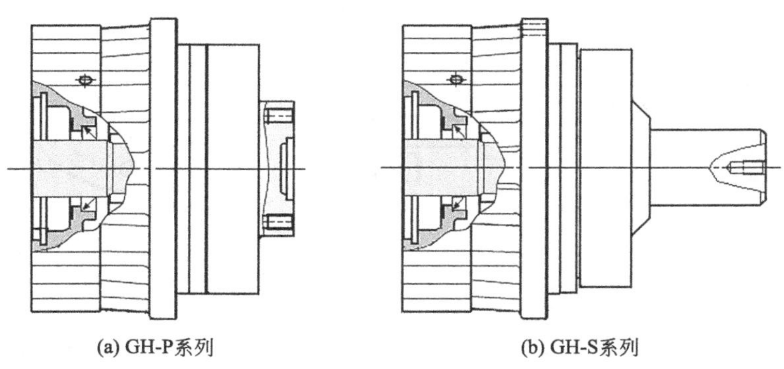

(a) GH-P系列　(b) GH-S系列

图5.5-2　GH减速箱的输出连接

Nabtesco Corporation GH系列减速箱的额定输出转速为标准型减速单元的3.3倍，过载能力为标准型减速单元的1.4倍；减速箱的结构刚性好、传动精度高、安装使用方便，故常用于转速较高的工业机器人上臂、手腕等关节驱动。

2. 选配件

GH系列高速型减速箱的电机安装法兰、输入轴组件可根据驱动电机选配，Nabtesco Corporation配套的选配件如下。

① 电机安装法兰。Nabtesco Corporation可提供图5.5-3所示的2种电机安装法兰，用于标准伺服电机的安装；工业机器人大多使用交流伺服电机，安装法兰一般选择图5.5-3（a）所示的方形结构。

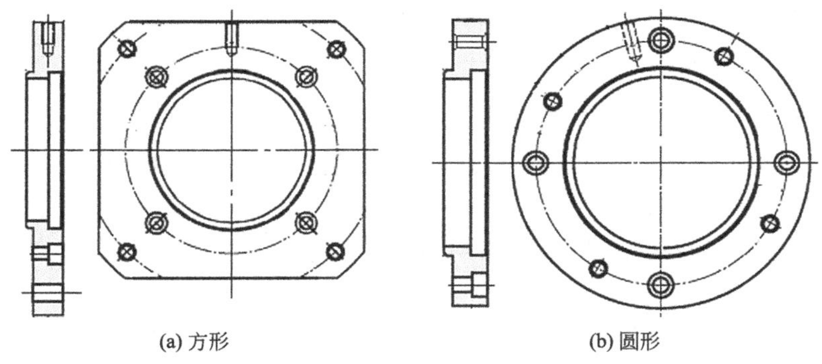

(a) 方形　(b) 圆形

图5.5-3　GH减速箱配套的电机安装法兰

② 输入轴组件。Nabtesco Corporation可提供图5.5-4所示的4种输入轴组件，用来连接减速箱和伺服电机输出轴。

图5.5-4（a）为采用弹性胀套的输入连接组件，它适用于平轴、无键的伺服电机轴连接；

电机轴和输入轴可通过弹性胀套内的蝶形弹簧压缩胀紧，实现两者的无间隙连接。

图5.5-4（b）为2种带键平轴的连接组件，分别适用于键固定和中心孔螺钉固定的平轴、带键的伺服电机轴连接。

图5.5-4（c）为锥轴连接组件，适用于锥轴、带键的伺服电机轴连接。

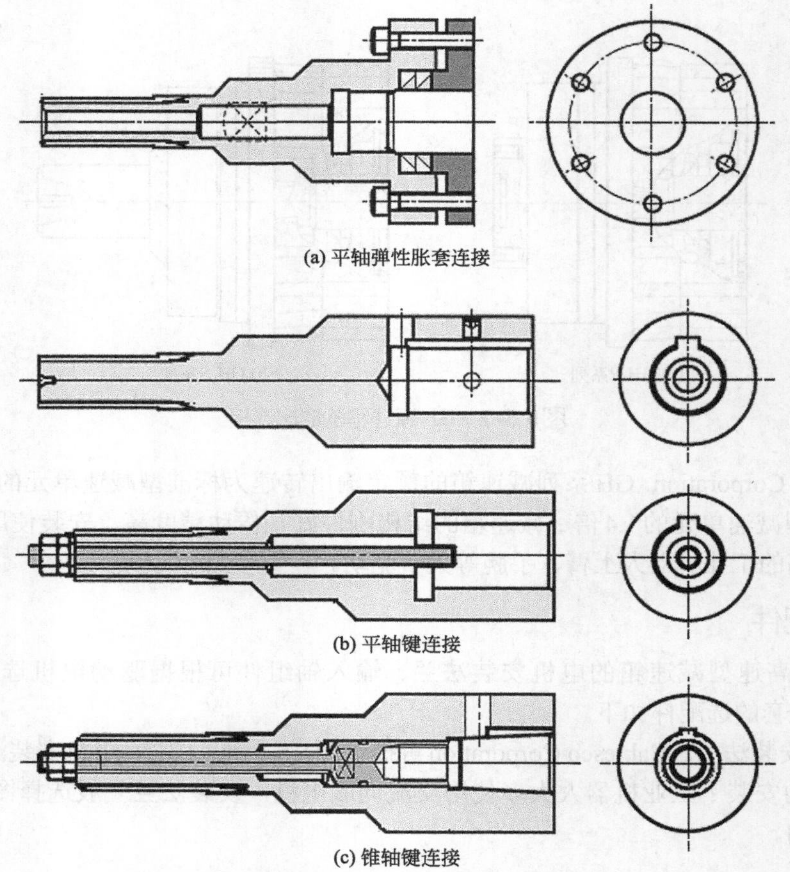

(a) 平轴弹性胀套连接
(b) 平轴键连接
(c) 锥轴键连接

图5.5-4　GH减速箱配套的输入轴组件

3. 安装和润滑

GH系列高速型减速箱采用的是整体设计，产品结构紧凑、刚性好，安装非常方便。由于减速箱输入侧的驱动电机连接组件，全部由Nabtesco Corporation配套提供并安装完成，零部件的加工精度已满足减速箱的安装要求，用户使用时只需要按规定步骤安装相关连接件、保证连接可靠即可。

减速箱的输出法兰、壳体的安装方法和要求与前述表5.3-1类似，减速箱输出轴连接完成、壳体固定后，应保证减速箱内孔或输出轴的跳动不超过0.02mm。

Nabtesco Corporation GH系列减速箱为整体密封结构，出厂时已按规定充填润滑脂，用户无需另行充填。在正常情况下，润滑脂更换周期为20000小时，但如工作环境温度高于40℃、工作转速较高，或污染环境严重时，需要缩短更换周期。减速箱应使用Vigo grease Re0润滑脂，润滑脂注入量可参见机器人生产厂家的使用说明书。

5.5.2 标准型减速箱

1. 组成部件

RD2系列减速箱是Nabtesco Corporation早期RD系列减速箱的改进产品，这种减速箱通过壳体、电机安装法兰、输入轴连接部件的整体设计，使之成为了一个可直接安装驱动电机的RV减速装置，见图5.5-5。

RD2减速箱的输入轴连接形式有轴向（RDS系列）、径向（RDR系列）和轴连接（RDP系列）3类；每类又分实心芯轴和中空芯轴2系列。

RD2减速箱在RV减速单元的基础上增加了输入连接组件2、轴套3和电机安装法兰4，并对端盖1的结构进行了改进，使之可安装输入组件，见图5.5-5。

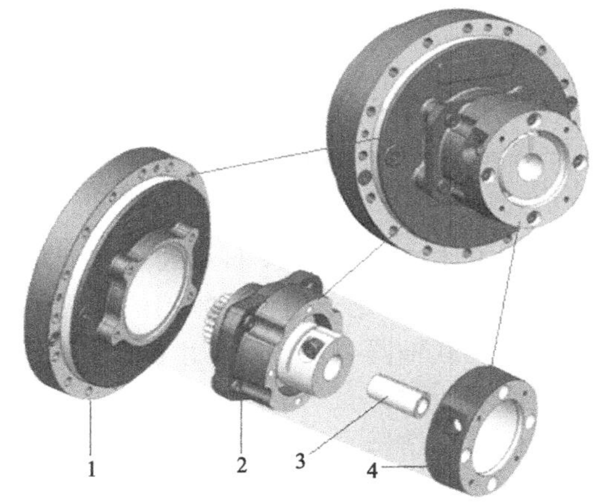

图5.5-5 RD2系列减速箱

1—端盖；2—输入连接组件；3—轴套；4—电机安装法兰

RD2减速箱端盖1的作用与减速单元相同，但它在外侧增加了安装输入轴连接组件的连接法兰，在内侧增加了输出轴承的密封。

减速箱的输入连接组件2是用来安装减速器芯轴和连接输入的部件，它与芯轴结构（实心、空心）、输入连接形式（轴向、径向、轴输入）有关，具体见后述。

减速箱的轴套3是一个变径套，它可用来增大输入芯轴直径，使之与输入组件上的弹性联轴器内径匹配；对于锥轴，则可选配锥/平轴转换套，先将锥轴变换为平轴，然后，再使用变径套变径。

电机安装法兰4是用来连接输入组件和安装驱动电机的中间部件，其外侧加工有安装驱动电机的定位法兰。

减速箱的轴套、电机安装法兰可根据驱动电机的型号、规格，选配Nabtesco Corporation配套附件。

2. 基本结构

1）RDS系列

RDS系列减速箱的输入为轴向标准轴孔连接，输入轴线可以和减速器轴线同轴或平行。

RDS系列减速箱包括RDS-E实心轴系列和RDS-C中空轴系列2类，见图5.5-6。

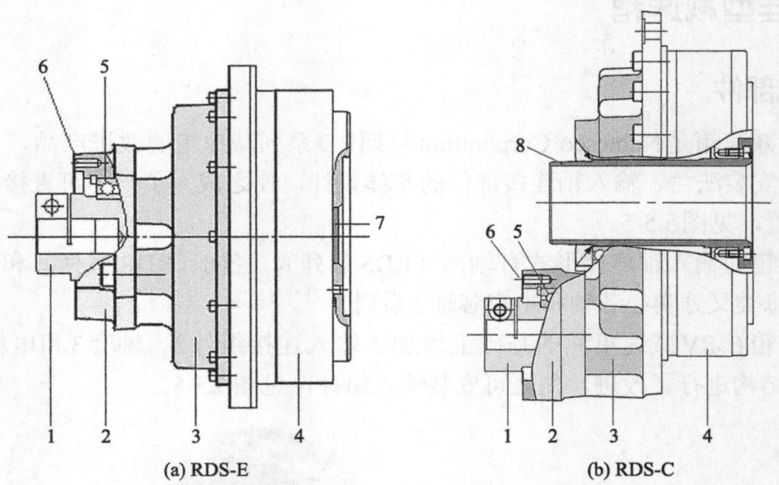

图5.5-6　RDS系列减速箱

1—芯轴；2—输入轴组件；3—减速器端盖；
4—减速器本体；5—输入轴承；6—安装座；7—盖帽；8—中空轴套

RDS-E实心轴系列减速箱的本体结构类似RV N系列减速单元。减速箱的输入连接组件由芯轴1、轴承5、安装座6组成。芯轴1是一根带联轴器的齿轮轴，轴内侧加工有减速器的太阳轮、外侧为连接电机轴的弹性联轴器；安装座6用来连接减速箱端盖3和安装电机安装座，其内侧用来安装芯轴1的支承轴承5。

RDS-C中空轴系列减速箱的本体结构类似带双联太阳轮和中空内套的RV C系列减速单元。输入组件的结构和RDS-E系列一致，但它用于双联太阳轮的驱动。

以上两系列减速箱均可根据驱动电机，选配相应的轴套和电机安装法兰（见后述），以安装驱动电机、组成一个带驱动电机的完整RV减速装置。

2）RDR系列

RDR系列减速箱的输入连接为径向标准轴孔，输入轴线和减速器轴线垂直；RDR系列减速箱包括RDR-E实心轴系列和RDR-C中空轴系列2类，见图5.5-7。

RDR-E、RDR-C系列减速箱的本体结构分别与RDS-E、RDS-C系列减速箱相同，但其输入组件具有传动方向变换功能。

RDR-E、RDR-C系列减速箱的输入组件内部安装有一对十字交叉的齿轮轴及对应的支承轴承，两齿轮轴间采用伞齿轮传动，以实现传动方向的90°变换。连接电机的齿轮轴的输入端同样加工有弹性联轴器，输出端为伞齿轮，中间安装有支承轴承。连接减速器的齿轮轴的中间部分为伞齿轮，内侧为太阳轮（RDR-E实心轴系列）或双联太阳轮的驱动齿轮（RDR-C中空轴系列），支承轴承安装在两端。输入组件的安装座上的减速单元连接面和电机安装法兰面相互垂直。

以上两系列减速箱同样均可根据驱动电机，选配相应的轴套和电机安装法兰（见后述），以安装驱动电机、组成一个带驱动电机的完整RV减速装置。

3）RDP系列

RDP系列减速箱的输入连接采用的是带键槽和中心孔的标准轴，输入轴线和减速器轴线同轴或平行。RDP系列减速箱包括图5.5-8所示的RDP-E实心轴系列和RDP-C中空轴系列2类。

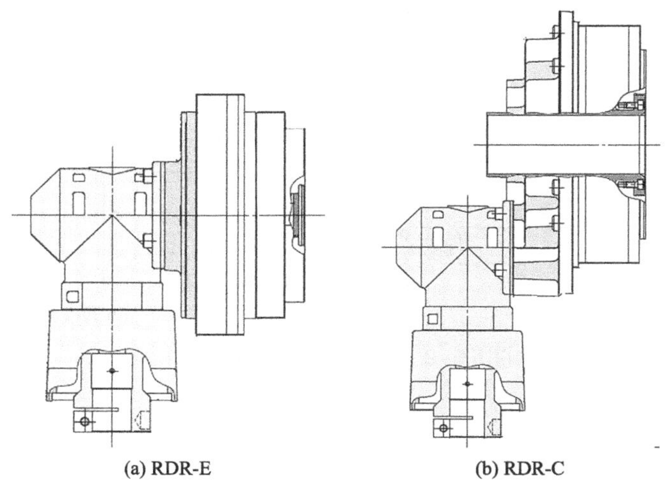

(a) RDR-E　　(b) RDR-C

图5.5-7　RDR系列减速箱

RDP-E、RDP-C系列减速箱的本体结构分别与RDS-E、RDS-C系列减速箱相同，两者的区别在于输入组件的结构。

RDP系列减速箱的输入为可直接安装齿轮或同步皮带轮的齿轮轴，以实现驱动电机和减速箱的分离安装。齿轮轴的输入侧（外侧）是一段带键槽、中心孔的标准轴，可用来安装齿轮或同步皮带轮；齿轮轴的输出侧（内侧）为减速器的太阳轮（RDP-E实心轴系列）或双联太阳轮的驱动齿轮（RDP-C中空轴系列）；齿轮轴的中间部分安装有支承轴承。

RDP系列减速箱的驱动电机与减速箱分离，两者可通过齿轮或同步皮带轮进行传动，驱动电机需要由用户安装。

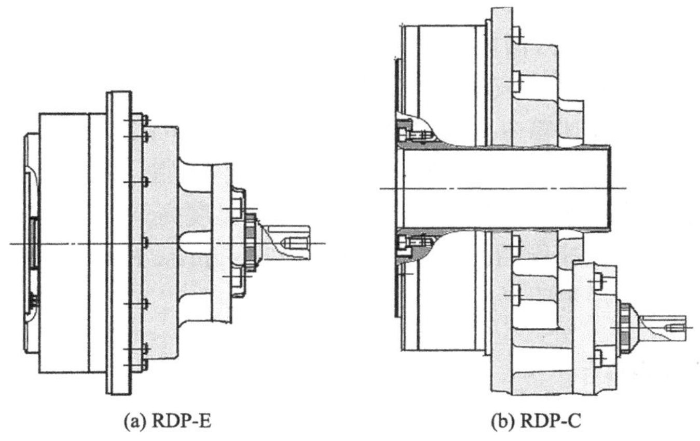

(a) RDP-E　　(b) RDP-C

图5.5-8　RDP系列减速箱

3. 选配件

RDS和RDR系列减速箱可直接安装驱动电机，均可根据驱动电机，选配图5.5-9所示的安装部件。

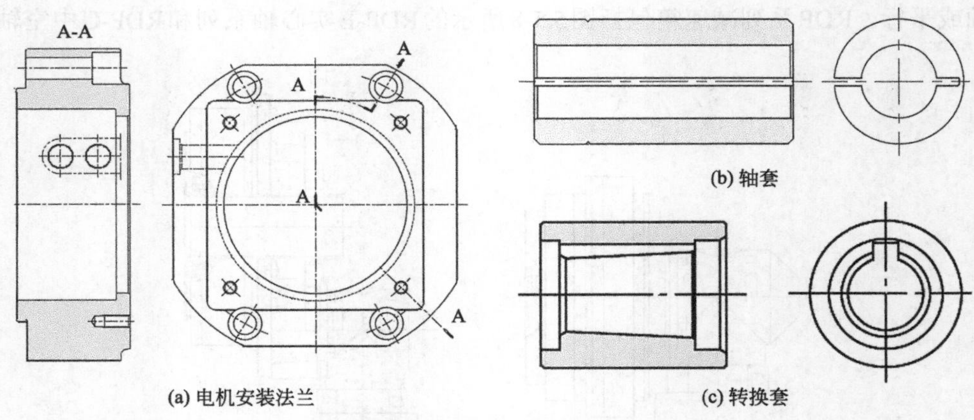

图5.5-9 RD2减速箱的安装部件

1）电机安装法兰

Nabtesco Corporation提供的电机安装法兰如图5.5-9（a）所示，它可用于标准伺服电机的安装。

2）轴套

Nabtesco Corporation提供的轴套如图5.5-9（b）所示，它是一个开口的弹性变径套，变径套的外径和弹性联轴器的内径一致；变径套的内径可以根据电机轴选择。通过使用变径套，弹性联轴器可以和不同轴径的驱动电机相配合。

如果电机轴为锥轴，为了连接弹性联轴器，可选配图5.5-9（c）所示的锥/平轴转换套，先将锥轴转换为平轴，然后，根据需要选配变径轴套。

4. 安装与维护

RD2减速箱是一个整体设计的完整减速装置，其结构刚性好、安装简单。由于减速箱输入侧的驱动电机连接组件，由Nabtesco Corporation配套提供，零部件的加工精度已经满足减速箱的安装要求，用户使用时只需要按照规定步骤安装相关连接组件，并保证连接可靠即可。

减速箱的输出法兰、壳体的安装方法和要求与前述表5.3-1类似，减速箱输出轴连接完成、壳体固定后，应保证减速箱内孔或输出轴的跳动不超过0.02mm。

RD2减速箱为整体密封结构，出厂时已按规定充填润滑脂，用户无需另行充填。在正常情况下，润滑脂更换周期为20000小时，但如工作环境温度高于40℃、工作转速较高，或污染环境严重时，需要缩短更换周期。减速箱应使用Vigo grease Re0润滑脂，润滑脂注入量可参见机器人生产厂家的使用说明书。

5.5.3 扁平型减速箱

1. 结构简介

RS系列扁平型RV减速箱是Nabtesco Corporation最新推出的大型、重载RV减速装置，其额定输出转矩可达8820N·m、载重可达9000kg，故可用于大规格搬运、装卸、码垛工业机器人的机身、中型机器人的腰关节，以及回转工作台等的重载驱动。

RS系列减速箱的结构如图5.5-10所示，减速箱实际上由1个带双联太阳轮和中空轴套的大型中空轴减速器本体，以及安装底座、太阳轮驱动轴组件3大部件组成。

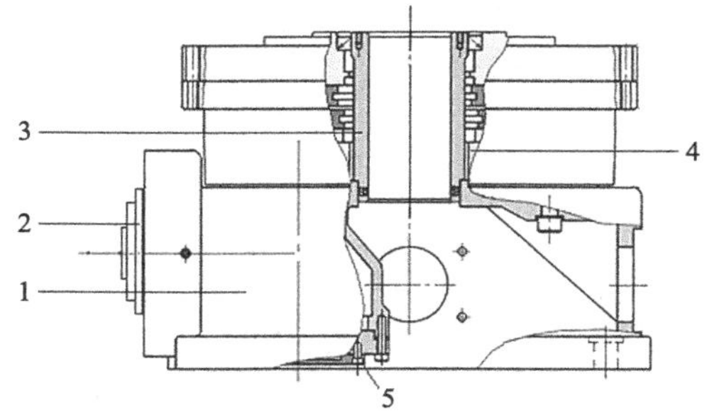

图5.5-10　RS系列减速箱结构

1—底座；2—电机安装法兰；3—中空轴套；4—双联太阳轮；5—输入组件

RS系列减速箱的本体结构和RV C系列中空轴减速单元相同，但它安装有中空轴套和双联太阳轮组件；减速箱的上端为输出轴，它可直接用来安装机器人机身等负载。

安装底座用于减速箱的安装和支承。与其他RV减速箱不同的是：RS系列减速箱的安装底座已设计有地脚安装孔、驱动电机安装法兰、管线连接孔等，它可直接作为工业机器人的基座使用。

减速箱的输入组件1安装在底座上，输入组件内部安装有一对十字交叉的齿轮轴及对应的支承轴承，两齿轮轴间采用伞齿轮传动，以实现传动方向的90°变换。连接减速器齿轮轴的轴线与减速器轴线平行，其中间部分为伞齿轮，上端为双联太阳轮的驱动齿轮，下端是支承轴承及端盖等部件。连接驱动电机齿轮轴的轴线与减速器轴线垂直，其内侧是伞齿轮；外侧是连接电机轴输入的内花键；中间为支承轴承部件。

RS系列减速箱通过整体设计，组成了一个结构刚性好、承载能力强、输出转矩大，可直接安装和驱动负载的回转工作台单元，因此，在工业机器人上，它可直接作为底座和腰关节驱动部件使用。

2. 电机连接

RS系列减速箱的驱动电机一般采用图5.5-11所示的方式连接。

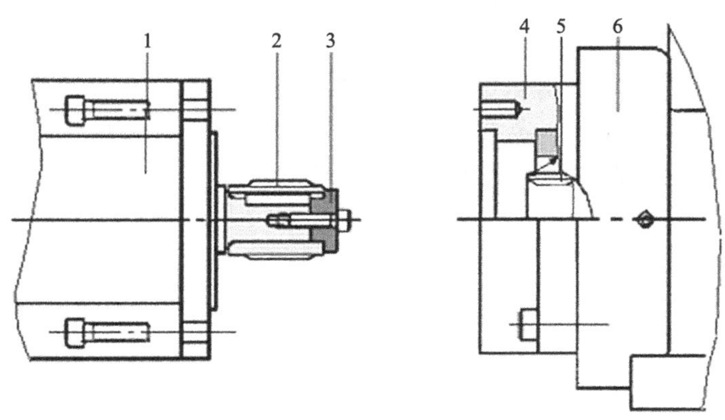

图5.5-11　RS系列减速箱驱动电机的连接

1—电机；2—花键套；3—端盖；4—电机安装座；5—输入轴花键；6—减速器底座

驱动电机和减速箱底座间需要安装电机安装座4；电机轴上需要安装与输入轴花键配合的花键套及固定部件，如图中的端盖3及键、中心孔固定螺钉等。作为常用的结构，花键套和电机轴的连接一般包括图5.5-12所示的3种。

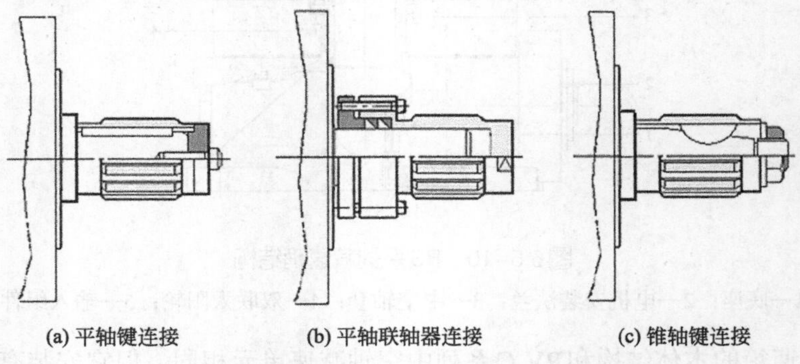

图5.5–12　花键套与电机轴的连接

图5.5-12（a）为带键平轴的连接方式，花键套可通过中心孔螺钉固定到驱动电机的输出轴上。

图5.5-12（b）为无键平轴的连接方式，电机轴和花键套可通过弹性胀套内的蝶形弹簧压缩胀紧，实现无间隙连接。

图5.5-12（c）为带键锥轴的连接方式，花键套可通过中心孔螺钉固定到驱动电机的锥型输出轴上。

3. 安装和润滑

RS系列减速箱是一个可独立安装的整体，它对支承部位无精度要求，可直接安装于水平地面或垂直墙面。但是，当减速箱安装于垂直墙面时，需要注意驱动电机的安装位置，原则上说，驱动电机轴线应为水平；要尽可能避免电机垂直向下的安装方式，以防止输入轴的润滑条件恶化。

RS系列减速箱同样可根据驱动电机，选择Nabtesco Corporation配套的电机安装法兰、花键套等配套部件。这些连接部件的加工精度已满足减速箱的安装要求，用户使用时只需要按照规定步骤安装，并保证连接可靠即可。

RS系列扁平减速箱均为整体密封结构，减速箱出厂时已按规定充填润滑脂，用户无需另行充填。在正常情况下，润滑脂更换周期为20000h，但如工作环境温度高于40℃、工作转速较高，或污染环境严重时，需要缩短更换周期。减速箱应使用Vigo grease Re0润滑脂，润滑脂注入量可参见机器人生产厂家的使用说明书。

第6章　工业机器人典型结构

6.1　垂直串联机器人

6.1.1　传动系统结构形式

垂直串联是工业机器人最常见的结构形态，它被广泛用于加工、搬运、装配、包装等场合。垂直串联工业机器人的传动系统结构区别，主要在手腕和上臂的传动方式上，小规格机器人的B、T轴驱动电机一般直接安装在上臂前端，称为前驱结构；大中型机器人的B、T轴驱动电机通常安装在上臂后端，称为后驱结构；而大型搬运、码垛机器人的上臂摆动轴，则常采用平行四边形连杆驱动。

1. 前驱结构

前驱垂直串联机器人的传动系统如图6.1-1所示。

前驱结构机器人手腕传动系统结构，在不同机器人上稍有区别。首先，手腕回转轴R的驱动电机7，有时安装在上臂的最后端，驱动电机7和R轴减速器8间采用传动轴连接，以减小上臂后端的体积，并使重心靠近上臂摆动中心、减小摆动负载。其次，手回转轴T的驱动电机10，有时和B轴驱动电机9并列，安装在上臂内腔，驱动电机9和T轴减速器间，通过同步皮带、伞齿轮等传动部件连接，以减小手部体积和质量。

总之，前驱结构机器人的所有伺服驱动电机、减速器及相关传动部件均安装于机器人内部，其外形简洁、防护性能好；传动系统结构简单、传动链短、传动精度高、刚性好。但是，由于手腕驱动电机安装在上臂内腔，其散热条件差、维修保养不便；同时，上臂的体积和质量也较大、重心离上臂摆动中心较远、上臂摆动负载较大，因此，通常只能用于小规格、轻量级机器人。

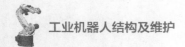

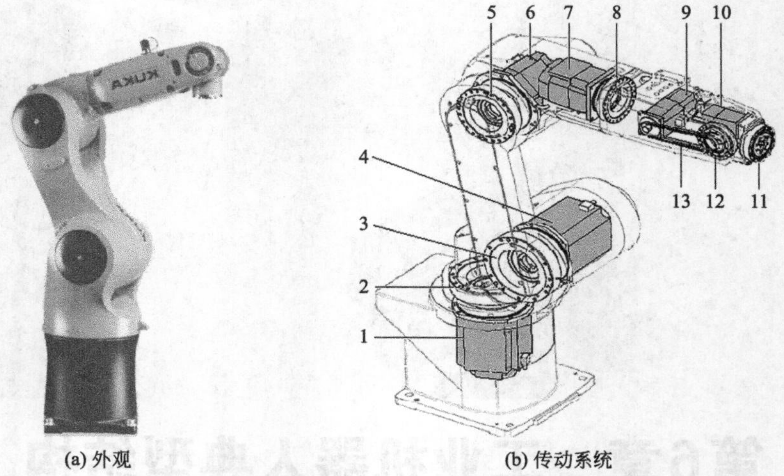

(a) 外观　　(b) 传动系统

图6.1–1　前驱垂直串联机器人传动系统示意图

1、4、6、7、9、10—S、L、U、R、B、T轴驱动电机；
2、3、5、8、11、12—S、L、U、R、B、T轴减速器；13—同步皮带

2. 后驱结构

后驱垂直串联机器人的传动系统如图6.1-2所示。

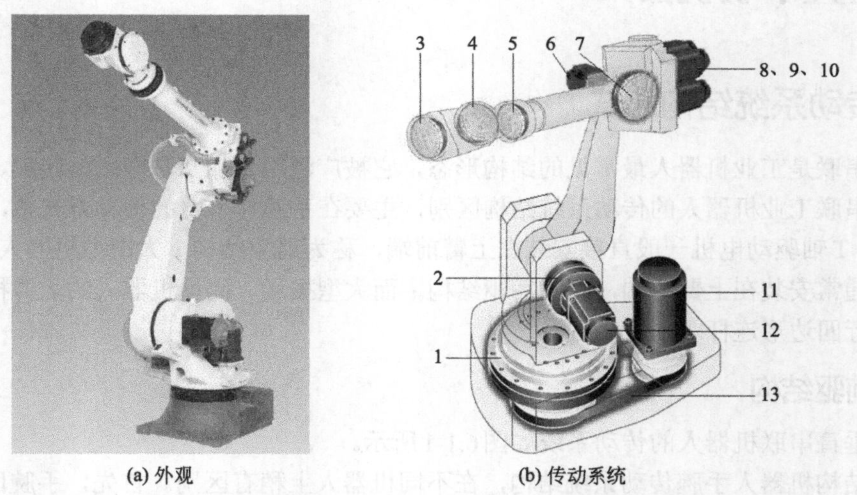

(a) 外观　　(b) 传动系统

图6.1–2　后驱垂直串联机器人机器人传动系统示意图

1、2、3、4、5、7—S、L、T、B、R、U轴减速器；
6、8、9、10、11、12—U、T、B、R、S、L轴电机；13—同步皮带

后驱垂直串联机器人的手腕回转轴R、腕弯曲轴B和手回转轴T的驱动电机8、9、10全部安装在上臂的后端，驱动电机8、9、10和减速器3、4、5间，通过安装在上臂内腔的传动轴、伞齿轮等部件连接，这样不仅可解决前驱结构所存在的驱动电机安装空间小、散热差，检测、维修保养困难的问题，而且还可使上臂结构紧凑、重心靠近回转中心，机器人的重力

平衡性更好，运动更稳定。此外，出于增加驱动转矩、方便内部管线布置等需要，部分机器人的腰回转轴S的驱动电机11，有时也采用图示的侧置结构，驱动电机11和S轴减速器1间采用同步皮带连接。

后驱垂直串联机器人的承载能力强、运动稳定性好，安装维修方便，它是一种广泛用于大中型加工、搬运、装配、包装机器人的常见结构形式。

3. 连杆驱动结构

连杆驱动垂直串联机器人的传动系统如图6.1-3所示。

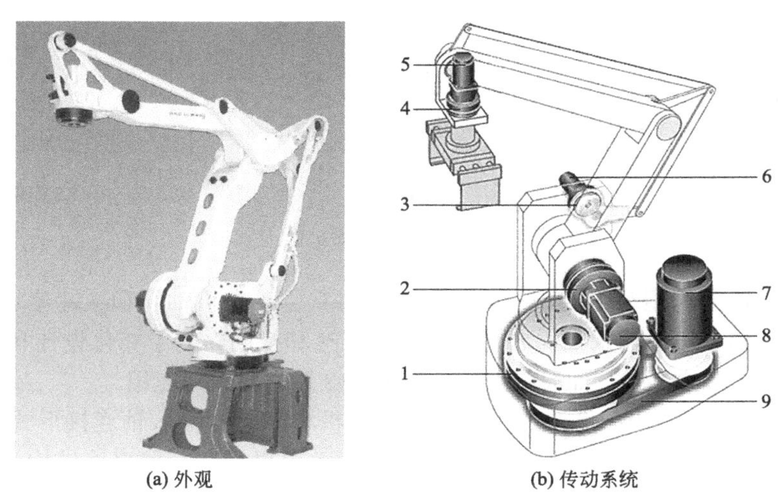

(a) 外观　　(b) 传动系统

图6.1-3　连杆驱动垂直串联机器人传动系统示意图

1、2、3、4—S、L、U、T轴减速器；5、6、7、8—T、U、L、S轴电机；9—同步皮带

用于零件搬运、码垛的大型、重载机器人的负载质量和体积大，上臂悬伸长，其驱动系统必须有足够大的转矩，为了保证放大驱动电机转矩、提高机器人运动稳定性、降低机器人整体重心，其上臂和手腕摆动通常需要采用平行四边形连杆驱动机构。

平行四边形连杆驱动垂直串联机器人的上臂摆动轴U、手腕摆动轴B，往往通过同一电机进行同步驱动，驱动电机6和减速器3安装在腰部，然后通过平行四边形连杆机构，驱动上臂和手腕摆动。这种机器人的整体重心低、刚性好，运动稳定、负载能力强，它是大型、重载搬运、码垛机器人的常见结构。

6.1.2　机身传动系统结构

1. 腰回转轴S

垂直串联机器人的腰回转轴S主要有图6.1-4所示的3种结构形式。

图6.1-4（a）为驱动电机和减速器直连结构。虽然直连结构也存在驱动电机的安装较紧凑、电机散热条件较差、调试和维修不很方便的问题，但是由于其S轴驱动电机和减速器同轴安装、电机轴和减速器输入轴直接连接，其传动系统结构最为简单，减速器几乎不需要任何输入连接件，因此，它是目前中小规格机器人最为常用的结构形式。

图6.1-4（b）为大中型机器人常见的驱动电机侧置结构。侧置结构的S轴驱动电机输出

轴线和减速器输入轴线并行，电机轴和减速器输入轴间，需要有同步皮带或齿轮等输入传动部件。侧置结构的电机安装灵活、散热条件好、调试维修方便；此外，它还可通过同步皮带或齿轮输入传动增加减速比、放大电机转矩；同时，也便于采用中空减速器，进行连接电缆、润滑管的走线，故多用于大中型垂直串联机器人。

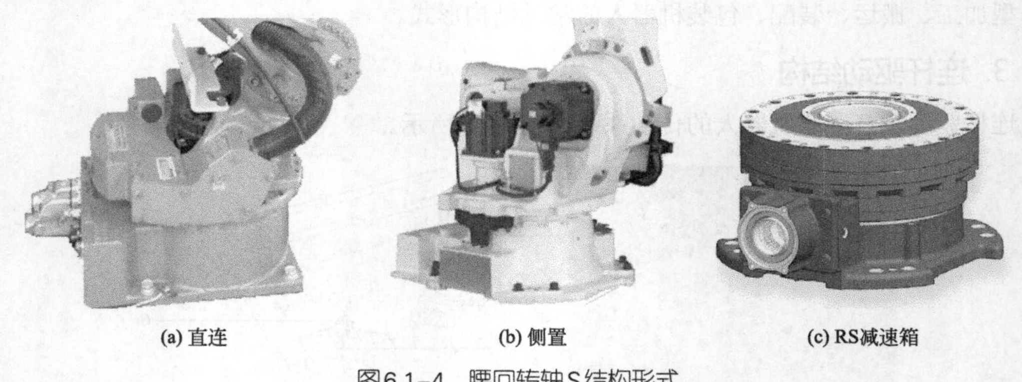

(a) 直连　(b) 侧置　(c) RS减速箱

图6.1–4　腰回转轴S结构形式

大型重载机器人的驱动电机一般为水平布置，其驱动电机轴线和减速器轴线垂直，S轴驱动电机输出轴和减速器输入轴需要通过伞齿轮连接和换向。为了简化设计和制造，也可以直接选配图6.1-4（c）所示的Nabtesco Corporation RS系列扁平减速箱。

以上3种结构的S轴传动系统，实际上只是电机和减速器输入轴连接形式的不同，减速器输出和腰体的结构并无太大区别。以最常见的驱动电机和减速器直连结构为例，S轴传动系统的结构一般如图6.1-5所示。

腰回转轴S需要驱动机器人进行整体回转，其负载较重，故通常需要使用RV减速器，以增强刚性。此外，为了方便电机的安装调试和维修，驱动电机4一般都安装在腰体3上；因此，RV减速器5可采用输出法兰固定、针轮（壳体）回转的安装形式，减速器的输出法兰和基座1连接、针轮（壳体）和腰体3连接。对于规格较大的机器人，为了保证腰回转的精度与稳定性，基座1和腰体3间一般安装有CRB轴承2；但如果RV减速器的轴向载荷允许，也可省略CRB轴承2，直接利用RV减速器的输出轴承支承腰体。

2. 上下臂摆动轴U/L

垂直串联机器人的上/下臂摆动轴如图6.1-6所示，不同规格机器人的上/下臂摆动轴U/L的结构形式基本上没有区别。

机器人的腰体2是下臂摆动轴L的回转支承，L轴驱动电机3一般固定在腰体上；下臂4是摆动轴L的减速输出，它通常连接RV减速器的输出；驱动电机和减速器输入多采用直连结构。下臂4同时又是上臂摆动轴U的回转支承，摆动轴U的减速输出驱动上臂6摆动；为了简化下臂结构、方便电机安装，上臂摆动轴U的驱动电机通常固定在上臂回转关节部位，U轴RV减速器大多采用输出法兰固定、针轮（壳体）回转的安装形式；驱动电机和减速器输入同样采用直连结构。

机器人的上下臂回转中心离负载重心的距离远、负载惯量大，通常是垂直串联机器人负载最重的运动轴，故要求传动系统有足够的刚度和驱动转矩。因此，绝大多数机器人都采用输出转矩大、结构刚性好的RV减速器减速。

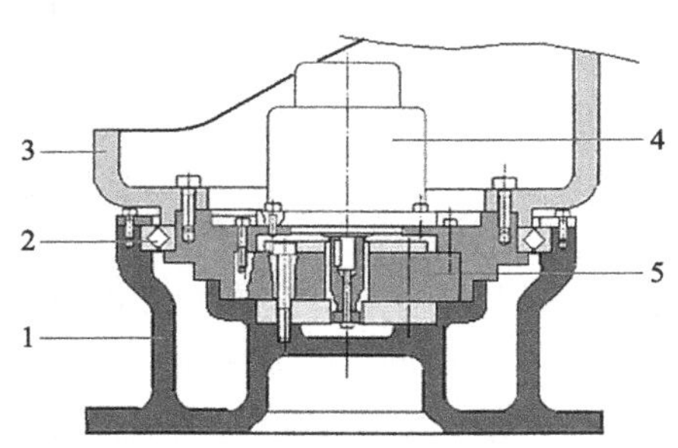

图6.1-5　S轴传动系统

1—基座；2—CRB轴承；
3—腰体；4—驱动电机；5—RV减速器

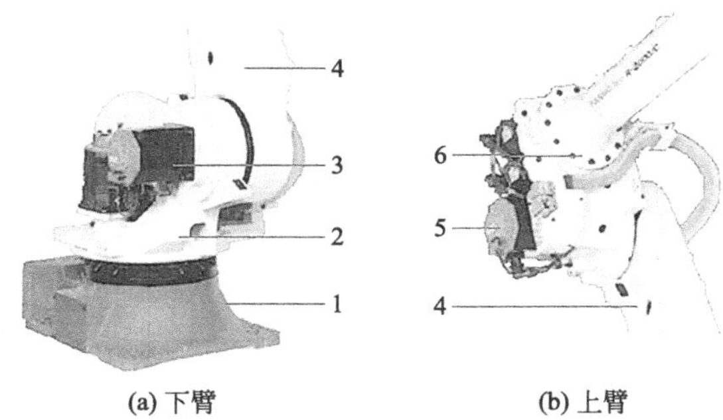

图6.1-6　上下臂摆动轴

1—基座；2—腰体；3—L轴电机；
4—下臂；5—S轴电机；6—上臂

垂直串联机器人下臂摆动轴L的传动系统结构如图6.1-7所示。

驱动下臂摆动的伺服电机3和RV减速器壳体（针轮）5，均固定安装在腰体1上；驱动电机的输出轴直接和减速器输入轴7连接；RV减速器的输出法兰6连接下臂4。因此，当驱动电机3旋转时，将驱动RV减速器的行星齿轮旋转；RV减速器减速后的输出，可驱动下臂4进行摆动运动。

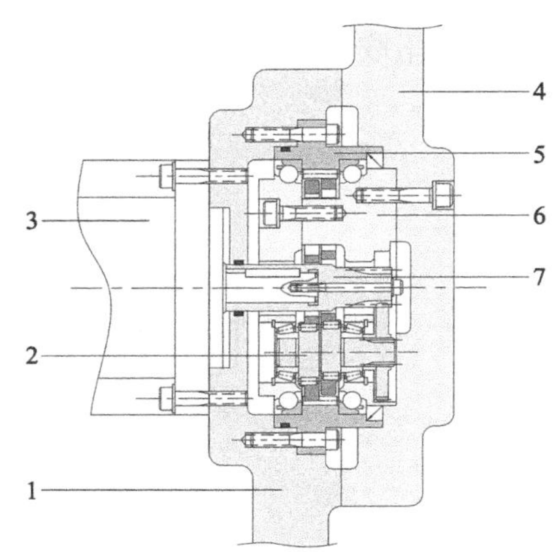

图6.1-7　下臂摆动轴L的传动系统结构

1—腰体；2—RV减速器；3—驱动电机；
4—下臂；5—减速器壳体（针轮）；
6—减速器输出；7—减速器输入

由于下臂摆动轴L的负载惯量大、对减速器的输出转矩要求高，故通常需要使用大规格的RV减速器减速。如RV减速器的载荷允许，下臂可按图6.1-7所示直接利用RV减速器的输出轴承作为下臂的回转支承；否则，可以在腰体1和下臂4之间增加CRB轴承，作为下臂的回转支承，以保证下臂摆动的精度与稳定性。

垂直串联机器人上臂摆动轴U的传动系统结构，实际上和下臂摆动轴L相同；如果图6.1-7旋转180°，并将图中的腰体1改为上臂，它就成了RV减速器输出法兰固定、针轮（壳体）回转、驱动电机和减速器输入直连的上臂摆动轴L的传动系统。

6.1.3　手腕结构形式

1. 组成与安装

工业机器人的手腕主要用来改变末端执行器的姿态（Working Pose），进行工具控制点的定位，它是决定机器人作业灵活性的关键部件，手腕安装形式主要有图6.1-8所示的2种。

垂直串联机器人的手腕由腕部和手部组成。腕部用来连接上臂和手部，其前端呈U型；手部用来安装执行器（作业工具），它可整体在上臂前端的U型叉内摆动。

腕部3通常与上臂2同轴，故可视为上臂的延伸部件；腕部可回绕上臂轴线回转，实现手腕回转轴R的回转运动。中小规格机器人的上臂通常较短，而前驱结构手腕的B、T轴驱

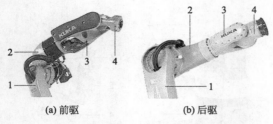

图6.1-8　手腕安装形式

1—下臂；2—上臂；3—腕部；4—手部

动电机需要安装在腕部内侧，其腕部通常较长，因此，在多数情况下，腕部实际上就相当于上臂。采用后驱结构的大中型机器人上臂长，为了保证上臂结构刚性，其腕部通常较短，它一般安装在上臂前端。

手部4通常安装在腕部前端U形叉内侧，它由摆动体（外壳）和回转内芯组成，摆动体可在U形叉内摆动，以实现腕摆动轴B的运动；回转内芯可在摆动体内回转，以实现手回转轴T的运动。

为了保证机器人能够进行灵活作业，手腕需要结构紧凑、运动快捷，但其负载小于机身上的运动轴S、L、U，对传动系统的刚性要求相对较低，因此，手腕通常选择结构紧凑、重量轻、减速比大的谐波减速器进行减速。

2. 结构形式

垂直串联机器人的手腕结构形式主要有图6.1-9所示的3种。

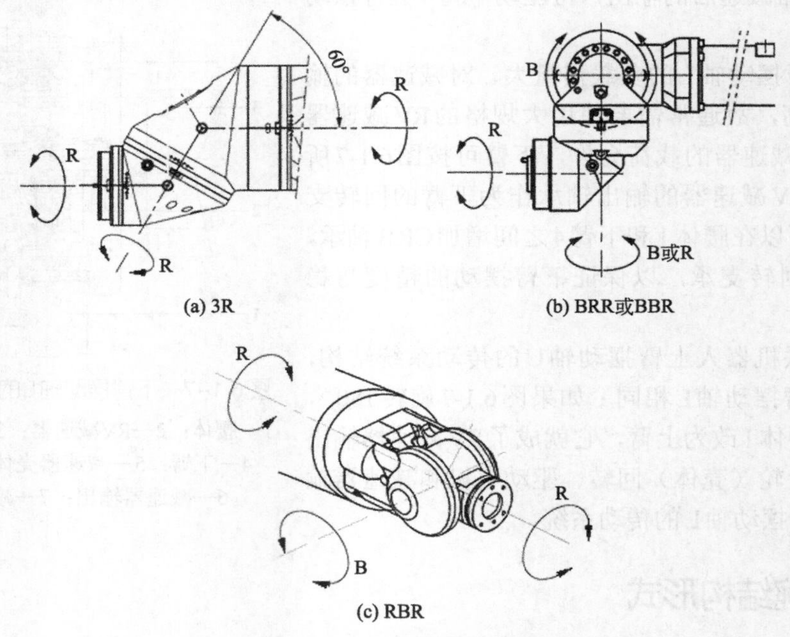

图6.1-9　手腕的结构形式

在工业机器人上，如果运动轴能够进行4象限（360°或接近360°）回转，这样的回转轴称为回转轴或R型轴（Roll）；如果运动轴只能3象限内（小于270°）回转，则称为摆动轴或B型轴（Bend）。

图6.1-9（a）是由3个回转轴组成的手腕，称为3R（RRR）结构手腕，简称3R手腕。3R的结构紧凑、动作灵活、密封性好，但由于3个回转轴的中心线互不垂直，其控制难度较大，因此，多用于对密封防护性能要求高、定位精度要求低的油漆、喷涂等涂装作业机器人，在通用型工业机器人上较少使用。

图6.1-9（b）为“摆动轴+摆动轴+回转轴”或“摆动轴+回转轴+回转轴”组成的手腕，称为BBR或BRR结构手腕，简称BBR手腕或BRR手腕。BBR或BRR手腕的回转中心线相互垂直，并和3维空间的坐标轴一一对应，其操作简单、控制容易，但结构松散；因此，多用于大型、重载机器人，并且还常被简化为BR结构的2自由度手腕。

图6.1-9（c）为“回转轴+摆动轴+回转轴”组成的手腕，称为RBR结构手腕，简称RBR手腕。RBR手腕的回转中心线同样相互垂直，并和3维空间的坐标轴一一对应，它不仅操作简单、控制容易；而且结构紧凑、动作灵活；因此，它是垂直串联工业机器人使用最为广泛的结构形式，前述的前驱手腕、后驱手腕均属于RBR手腕。

6.1.4　前驱RBR手腕结构

1. 结构与特点

小型垂直串联机器人的手腕承载要求低、驱动电机的体积小、重量轻，为了缩短传动链、简化结构、便于控制，它通常采用图6.1-10所示的前驱RBR手腕结构。

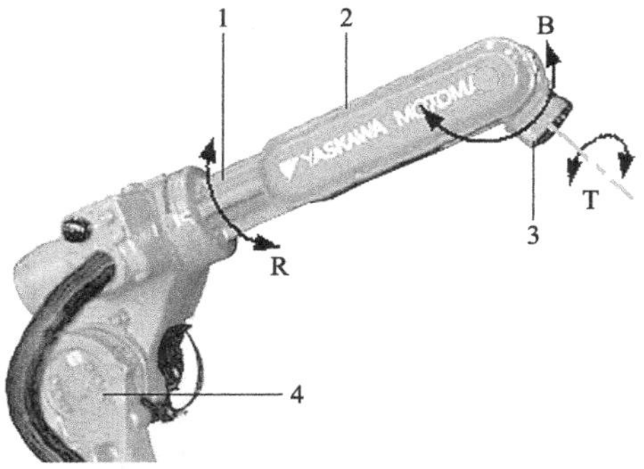

前驱RBR结构手腕有手腕回转轴R、腕摆动轴B和手回转轴T三个运动轴。其中，R轴通常利用腕部（上臂延伸段）的回转实现，其驱动电机和主要传动部件均安装在上臂后端摆动关节处；B轴、T轴驱动电机直接布置于上臂前端内腔，驱动电机和手腕间通过同步皮带连接，3轴传动系统都有大比例的减速器进行减速。

图6.1-10　前驱RBR手腕结构

1—上臂；2—B/T轴电机安装位置；3—摆动体；4—下臂

绝大多数前驱机器人的R轴传动系统结构类似，有关内容可参见后述的典型机器人结构说明；B、T轴传动系统则有采用部件型谐波减速器减速和单元型谐波减速器两种不同的结构形式，其特点分别如下。

在早期设计的产品上，手腕大都采用部件型谐波减速器减速，这种结构的不足是：减速器采用的是刚轮、柔轮、谐波发生器分离型结构，减速器和传动部件都需要在现场安装，其零部件多、装配要求高、安装复杂、传动精度很难保证。特别在手腕维修时，同样需要分解谐波减速器和传动部件，并予以重新装配，这不仅增加了维修难度，而且，减速器和传动部件的装拆会导致传动系统性能和精度的下降。采用部件型谐波减速器的前驱手腕结构可参见后述的典型机器人结构说明。

采用单元型谐波减速器的手腕，可将B、T轴传动系统的全部零件设计成可整体安装、专业化生产的独立组件。与采用部件型谐波减速器的手腕比较，它不仅可解决机器人安装与维修时的谐波减速器及传动部件分离问题，且在装拆时无需进行任何调整，故可提高B、T轴的传动精度和运动速度、延长使用寿命、减少机械零部件数量；其结构简洁，生产制造方便，装配维修容易。

2. 传动组件

采用单元型谐波减速器的前驱RBR手腕传动系统结构如图6.1-11所示，它主要由B轴减速摆动、T轴中间传动、T轴减速输出3个可整体安装、专业化生产的独立组件组成，其B、T轴驱动电机安装在上臂内腔；手腕摆动体安装在U形叉内侧；B轴减速摆动组件、T轴中间传动组件分别安装与上臂前端U形叉两侧；T轴减速输出组件安装在摆动体前端，作业工具安装在与减速器输出轴连接的工具安装法兰上。

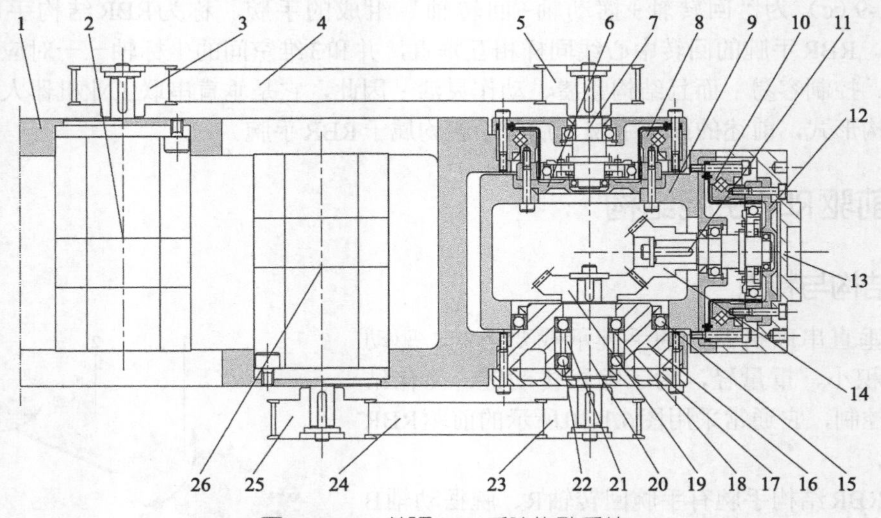

图6.1-11　前驱RBR手腕传动系统

1—上臂；2、26—伺服电机；3、5、23、25—带轮；4、24—同步带；
6、12—输出轴；7、11—输入轴；8、10—CRB轴承；9—摆动体；13—工具安装法兰；
14、19—伞齿轮；15、18、22—轴承；16—支承座；17—端盖；20—中间传动轴；21—隔套

以上3个传动组件的结构和功能分别如下。

1）B轴减速摆动组件

B轴减速摆动组件由B轴谐波减速器、摆动体9及连接件组成。单元型谐波减速器的刚轮、柔轮、谐波发生器、输入轴、输出轴、支承轴承是一个可整体安装的独立单元，其输入轴上加工有键槽和中心螺孔，可直接安装同步带轮或齿轮；输出轴上加工有定位法兰，可直接连接负载；壳体和输出轴间采用了可同时承受径向和轴向载荷的CRB轴承支承。因此，只需要在减速器输入轴7上安装同步皮带轮5、将壳体固定到上臂U形叉上，并使输出轴6与摆动体9连接便可完成安装。

摆动体9的另一侧，利用安装在T轴中间传动组件上的轴承15，进行径向定位、轴向浮动辅助支承。B轴驱动电机2和减速器输入轴7间通过同步皮带4连接，驱动电机旋转时将带动减速器输入轴旋转，减速器输出轴6可带动摆动体实现低速回转。

2）T轴中间传动组件

T轴中间传动组件由摆动体辅助支承轴承15、支承座16、密封端盖17、伞齿轮19、中间传动轴20、同步皮带轮23及中间传动轴支承轴承、隔套、锁紧螺母等件组成，它用来连接T轴驱动电机和T轴减速输出组件，并对摆动体进行辅助支承。

中间传动轴20的一端通过同步皮带轮23、同步皮带24和驱动电机输出轴连接，另一端通过伞齿轮19与T轴谐波减速器输入伞齿轮14啮合、变换转向。中间传动轴的支承轴承采用的是DB（背对背）组合的角接触球轴承，可同时承受径向和轴向载荷，并避免热变形引

起的轴向过盈。

3）T轴减速输出组件

T轴减速输出组件固定在摆动体前端，减速器输入轴11上安装伞齿轮14，输出轴12连接工具安装法兰13，壳体固定在摆动体前端。当减速器输入轴在伞齿轮的带动下旋转时，输出轴可带动工具安装法兰低速回转。

图中的伞齿轮14和19不仅起到转向变换的作用，同时还可通过改变直径，调节T轴减速输出组件和中间传动组件的相对位置。工具安装法兰13上设计有标准中心孔、定位法兰和定位孔、固定螺孔，可直接安装机器人的作业工具。

以上3个传动组件均利用安装法兰定位、连接螺钉固定，装拆时无需进行任何调整；同时，B/T轴谐波减速器也无需分解，故其传动精度、摆动速度、使用寿命等技术指标，可保持出厂指标不变。

6.1.5　后驱RBR手腕结构

1. 结构与特点

大中型工业机器人需要有较大的输出转矩和承载能力，B、T轴驱动电机的体积大、重量重，为了保证电机有足够的安装空间和良好的散热条件，同时减小上臂的体积和重量，平衡重力，提高运动稳定性，它通常采用图6.1-12所示的后驱RBR结构，将手腕R、B、T轴的驱动电机均布置在上臂后端，然后通过上臂内部的传动轴，将驱动力传递到上臂前端的手腕单元上，利用手腕单元实现R、B、T轴的回转与摆动。

后驱结构不仅可解决前驱结构所存在的B、T轴驱动电机安装空间小、散热差，检测、维修、保养困难等问题，而且还可使上臂结构紧凑、重心后移，提高机器人的作业灵活性和重力平衡性，使机器人运动更稳定。由于后驱结构的R轴回转关节以后，已无其他电气连接线缆，故R轴理论上可无限旋转。

后驱RBR结构的R、B、T轴驱动电机均安装在上臂后部，因此，需要通过上臂内部的传动轴，将动力传递至前端的手腕单元上；在手腕单元上，则需要将传动轴输出转为驱动B、T轴回转的动力，故其传动系统结构相对复杂、传动链长，B、T轴的传动精度一般不及前驱手腕。

2. 上臂

采用后驱RBR手腕的机器人上臂通常如图6.1-13所示。为了将安装在上臂后端的R、B、T轴驱动电机动力传递到前端手腕单元上，上臂需要采用中空结构，并在内部需要安装R、B、T传动轴。

上臂的后端是R、B、T轴的输入同步带轮组件1，前端安装有手腕回转的R轴减速器4，上臂体3可通过安装法兰2固定在上臂摆动体上。R轴减速器同样为中空结构，减速器壳体固定在上臂体3上，输出轴用来连接手腕单元，内孔需要穿越B轴5和T轴6。

上臂传动系统结构如图6.1-14所示，其机械传动部件可分为内外4层。由于机器人的T、B、R轴的驱动力矩依次增加，为了保证传动系统的刚性，通常情况下，由内向外依次为手回转传动轴T、腕弯曲传动轴B、手腕回转传动轴R，每一传动轴均可独立回转；最外侧为固定的上臂体。

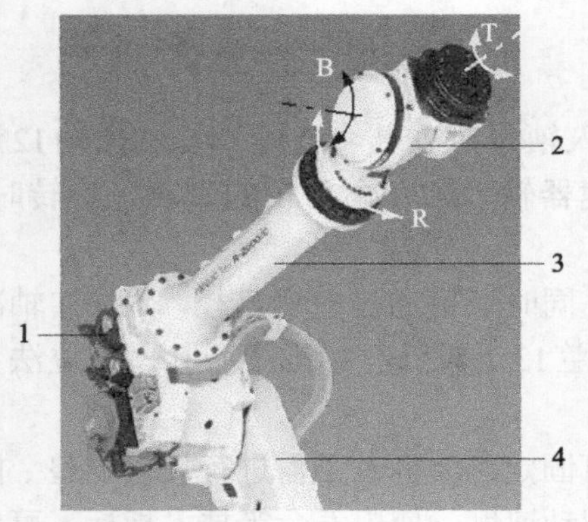

图6.1-12　后驱RBR手腕结构

1—R/B/T电机；2—手腕单元；
3—上臂；4—下臂

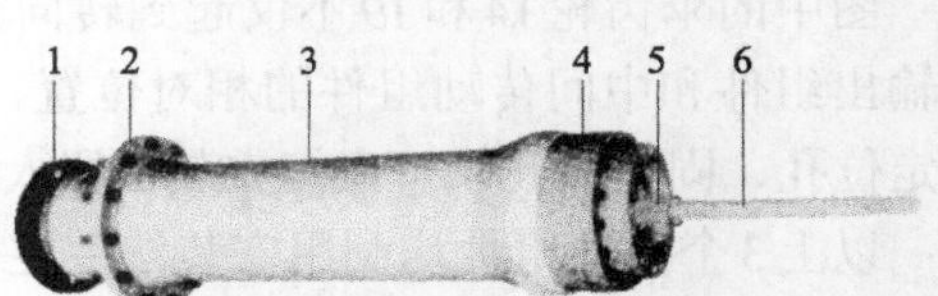

图6.1-13　上臂组成

1—同步带轮；2—安装法兰；3—上臂体；
4—R轴减速器；5—B轴；6—T轴

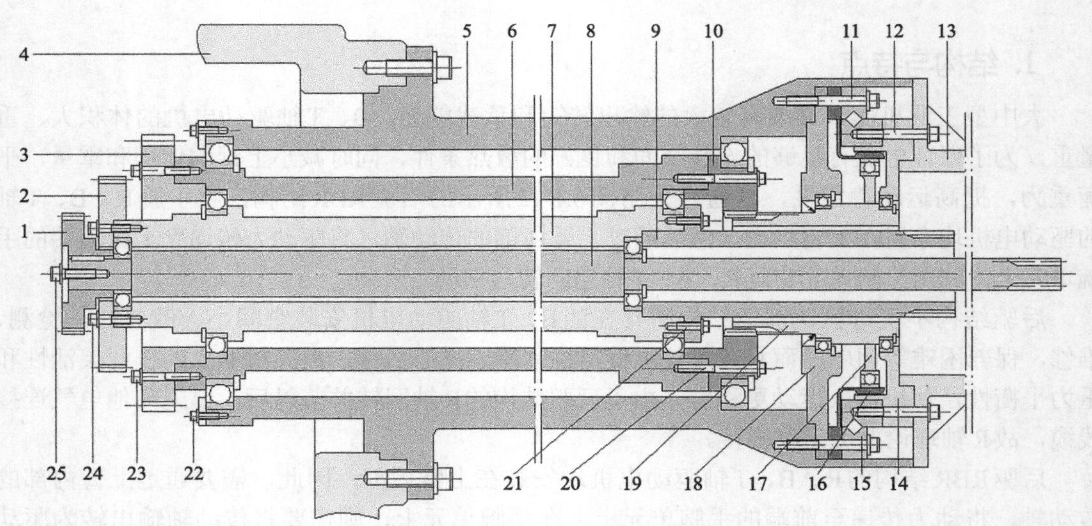

图6.1-14　上臂传动系统

1、2、3—T、B、R轴同步带轮；4—上臂摆动体；5—上臂；6—R轴；
7—B轴；8—T轴；9—B花键轴；10—R轴花键套；11、12—螺钉；13—手腕体；
14—刚轮；15—CRB轴承；16—柔轮；17—谐波发生器；18—端盖；19—输入轴；20～25—螺钉

上臂5的后端是R、B、T轴驱动电机和传动轴的连接部件和后支承部件。为方便驱动电机的安装，R、B、T轴驱动电机和传动轴间一般采用同步带连接；当然，如果结构允许，也可采用齿轮传动，而内层的T轴还可和电机输出轴直连。

上臂5的内腔由内向外，依次布置有T轴8、B轴7、R轴6。其中，T轴8一般为实心轴，它需要穿越上臂、R轴减速器及后述的手腕单元，与手腕单元最前端的伞齿轮连接。B轴7、R轴6为中空轴，R轴内侧套B轴；B轴内侧套T轴。

R轴6通过前端花键套10与安装在上臂前法兰的R轴减速器输入轴连接，其前后支承轴承分别安装在轴后端及前端中空花键套10上，花键套10和R轴6间，利用安装法兰和螺钉固定。为了简化结构，在部分机器人上，减速器输入轴和R轴间也可使用带键轴套等方法进行连接。

B轴7的前端连接有一段花键轴9，花键轴9用来连接B轴7和后述手腕单元上的B轴。花键轴9和B轴7之间，通过安装法兰和螺钉连成一体；轴外侧安装前后支承轴承。

T轴8直接穿越B轴及后述的手腕单元，与最前端的T轴伞齿轮连接。T轴的前后支承轴承分别布置于B轴7的前后内腔。

3. 手腕单元

采用后驱RBR手腕的机器人手腕单元组成一般如图6.1-15所示，它通常由B/T传动轴、B轴减速摆动、T轴中间传动、T轴减速输出4个组件及连接体、摆动体等安装部件组成，其内部传动系统结构较复杂。

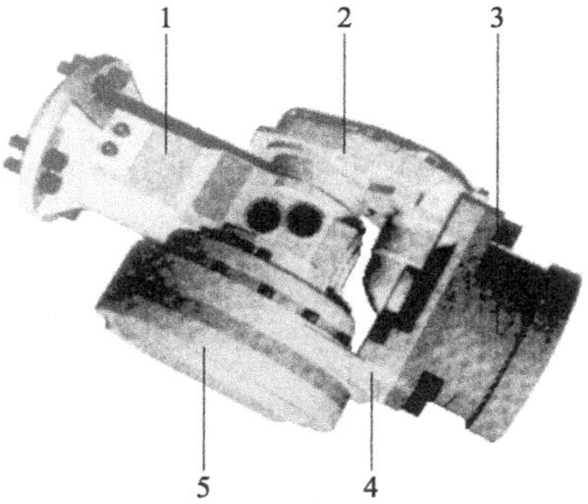

图6.1-15　手腕单元组成

1—连接体；2—T轴中间传动组件；3—T轴减速输出组件；4—摆动体；5—B轴减速摆动组件

连接体1是手腕单元的安装部件，它与上臂前端的R轴减速器输出轴连接后，可带动整个手腕单元实现R轴回转运动。连接体1为中空结构，B/T传动轴组件安装在连接体内部；B/T传动轴组件的后端可用来连接上臂的B/T轴输入，前端安装有驱动B、T轴运动和进行转向变换的伞齿轮。

摆动体4是一个带固定臂和螺钉连接辅助臂的U形箱体，它可在B轴减速器输出轴的驱动下，在连接体1上进行B轴摆动运动。

B轴减速摆动组件5是实现手腕摆动的部件，其内部安装有B轴减速器及伞齿轮等传动件。手腕摆动时，B轴减速器的输出轴可带动摆动体4及安装在摆动体上的T轴中间传动组件2、T轴减速输出组件3进行B轴摆动运动。

T轴中间传动组件2是将连接体1的T轴驱动力，传递到T轴减速输出部件的中间传动装置，它可随B轴摆动。T轴中间传动组件由2组同步皮带连接、结构相同的过渡轴部件组成；过渡轴部件分别安装在连接体1和摆动体4上，并通过两对伞齿轮完成转向变换。

T轴减速输出组件直接安装在摆动体上，组件的内部结构和前驱手腕类似，传动系统主要有T轴谐波减速器、工具安装法兰等部件。工具安装法兰上设计有标准中心孔、定位法兰和定位孔、固定螺孔，可直接安装机器人的作业工具。

手腕单元同样可使用部件型谐波减速器或单元型谐波减速器减速，两种结构的B、T轴传动系统分别如下。

1）采用单元型减速器

采用单元型减速器（如Harmonic Drive System SHG-2UJ系列）的手腕传动系统结构如图6.1-16所示。

采用单元型谐波减速器的B、T轴传动系统是一个由B/T传动轴、B轴减速摆动、T轴中间传动、T轴减速输出4个可整体装拆的组件，以及连接体、摆动体等安装部件组成的完整单元，单元组件的结构和功能分别如下。

（1）B/T传动轴组件

B/T传动轴组件是连接B/T输入轴和摆动体、变换转向的部件，它安装在连接体内腔。组件采用了中空内外套结构，它通过外套2的前端外圆和后端法兰定位，可整体从连接体后端取出；此外，如无内套，连接体前端伞齿轮的安装、加工、调整将会非常麻烦。

B传动轴由连接套3、内套4、伞齿轮7及连接件组成，它利用前后支承轴承和外套内孔配合；轴承一般采用1对DB组合的角接触球轴承，以承受径向和轴向载荷、避免热变形引起的轴向过盈。连接套3用来连接B输入轴5，以驱动B轴伞齿轮7旋转；伞齿轮7和内套4利用键、锁紧螺母连为一体，前轴承安装在伞齿轮上。

T输入轴6来自上臂，其前端安装有伞齿轮8和支承轴承，轴承由内套孔进行径向定位、轴向浮动支承；伞齿轮利用键和中心螺钉固定在T输入轴上。

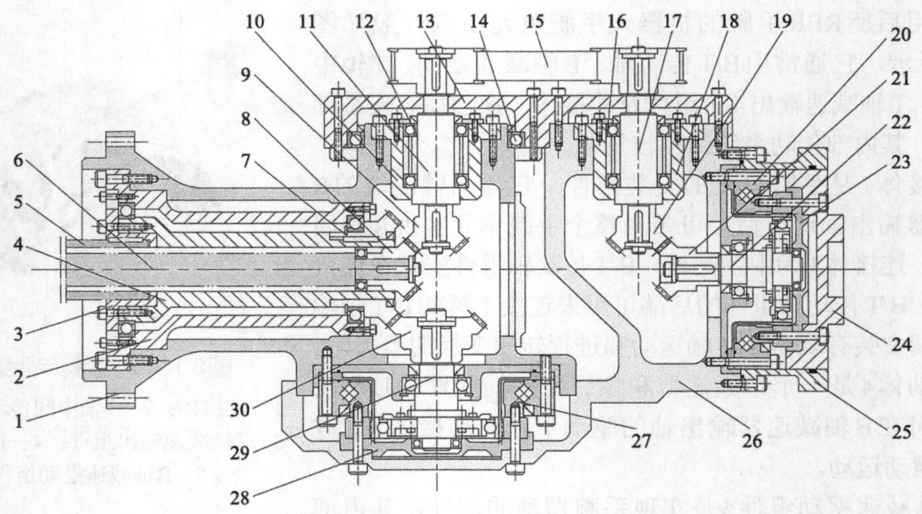

图6.1-16 采用单元型减速器的手腕传动系统

1—连接体；2—外套；3—连接套；4—内套；5—B输入轴；
6—T输入轴；7、8、9、19、21、30—伞齿轮；10、18—支承座；
11、17—轴；12、14、16—轴承；13—辅助臂；15—同步皮带；20、27—减速器；
22、29—输入轴；23、28—输出轴；24—工具安装法兰；25—防护罩；26—摆动体

（2）B轴减速摆动组件

B轴减速摆动组件是一个可摆动U形箱体，出于安装的需要，箱体的辅助臂13和摆动体26间用螺钉连接；辅助臂和连接体间安装有轴承14，作为B轴的辅助支承。B轴减速同样采用了SHG-2UJ系列轴输入单元型谐波减速器，其输入轴29上安装齿轮30；输出轴28连接摆动体26；壳体固定在连接体1上。当B输入轴5旋转时，利用伞齿轮7和30，可带动减速器输入轴旋转，减速器的输出轴可直接驱动U形箱体摆动。

（3）T轴中间传动组件

T轴中间传动组件由2组同步皮带连接、结构相同的过渡轴部件组成，其作用是将T输入轴的动力传递到T轴减速器上。第1组过渡轴部件固定在连接体上，其伞齿轮9和B/T传动轴组件上的T轴伞齿轮8啮合，将T轴动力从连接体1上引出；第2组过渡轴部件安装在摆动体26上，其伞齿轮19和T轴谐波减速器输入轴上的伞齿轮21啮合，将T轴动力引入到摆动体箱体内，带动T轴减速器输入轴回转。

过渡轴部件由支承座10（18）、轴11（17）、支承轴承12（16）及连接件组成，其结构与前驱手腕类似。支承座加工有定位法兰，可直接安装到连接体或摆动体上；轴安装在支承座内，通过1对DB组合、可同时承受轴向和径向载荷的角接触球轴承支承；轴内侧安装伞齿轮，外侧安装同步带轮，伞齿轮和同步带轮均通过键和中心螺钉固定。

（4）T轴减速输出组件

T轴减速输出组件固定在摆动体前端，用来实现T轴回转减速和安装作业工具。T轴减速同样采用了轴输入单元型谐波减速器，输入轴22上安装伞齿轮21，输出轴23连接工具安装法兰24，壳体固定在摆动体上，外部用防护罩25密封与保护。工具安装法兰24上设计有标准的中心孔、定位法兰和定位孔、固定螺孔，可直接安装机器人的作业工具；当减速器输入轴在伞齿轮带动下旋转时，输出轴可直接驱动工具安装法兰及作业工具实现T轴回转。

以上4个标准化组件同样都利用安装法兰定位、连接螺钉固定，装拆时无需进行任何调整；同时，B/T轴谐波减速器也无需分解，故传动精度、摆动速度、使用寿命等技术指标，可完全保持出厂指标不变。

2）采用部件型减速器

采用部件型减速器的手腕单元传动系统结构如图6.1-17所示。

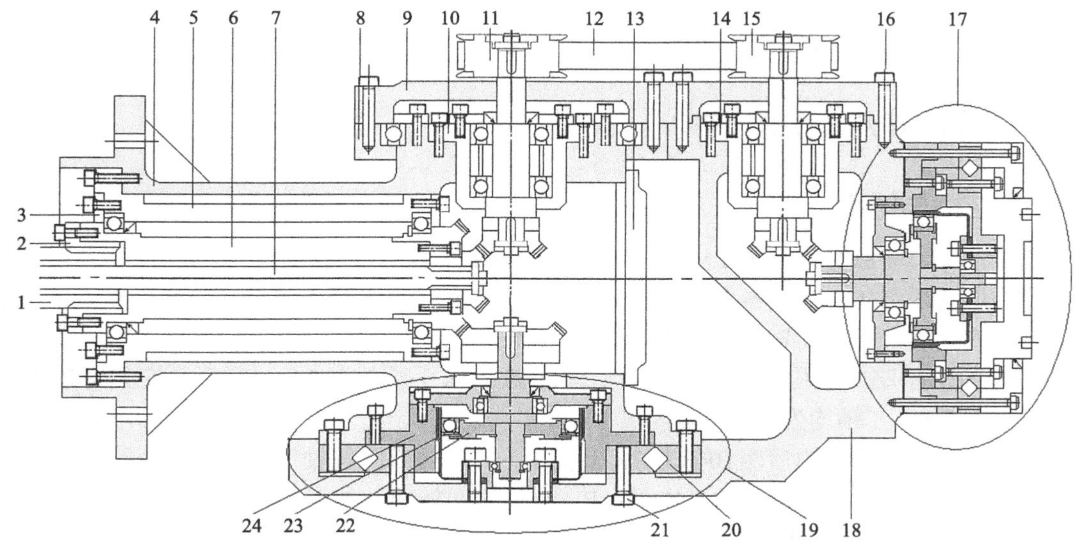

图6.1-17　采用部件型减速器的手腕单元传动系统

1—B花键轴；2—花键套；3—压圈；4—连接体；5—内套；6—B轴接杆；7—T轴；8—压板；9—辅助臂；10、14—支承座；11、15—同步带轮；12—同步带；13—端盖；16、21—螺钉；17—手回转减速部件；18—摆动体；19—腕摆动减速部件；20—CRB轴承；22—谐波发生器；23—柔轮；24—刚轮

采用部件型谐波减速器的手腕组成和部件与采用单元型谐波减速器的手腕基本类似，但在减速部件17、19中，减速器生产厂家只提供谐波发生器22、柔轮23和刚轮24；其他的安装连接件，如端盖、输入轴、柔轮压紧圈、CRB输出轴承等，均需要机器人生产厂家自行设计和制作。有关部件型谐波减速器的结构原理可参见第4章。

采用部件型谐波减速器的手腕安装与维修较为复杂。手腕单元维修时，应先取下前端盖13，松开T轴7上的伞齿轮固定螺钉，将T轴和手腕单元分离；然后，取下连接体4和上臂中R轴减速器连接的螺钉，将整个手腕单元从机器人上取下。

手腕单元取下后，可松开连接体4后端的内套5固定螺钉，将内套连同前端的伞齿轮，整体从连接体4中取出；接着，可依次分离B/T轴传动组件上的花键套2、伞齿轮、前后支承轴承和B轴连接杆6，进行部件的维修或更换。

手腕单元的T轴回转减速部件需要维修时，可直接将整个组件从摆动体18上整体取下，然后，按图依次分离传动部件、进行部件的维修或更换。

手腕单元的B轴摆动减速组件需要维修时，首先应将摆动体18从连接体4上取下。在连接体4的左侧，应先取下T轴中间传动组件的同步带12和带轮11、15；然后，取下固定螺钉16、取出辅助臂9，分离连接体4和摆动体18的左侧连接。左侧连接分离后，如果需要，便可分别将T轴中间传动轴从连接体4、摆动体18上取下，进行相关部件的维修或更换。

在辅助臂9取出、左侧连接分离后，便可取下连接体4右侧的摆动体18和B轴减速器输出轴的连接螺钉21，分离连接体4和摆动体18的连接。这样，便可将摆动体18以及安装在摆动体上的T轴中间传动组件、T轴减速输出组件等，整体从手腕单元上取下；然后，再根据需要，进行相关部件的维修或更换。

当摆动体18从连接体4上取下后，如果需要，就可按图依次分离B轴谐波减速器及安装连接件，进行谐波减速器的维修。

手腕单元的安装过程与上述相反。

6.1.6 后驱RR/3R手腕结构

1. 结构与特点

用于油漆、喷涂等作业的工业机器人，不但要求手腕的运动灵活，而且由于作业现场存在雾状易燃易爆气体，对机器人、特别是上臂和手腕的密封和防爆性能要求高，故多采用运动灵活、密封性好的后驱RBR、BRR或RRR（3R）结构手腕。

后驱RBR手腕的结构可参见前述。后驱BRR、3R手腕如图6.1-18所示，它们与RBR手腕的区别是其B、T轴均为4象限回转轴（Roll）。

图6.1-18（a）所示的后驱BRR或3R手腕由1个摆动或回转轴（R轴）、2个回转轴（B、T轴）组成，其B轴中心线为垂直布置，R、B轴的回转中心线以及B、T轴的回转中心线，两两垂直相交，3个回转或摆动轴的中心线分别与三维笛卡尔坐标系的X、Y、Z轴一一对应。因此，机器人的结构层次清晰、运动控制容易、操作简单直观；但手腕结构相对松散、外形较大，故多用于中大规格涂装机器人。根据R、B、T轴的运动范围，这种手腕也可变形为BBR或RBR等结构。

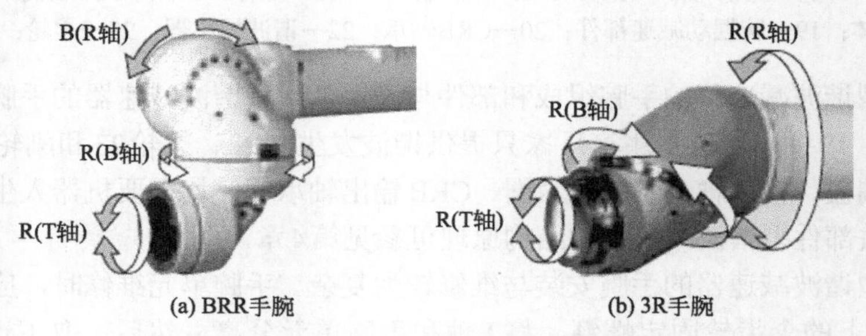

图6.1-18　后驱BRR/3R手腕外观

图6.1-18（b）所示的3R（RRR）手腕的R、B、T轴均为回转轴，其中，B轴通常需要采用45°倾斜布置，以便通过回转改变T轴的作业面向，实现类似摆动的功能。3R手腕的R、B轴回转中心线以及B、T轴回转中心线，分别为倾斜相交，B轴回转运动和T轴关联，机器

人的运动控制较为复杂，操作不及BRR结构手腕直观；但是，手腕的结构紧凑、动作灵活，故可用于各种规格的涂装机器人。3R手腕的R轴结构与前述的RBR手腕相同。

为了简化结构、方便操作与控制，在机器人作业要求固定、对手腕灵活性要求不高的场合，有时也可使用RR结构的手腕，这种手腕一般省略手腕摆动轴B，手腕摆动通过机器人的上下臂的摆动间接实现，它是5轴垂直串联机器人有时采用的结构。

2. RR手腕

BRR、3R及RR手腕与前述RBR手腕的结构区别是：它们均有2个相邻的回转轴进行串联，因此，RR结构是BRR、3R手腕传动系统的基础。

RR手腕通常由2个中心线相互垂直的回转轴组成，其传动系统结构如图6.1-19所示。由于驱动T轴的传动轴需要穿越R轴的减速机构，因此，R轴的谐波减速器必须采用中空结构。

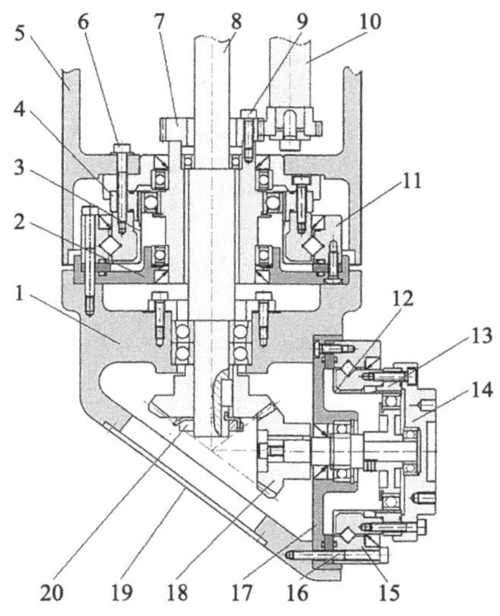

图6.1-19 RR手腕传动系统

1—回转体；2、17—壳体；3、12—柔轮；4、13—输出轴（刚轮）；5—上臂；6、9、16—螺钉；7—齿轮；8—T轴；10—R轴；11、15—CRB轴承；14—安装法兰；18—伞齿轮；19—盖板；20—螺母

图6.1-19中的R轴谐波减速器采用了中空轴单元型谐波减速器（如Harmonic Drive System SHG-2UH系列等），并以输出轴（刚轮）4固定、壳体2回转的方式安装。谐波发生器的输入通过直齿轮7及上臂内的R轴10驱动；由于减速器的输出轴（刚轮）被固定，当谐波发生器旋转时，柔轮3将带动壳体2、回转体1减速回转。图中的R轴10采用的是偏心布置的实心轴，如果需要，也可采用和T轴8同轴布置的空心轴结构。

T轴安装在回转体1上，T轴谐波减速器采用的是轴输入单元型谐波减速器（如Harmonic Drive System SHG-2UJ系列等），且其输出轴（刚轮）13上直接加工有工具安装法兰。T轴减速器采用的是壳体17固定、输出轴回转的安装方式。谐波发生器的输入来自伞齿轮18，齿轮18由来自上臂、穿越R轴减速器的T轴8驱动；当谐波发生器旋转时，输出轴（刚轮）13将带动末端执行器安装法兰14减速回转。为了提高支承刚性，T轴8的前端采用1对DB组合、可同时承受轴向和径向载荷的角接触球轴承进行固定支承，在R轴谐波减速器中空内孔上，安装了轴向浮动的径向辅助支承轴承。

图示RR手腕的T轴单元型谐波减速器，可在松开减速器壳体安装螺钉16后，连同输入伞齿轮18直接从回转体1上取下。需要进行R轴减速器、T轴8的传动部件维修更换时，应先取下回转体1上的端盖19，松开伞齿轮锁紧螺母20、取出轴端伞齿轮后，从上臂5的内侧，取下安装螺钉9、取出齿轮7；此时，只要取下B轴减速器的安装螺钉6，便可将回转体1连同R轴减速器整体从上臂5上取下。

3. BRR（3R）手腕

B轴中心线垂直布置的后驱BRR或3R手腕传动系统的结构如图6.1-20所示。由于手腕的3个回转摆动轴的中心线都不与上臂中心线同轴，因此，需要有3组伞齿轮进行转向变换，其传动系统结构较为复杂。

图中的连接体1用于整个手腕单元的装拆，它可通过安装、定位法兰和机器人上臂的外壳连接，使手腕和上臂的外壳成为一体。

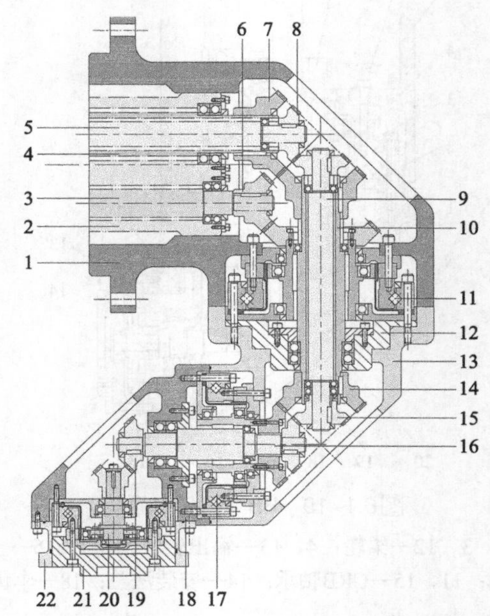

图6.1-20　BRR（3R）手腕传动系统

1—连接体；2—内套；3—R轴；4—B轴；5—T轴；
6、7、8、14、15、19—伞齿轮；9、10、16—中间传动轴；11、17—中空轴谐波减速器；
12—支承座；13—摆动体；18—回转体；20—轴输入谐波减速器；21—工具安装法兰；22—防护罩

图6.1-20中的内套2、R轴3、B轴4、T轴5均为来自上臂前端输出的传动部件。其中，R轴为实心轴，它通过伞齿轮6变换转向后，直接与R轴谐波减速器11的谐波发生器连接，以驱动摆动体13减速回转。B、T轴采用的是内外套结构，它们需要通过伞齿轮7、8变换转向后，利用穿越R轴减速器的B、T中间传动轴9、10，继续传递到摆动体13的前端。R轴减速器11采用的是中空轴、单元型谐波减速器（如Harmonic Drive System SHG-2UH系列等），并采用了输出轴固定、壳体回转的安装形式，输出轴固定安装在连接体1上，壳体与摆动体13连为一体、可随摆动体回转。

B、T中间传动轴9、10同样采用内外套结构，它们安装于R轴谐波减速器11的中空内腔，其前端均通过1对DB组合的角接触球轴承进行固定支承，以承受轴向和径向载荷，支承座12固定在摆动体13上；后端以深沟球轴承进行径向定位、轴向浮动支承。其中，B轴在通过伞齿轮14变换转向后，直接与B轴谐波减速器17的谐波发生器连接，以驱动回转体18减速回转。

摆动体13为L型箱体，其输入侧（后端）安装有R轴减速器壳体和中间轴支承座；输出侧（前端）安装有B轴谐波减速器17和中间传动轴16。B轴减速器同样采用中空轴、单元型谐波减速器（如Harmonic Drive System SHG-2UH系列等），以及输出轴固定、壳体回转的安装形式，输出轴固定安装在摆动体13上，壳体与回转体18连为一体、可随回转体回转。

T轴的第2中间传动轴16安装于B轴谐波减速器17的中空内腔，其前端通过安装在回转体18上的1对DB组合角接触球轴承进行固定支承，以承受轴向和径向载荷；后端以一只深沟球轴承进行径向定位、轴向浮动支承。中间传动轴16通过伞齿轮19变换转向后，与T轴谐波减速器20的输入轴连接，以驱动工具安装法兰21减速回转。

回转体18同样为L型箱体，其输入侧（后端）安装有B轴减速器壳体和T中间传动轴16的支承座；输出侧（前端）安装有T轴谐波减速器20以及工具安装法兰21、防护罩22等工具安装及防护部件。

T轴谐波减速器20采用的是轴输入、单元型谐波减速器（如Harmonic Drive System SHG-2UJ系列等）和壳体固定、输出轴回转的安装形式，壳体固定安装在回转体18上，输出轴与工具安装法兰22连为一体，以驱动工具实现T轴回转。防护罩22用于T轴谐波减速器和工具安装法兰的密封与防护。

连接体1、摆动体13、回转体18的结合面及摆动体13、回转体18调整窗口的防护盖板上均安装与密封件，使整个组件为一个结构紧凑的密封3R手腕单元。此外，由于手腕内部无线缆管线，如需要，手腕的R、B、T轴本身可进行无限回转。

手腕单元维修时，可在松开连接体1和上臂的连接螺钉后，将手腕单元和机器人上臂整体分离；在此基础上，可依次松开R轴减速器的输出轴连接螺钉、取下连接体1；松开R轴减速器的壳体连接螺钉、从摆动体上取下R轴减速器及支承座；松开B轴减速器的输出轴连接螺钉、取下回转体18；松开B轴减速器的壳体连接螺钉、从回转体上取下B轴减速器及支承座。T轴谐波减速器20可在松开工具安装法兰21和防护罩22的连接螺钉、取下工具安装法兰和防护罩后，直接从回转体1的前端取出。

6.2 SCARA及Delta机器人

6.2.1 前驱SCARA结构

1. 结构与特点

SCARA（Selective Compliance Assembly Robot Arm，选择顺应性装配机器手臂）结构是日本山梨大学在1978年发明的、一种建立在圆柱坐标上的特殊机器人结构形式。

SCARA机器人通过2～3个水平回转关节实现平面定位，结构类似于水平放置的垂直串联机器人，手臂为沿水平方向串联延伸、轴线相互平行的回转关节；驱动转臂回转的伺服电机可前置在关节部位（前驱），也可统一后置在基座部位（后驱）。

SCARA机器人的结构简单、外形轻巧、定位精度高、运动速度快，它特别适合于平面定位、垂直方向装卸的搬运和装配作业，故首先被用于3C行业印刷电路板的器件装配和搬运作业；随后在光伏行业的LED、太阳能电池安装，以及塑料、汽车、药品、食品等行业的平面装配和搬运领域得到了较为广泛的应用。

前驱SCARA机器人的典型结构如图6.2-1所示，机器人机身主要由基座1、后臂11、前臂5、升降丝杠7等部件组成。后臂11安装在基座1上，它可在C1轴驱动电机2、减速器3的驱动下水平回转。前臂5安装在后臂11的前端，它可在C2轴驱动电机10、减速器4的驱动下水平回转。

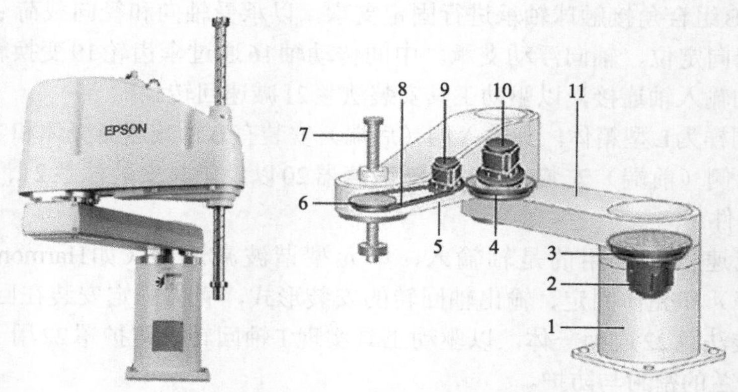

图6.2-1　前驱SCARA机器人典型结构

1—基座；2—C1轴电机；3—C1轴减速器；4—C2轴减速器；5—前臂；
6—升降减速器；7—升降丝杠；8—同步皮带；9—升降电机；10—C2轴电机；11—后臂

前驱SCARA机器人的执行器垂直升降通过滚珠丝杠7实现，丝杠安装在前臂的前端，它可在升降电机9的驱动下进行垂直上下运动；机器人使用的滚珠丝杠导程通常较大，而驱动电机的转速较高，因此，升降系统一般也需要使用减速器6进行减速。此外，为了减轻前臂的前端的质量和体积，提高运动稳定性，降低前臂驱动转矩，执行器升降电机9通常安装在前臂回转关节部位，电机和减速器6间通过同步皮带8连接。

前驱SCARA机器人的机械传动系统结构简单、层次清晰、装配方便、维修容易，它通常用于上部作业空间不受限制的平面装配、搬运和电气焊接等作业，但其转臂外形、体积、质量等均较大，结构相对松散，加上转臂的悬伸负载较重，对臂的结构刚性有一定的要求，因此，在多数情况下只有2个水平回转轴。

2. 传动系统

前驱SCARA机器人的转臂传动系统结构如图6.2-2所示。

在图6.2-2所示的前驱SCARA机器人上，后臂回转轴C1的驱动电机4通过过渡板3、后臂连接板29，倒置安装在基座1的内腔；前臂回转轴C2的驱动电机18利用过渡板16，垂直安装在后臂7的前端关节上方。如果在前臂8的前端，同样安装一个结构与C2轴类似的第3轴转臂、驱动电机、减速器及相关的连接部件，这样就可组成具有3转臂的前驱SCARA机器人。

SCARA机器人的结构紧凑、负载轻、运动速度快，为此，多采用结构简单、体积小、重量轻的谐波减速器减速。为了简化结构，图中的C1、C2轴减速均采用了刚轮、柔轮和CRB轴承一体化设计的简易单元型谐波减速器（如Harmonic Drive System SHG-2SO系列等）减速，减速器的刚轮9、23及CRB轴承12、24的内圈，分别通过连接螺钉20、5连为一体；减速器的柔轮10、25和CRB轴承12、24的外圈，分别通过固定环14、22及连接螺钉21、6连为一体。

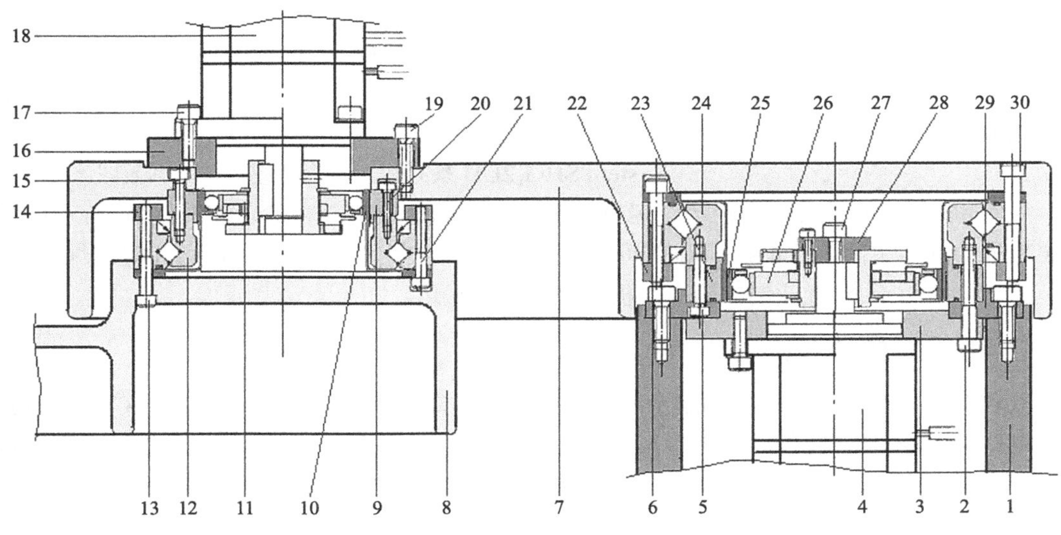

图6.2-2　前驱SCARA机器人转臂传动系统结构

1—基座；2、5、6、13、15、17、19、20、21、27、30—螺钉；
3、16—过渡板；4、18—驱动电机；7—后臂；8—前臂；9、23—谐波减速器刚轮；10、25—谐波减速器柔轮；
11、26—谐波发生器；12、24—CRB轴承；14、22—固定环；28—固定板；29—后臂连接板

C1、C2轴谐波减速器采用的是刚轮固定、柔轮输出的安装形式。C1轴减速器的谐波发生器26，通过固定板28、键和驱动电机4的输出轴连接；刚轮23固定在后臂连接板29的上方；柔轮25通过连接螺钉30连接后臂7；当驱动电机4旋转时，谐波减速器的柔轮25可驱动后臂7低速回转。C2轴减速器的谐波发生器11和驱动电机18的输出轴间用键、支头螺钉连接；刚轮9固定在前臂8上；柔轮10通过螺钉13连接前臂8；当驱动电机18旋转时，谐波减速器的柔轮10可驱动前臂8低速回转。

前驱SCARA机器人的结构简单，安装、维修非常容易。例如，取下减速器柔轮和转臂的固定螺钉13、30，就可将前臂8、后臂7连同前端部件整体取下；取下安装螺钉19、2，就可将驱动电机18、4，连同过渡板16、3及谐波发生器11、26，整体从转臂、基座上取下。如需要，还可按图继续分离谐波减速器的刚轮、柔轮和CRB轴承。机器人传动部件的安装，可按上述相反的步骤依次进行。

6.2.2　后驱SCARA结构

1. 结构与特点

后驱SCARA机器人的结构如图6.2-3所示。这种机器人的悬伸转臂均为平板状薄壁，其结构非常紧凑。

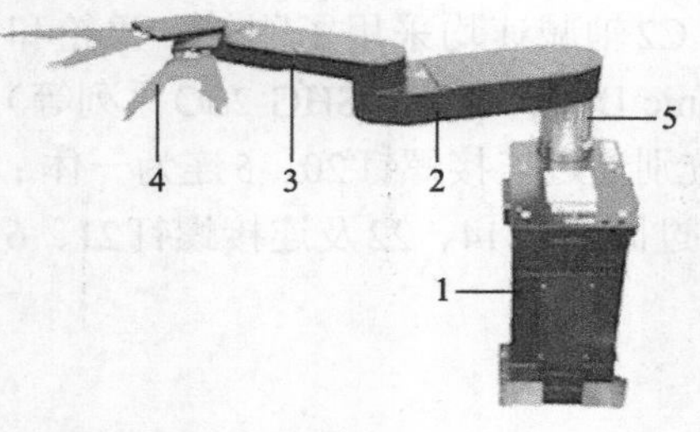

图6.2–3　后驱SCARA机器人结构

1—基座；2—后臂；
3—前臂；4—工具；5—升降套

后驱SCARA机器人前后转臂及工具回转的驱动电机均安装在升降套5上；升降套5可通过基座1内的滚珠丝杠（或气动、液压）升降机构升降。转臂回转减速的减速器均安装在回转关节上；安装在升降套5上的驱动电机，可通过转臂内的同步皮带连接减速器，以驱动前后转臂及工具的回转。

由于后驱SCARA机器人的结构非常紧凑，负载很轻、运动速度很快，为此，回转关节多采用结构简单、厚度小、重量轻的超薄型减速器（如Harmonic Drive System SHG-2UH系列等）进行减速。

后驱SCARA机器人结构轻巧、定位精度高、运动速度快，它除了作业区域外，几乎不需要额外的安装空间，故可在上部空间受限的情况下，进行平面装配、搬运和电气焊接等作业，因此，多用于3C行业的印刷电路板器件装配和搬运。

2. 双转臂传动系统

双转臂后驱SCARA机器人的转臂传动系统的结构如图6.2-4所示。图中的C1、C2轴的驱动电机30、23均安装在升降套21的内腔，当驱动电机规格较大时，可采用C2轴驱动电机23和中间传动轴26直连，C1轴驱动电机30外置、电机和谐波发生器18为同步皮带连接的结构，以减小升降套21的外径。

为了布置C2轴传动系统，C1轴谐波减速器采用的是中空轴、单元型谐波减速器（如Harmonic Drive System SHG-2UH系列等），减速器的谐波发生器输入轴和驱动电机30间通过齿轮25、29传动；减速器的中空内腔上，安装有C2轴的中间传动轴26。谐波减速器采用的是壳体（柔轮）固定、输出轴（刚轮）回转的安装方式，壳体固定在机身21上；当谐波发生器18在驱动电机30、齿轮29、25带动下旋转时，输出轴将带动C1轴后臂15低速回转。

C2轴谐波减速器采用的是刚轮、柔轮和CRB轴承一体化设计的简易单元型谐波减速器（如Harmonic Drive System SHG-2SO系列等），减速器输入与驱动电机23间采用了2级同步带传动。减速器的谐波发生器14通过输入轴上的同步带轮2、同步皮带3，与中间传动轴26输出侧的同步带轮6连接；中间传动轴26的输入侧，通过同步带轮27及同步皮带与C2轴驱动电机23输出轴上的同步带轮24连接。

C2轴谐波减速器同样采用壳体（柔轮）固定、输出轴（刚轮）回转的安装方式，壳体固定在C1轴后臂15上；当谐波发生器14在同步皮带传动系统带动下旋转时，输出轴将带动C2轴前臂9低速回转。

图6.2-4所示的后驱SCARA机器人维修时，可先取下C1轴转臂上方的盖板1、5，松开同步带轮2、6上的轴端螺钉，取下同步带带轮后，便可逐一分离C1轴和C2轴传动部件，进行维护、更换和维修。例如，取下连接螺钉8，转臂15连同前端C2轴传动部件就可整体与升降套21分离；取下连接螺钉11，则可将前臂9连同前端部件，从C2轴减速器的输出轴上取下；将其与后臂15分离。

在升降套21的内侧，取下C1轴驱动电机安装板的固定螺钉31，便可将驱动电机连同安装板28、齿轮29，从内套中取出。松开同步带轮27的轴端固定螺钉后，如取下C2轴驱动电机安装板22的固定螺钉20，便可将驱动电机23连同安装板22、同步带轮24，从内套中取出。如需要，还可按图继续取下谐波减速器、中间传动轴等部件。机器人传动部件的安装，可按上述相反的步骤依次进行。

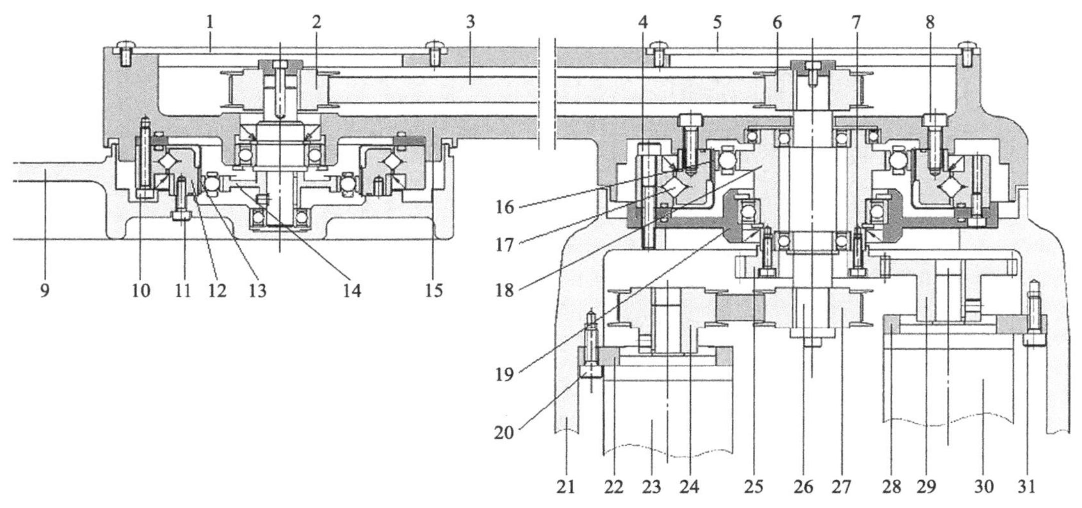

图6.2-4 双转臂后驱SCARA机器人的转臂传动系统结构

1、5—盖板；2、6、24、27—同步带轮；3—同步带；4、7、8、10、11、20、31—螺钉；9—前臂；12、17—CRB轴承；13、16—柔轮；14、18—谐波发生器；15—后臂；19—壳体；21—升降套；22、28—电机安装板；23—C2轴电机；25、29—齿轮；26—中间传动轴；30—C1轴电机

3. 三转臂传动系统

三转臂后驱SCARA机器人的传动系统结构如图6.2-5所示。3个转臂均采用了刚轮、柔轮和CRB轴承一体化设计的简易单元型谐波减速器（如Harmonic Drive System SHG-2SO系列等）。为了减小升降套1的外径，便于驱动电机安装维修，C1、C2、C3轴均采用了同步皮带输入连接方式，3轴驱动电机安装在升降套1的外侧；升降套5可通过基座1内的滚珠丝杠（或气动、液压）升降机构升降。

机器人的转臂传动系统结构简述如下。

1）C1轴

C1轴为1级同步皮带传动，其全部传动件均安装在升降套1的内腔，驱动电机的动力通过同步皮带轮输入。C1轴谐波减速器2的谐波发生器通过轴套6和输入同步皮带轮连接；减速器柔轮固定在升降套1上；刚轮与C1轴转臂3连为一体；当谐波发生器在输入同步带轮带动下旋转时，刚轮将带动C1轴转臂3低速回转。轴套6通过1对固定在升降套1上的DB组合角接触球轴承进行固定支承，以承受轴向和径向载荷；轴套6内侧安装有C3驱动轴5的辅助支承轴承。

2）C2轴

C2轴采用2级同步皮带传动，第1级同步皮带传动部件安装在升降套1的内腔；第2级同步皮带传动部件安装在C1轴转臂3的内腔。

在升降套侧，C2轴的驱动力由连接输入同步带轮的C2驱动轴4输入，驱动轴安装在C3驱动轴5的内腔，其输入侧通过1对可承受轴向和径向载荷的DB组合角接触球轴承进行固定支承、输出侧通过1只深沟球轴承作为辅助支承，轴承外圈均固定在C3驱动轴5上。

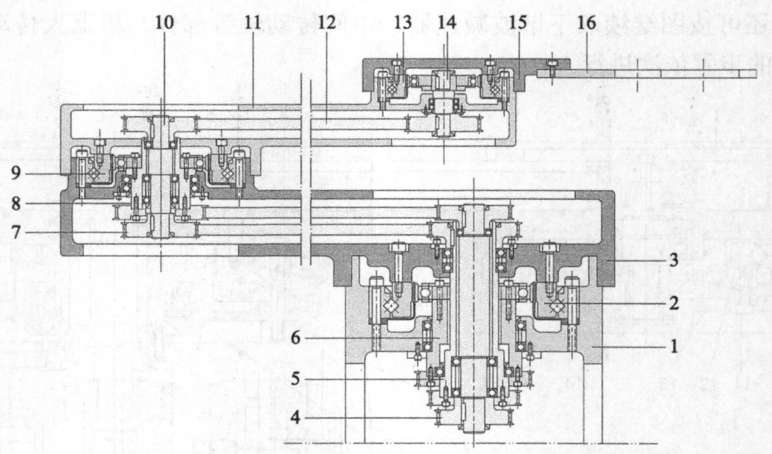

图6.2-5　三转臂后驱SCARA机器人传动系统结构

1—升降套；2、9、13—谐波减速器；3—C1轴转臂；4—C2驱动轴；
5—C3驱动轴；6、8—轴套；7、12—同步皮带传动；10—C3中间传动轴；
11—C2轴转臂；14—C3减速器输入轴；15—C3轴转臂；16—工具安装臂

在C1轴转臂3的内腔，C2驱动轴4和谐波减速器9的谐波发生器之间，通过第2级同步皮带及轴套8连接；减速器柔轮固定在C1轴回转臂3上；刚轮与C2轴回转臂11连为一体；当谐波发生器在输入同步带轮带动下旋转时，刚轮将带动C2轴转臂11低速回转。轴套8通过1对安装在C1轴回转臂3上的DB组合角接触球轴承进行固定支承，轴套内侧安装有C3中间传动轴10，中间传动轴输入侧以1对DB组合角接触球轴承作为固定支承、输出侧以1只深沟球轴承作为辅助支承。

3）C3轴

C3轴采用3级同步皮带传动，第1级输入同步皮带传动部件安装在升降套1内腔；第2级中间同步皮带传动部件安装在C1轴转臂3内腔；第3级中间同步皮带传动部件安装在C2轴转臂11内腔。

在升降套侧，C3轴的驱动力由连接输入同步带轮的C3驱动轴5输入，驱动轴为中空内外套结构，内腔安装前述的C2驱动轴4；外侧通过C1轴谐波减速器输入轴套6上的轴承进行辅助支承。C3驱动轴5的固定支承轴承安装在C1轴转臂3上，它同样采用了1对可承受轴向和径向载荷的DB组合角接触球轴承。

在C1轴转臂3内腔，C3驱动轴5和C3中间传动轴10之间，通过第2级同步皮带连接；中间传动轴安装在C2轴谐波减速器输入轴套8的内腔，输入侧用1对DB组合角接触球轴承作为固定支承、输出侧用1只深沟球轴承作为辅助支承。

在C2轴转臂11内腔，C3中间传动轴10和C3减速器输入轴14之间，通过第3级同步皮带连接；输入轴14安装在C2轴轴转臂11上，以1对DB组合角接触球轴承作为固定支承。C3轴减速器13的谐波发生器与输入轴14直接连接；减速器柔轮固定在C2轴回转臂11上；刚轮与C3轴回转臂15连为一体；当谐波发生器在输入轴带动下旋转时，刚轮将带动C3轴转臂15及工具安装臂16减速回转。

以上传动系统最大限度地缩小了回转臂的厚度，其层次清晰、运动平稳、回转灵活、结构轻巧。

SCARA机器人的垂直升降运动通常都采用传统的滚珠丝杠驱动，其传动系统结构与数控机床进给轴等完全相同，在此不再进行说明。

6.2.3　Delta结构简述

并联机器人是机器人研究的热点之一，它有多种不同的结构形式；但是，由于并联机器人大都属于多参数耦合的非线性系统，其控制十分困难，正向求解等理论问题尚未完全解决，加上机器人通常只能倒置式安装，其作业空间较小，因此绝大多数并联机构都还处于理论或实验研究阶段，尚不能在实际工业生产中应用和推广。

目前，实际产品中所使用的并联机器人结构以Clavel发明的Delta机器人为主。Delta结构克服了其他并联机构的诸多缺点，具有承载能力强、运动耦合弱、力控制容易、驱动简单等优点，因而在电子电工、食品药品等行业的装配、包装、搬运等场合得到了较广泛的应用。

从机械结构上说，当前实用型的Delta 机器人总体可分为图6.2-6所示的回转驱动型（rotary actuated Delta）和直线驱动型（linear actuated Delta）2类。

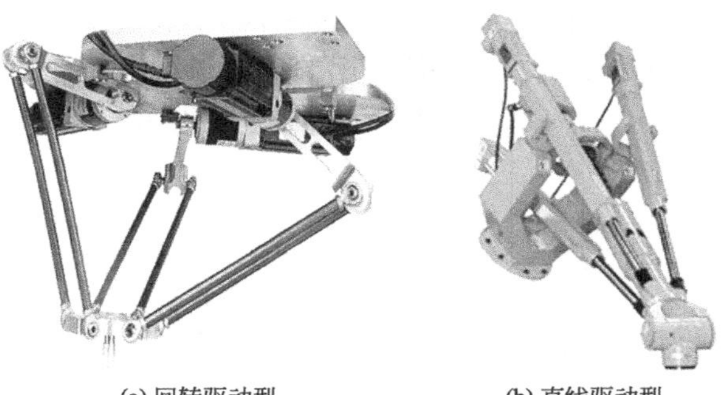

(a) 回转驱动型　　(b) 直线驱动型

图6.2-6　Delta机器人的分类

图6.2-6（a）所示的回转驱动型Delta机器人，其手腕安装平台的运动通过主动臂的摆动驱动，控制3个主动臂的摆动角度，就能使手腕安装平台在一定范围内运动与定位。旋转型Delta机器人的控制容易、动态特性好，但其作业空间较小、承载能力较低，故多用于高速、轻载的场合。

图6.2-6（b）所示的直线驱动型Delta机器人，其手腕安装平台的运动通过主动臂的伸缩或悬挂点的水平、倾斜、垂直移动等直线运动驱动，控制3（或4）个主动臂的伸缩距离，同样可使手腕安装平台在一定范围内定位。与旋转型Delta机器人比较，直线驱动型Delta机器人具有作业空间大、承载能力强等特点，但其操作和控制性能、运动速度等不及旋转型Delta机器人，故多用于并联数控机床等场合。

Delta 机器人的机械传动系统结构非常简单。例如，回转驱动型机器人的传动系统是3组完全相同的摆动臂，摆动臂可由驱动电机经减速器减速后驱动，无需其他中间传动部件，故只需要采用类似前述垂直串联机器人机身、前驱SCARA机器人转臂等减速摆动机构便可实现；如果选配齿轮箱型谐波减速器（如Harmonic Drive System CSF/CSG-GH系列等），则只需进行谐波减速箱的安装和输出连接，无需其他任何传动部件。对于直线驱动型机器人，则只需要3组结构完全相同的直线运动伸缩臂，伸缩臂可直接采用传统的滚珠丝杠驱动，其传动系统结构与数控机床进给轴类似。因此，本书不再对其进行介绍。

6.3 工业机器人结构实例

6.3.1 MH6机器人及安装维护

1. 产品说明

虽然，工业机器人有不同的结构形式，但是，相近规格的同类机器人的机械结构大多相似，部分产品甚至只是结构件外形的区别，其机械传动系统几乎完全一致。因此，全面了解一种典型产品的结构，就可为此类机器人的机械结构设计、维护维修奠定基础。

6轴垂直串联是工业机器人使用最广、最典型的结构形式。日本安川公司是全球著名的工业机器人生产厂家，其产品产量长期位居世界前列（前2位），同时也是目前国内使用最为广泛的机器人品牌之一。本节将以安川垂直串联机器人的典型产品——MOTOMAN-MH6系列通用型机器人（以下简称MH6）为例，来完整介绍工业机器人的机械结构。

MOTOMAN-MH6系列通用机器人本体采用的是中小规格6轴垂直串联前驱机器人的典型结构，其电气控制可采用安川DX100或DX200成套机器人控制系统；机器人和电气控制系统外观如图6.3-1所示。

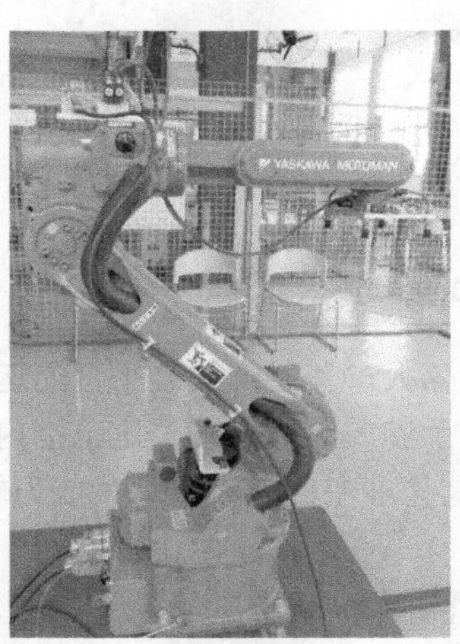

(a) 机器人本体

(b) 控制系统

图6.3–1 安川MH6机器人

MOTOMAN-MH6机器人的承载能力为6kg，水平作业半径为381mm ～ 1422mm、垂直作业半径为381mm ～ 1272mm。

2. 机身

广义上的机器人机身应包括基座、定位机构和行走机构3部分。在工业机器人上，由于其作业环境通常固定不变，机器人通常不需要行走，因此，标准机身通常只有机器人基座和定位机构。

MH6机器人的机身由图6.3-2所示的基座和腰、下臂、上臂3个关节所构成。基座是整个机器人的支持部分，用于机器人的安装和固定；腰、下臂、上臂用来控制机器人手腕参考点的移动和定位。

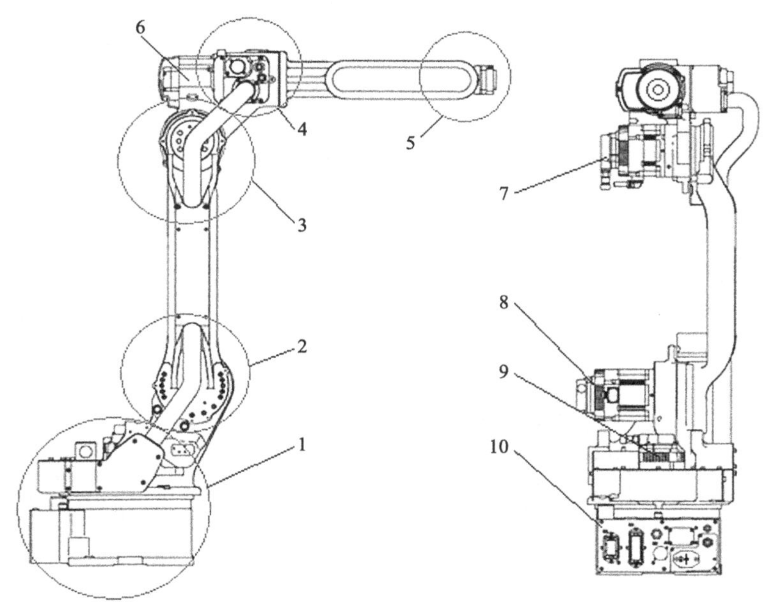

图6.3-2 MH6的本体结构示意图

1—基座及腰回转；2—下臂摆动；3—上臂摆动；4—手腕回转；
5—腕弯曲与手回转；6—R轴电机；7—U轴电机；8—L轴电机；9—S轴电机；10—电气连接板

MH6机器人的腰回转（S轴）、下臂摆动（L轴）、上臂摆动（U轴），分别由伺服电机9、8、7通过RV减速器减速驱动，各运动轴的工作范围、伺服电机及RV减速器的型号分别如表6.3-1所示。

表6.3-1 各驱动轴工作范围及伺服电机、减速器型号

轴名称	作用	工作范围	伺服电机型号（转矩/功率）	减速器型号
S轴	腰回转	-170° ～170°	SGMRV-05ANA（2.86N·m/450W）	HW0386621-B
L轴	下臂回转	-90° ～155°	SGMRV-09ANA（5.39N·m/850W）	HW0387809-A
U轴	上臂回转	-175° ～250°	SGMRV-05ANA（2.86N·m/450W）	HW9280738-B

3. 手腕

MH6机器人手腕采用了典型的前驱结构。连接手部和上臂的腕部和上臂同轴安装，它可视为上臂的延长部分；手部可通过标准工具安装法兰安装作业工具。

为了实现末端执行器（作业工具）的6自由度完全控制，MH6机器人的手腕有手腕回转（R轴）、腕弯曲摆动（B轴）和手回转（T轴）共3个关节。手腕回转轴R由安装在上臂后端的伺服电机6，通过谐波减速器减速驱动；腕弯曲摆动轴B、手回转轴T的驱动电机均安装在上臂前端内腔，电机通过同步带、伞齿轮等传动部件，与B、T轴的谐波减速器连接，驱动B、T轴低速摆动及回转。

MH6机器人的手腕各运动轴的工作范围及伺服电机、减速器型号如表6.3-2所示。

表6.3-2 手腕工作范围及伺服电机、减速器型号

轴名称	作用	工作范围	伺服电机型号（转矩/功率）	减速器型号
R轴	手腕回转	-180°～180°	SGMPH-01ANA（0.32N · m/100W）	HW0382277-A
B轴	腕弯曲	-45°～225°	SGMPH-01ANA（0.32N · m/100W）	HW0381646-A
T轴	手回转	-360°～360°	SGMPH-01ANA（0.32N · m/100W）	HW0382917-A

4. 机器人安装

MH6机器人可通过基座底部的安装孔固定。由于机器人的工作范围较大，但基座的安装面较小，当机器人直接安装于地面时，为了保证安装稳固，减小地面压强，一般需要在地基和底座间安装图6.3-3所示的过渡板。

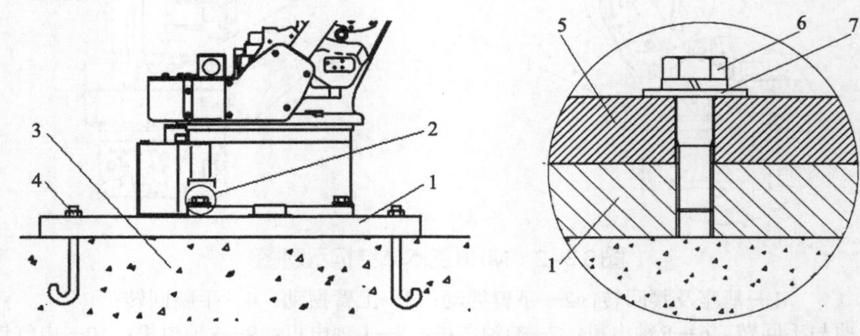

图6.3-3 过渡板安装

1—过渡板；2—过渡板连接；3—地基；4—地脚螺钉；5—基座；6—螺钉；7—垫圈

基座安装过渡板后，过渡板相当于成为了基座的一部分，因此，过渡板需要有一定的刚性和面积，以保证结构刚性、减小地面压强。MH6机器人要求使用厚度40mm以上的钢板过渡，过渡板的长宽原则上应在底座长宽的1.5倍以上。

为了保证安装稳固，基座过渡板一般需要通过图6.3-4所示的地脚螺钉和混凝土地基连接，安装机器人的地基需要有足够的深度和面积。

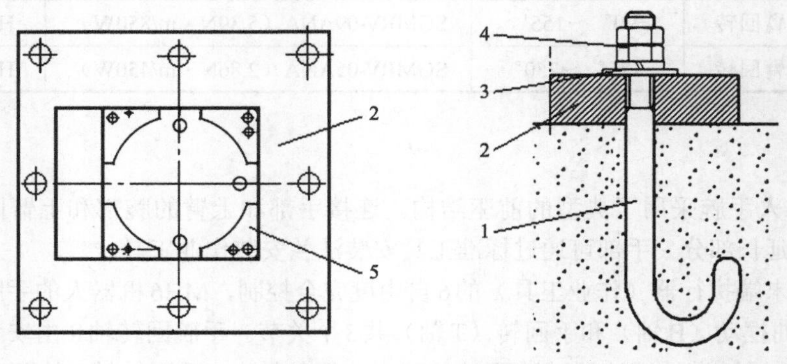

图6.3-4 地脚安装

1—地脚螺钉；2—过渡板；3—垫圈；4—螺钉；5—基座

MH6机器人也可采用倒置式安装。倒置式安装不仅要求机器人和安装顶面之间的固定连接有足够强度，而且，出于安全上的考虑，还必须在基座上安装图6.3-5所示的用来预防机器人安装脱落的防坠落保护架。机器人倒置安装将对运动轴的负载及机器人其他性能产生直接影响，使用前必须与机器人生产厂家提前联系。

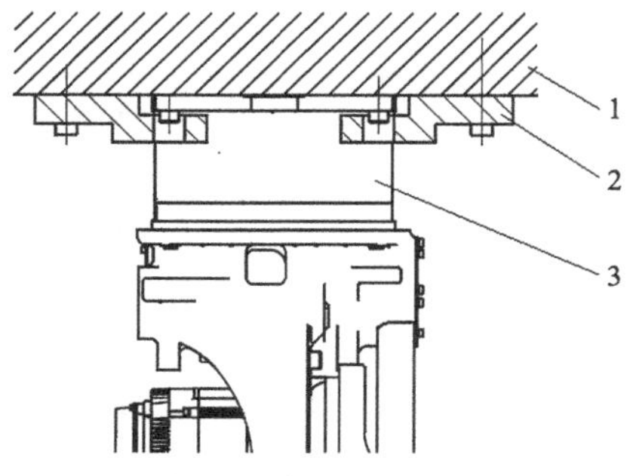

图6.3-5 倒置安装

1—安装顶面；2—保护架；3—基座

5. 机器人维护

MH6机器人的维护要求如表6.3-3所示。机器人使用时应根据表中的项目，定期进行机器人的维护和保养。

表6.3-3 MH6机器人的维护要求

检修项目	检修时间（1000h）						检修方法	检修内容	检修人员		
	日常	1	6	12	24	36			操作	维修	制造商
整机外观	●						目测	整洁、完好，无损伤、污染	●	●	●
原点标记	●						目测	与机器人原点的姿态一致	●	●	●
连接电缆、管线	●						目测	无破损和污染	●	●	●
伺服电机	●						目测	无污染、润滑脂渗漏	●	●	●
运行状态	●						目测	运动平稳正常	●	●	●
运行噪音	●						听	噪音正常	●	●	●
运行异味	●						闻	无异味	●	●	●
地脚螺钉		●					扭力扳手	无松动和锈蚀	●	●	●
其他连接螺钉		●					扭力扳手	无松动和锈蚀	●	●	●
电缆插头		●					目测、手触	无脱落和污染，连接可靠、无松动	●	●	●
同步皮带				●			目测、手触	无破损和污染，连接可靠、无松动		●	●
内部管线				●			目测、仪表	无破损和污染，连接可靠、无松动		●	●
管线更换					●		更换	更换			●
编码器电池盒						●	更换	更换		●	●
减速器润滑			●				润滑脂、气泵、充填枪	补充润滑脂		●	●
减速器润滑				●			润滑脂、气泵、充填枪	更换润滑脂		●	●

续表

检修项目	检修时间（1000h）						检修方法	检修内容	检修人员		
	日常	1	6	12	24	36			操作	维修	制造商
大修						●	大修	机器人大修			●
故障处理	●						操作、仪表	检查故障原因，处理故障	●	●	●

6.3.2 基座和腰结构剖析

1. 基座结构

基座是整个机器人的支持部分，它既是机器人的安装和固定部位，也是机器人的电线电缆、气管油管输入连接部位。MH6机器人基座结构如图6.3-6所示。

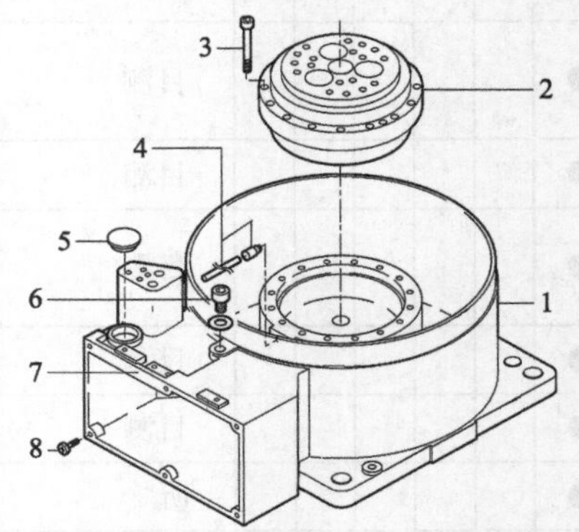

图6.3-6 MH6机器人基座

1—基座体；2—RV减速器；3、6、8—螺钉；4—润滑管；5—盖；7—管线盒

基座的底部为机器人固定板；基座内侧中央的凸台用来固定腰部回转轴S的RV减速器针轮（壳体）；基座后侧面安装有机器人电线电缆、气管油管连接用的管线连接盒7，连接盒正面布置有电线电缆插座、气管油管接头连接板。

腰回转轴S的RV减速器2采用的是输出法兰固定、针轮（壳体）回转的安装方式，但由于针轮（壳体）被固定安装在基座1上，因此，实际进行回转运动的是RV减速器的输出法兰，即腰体以及安装在腰体上的驱动电机等部件。

2. 腰结构

腰部是连接基座和下臂的中间体，腰部可以连同下臂及后端部件在基座上回转，以改变整个机器人的作业面方向。腰部是机器人的关键部件，其结构刚性、回转范围、定位精度等都直接决定了机器人的技术性能。

MH6机器人腰部的组成如图6.3-7所示。

腰体2内侧安装有腰回转的S轴伺服驱动电机1；右侧安装线缆管3；上部突耳左右两侧分别用来安装下臂及驱动电机。机器人的腰以上部分均可随腰部回转。

MH6机器人腰部结构如图6.3-8所示。

腰回转驱动的S轴伺服电机1安装在电机座4上，电机轴直接与RV减速器的输入轴连接。RV减速器的针轮（壳体）固定在基座上，电机座4和腰体6安装在RV减速器的输出法兰上，因此，当电机旋转时，减速器的输出轴将带动腰体、驱动电机在基座上回转。

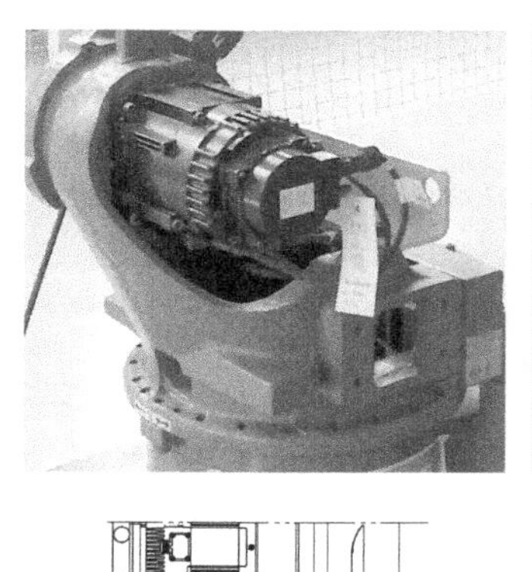
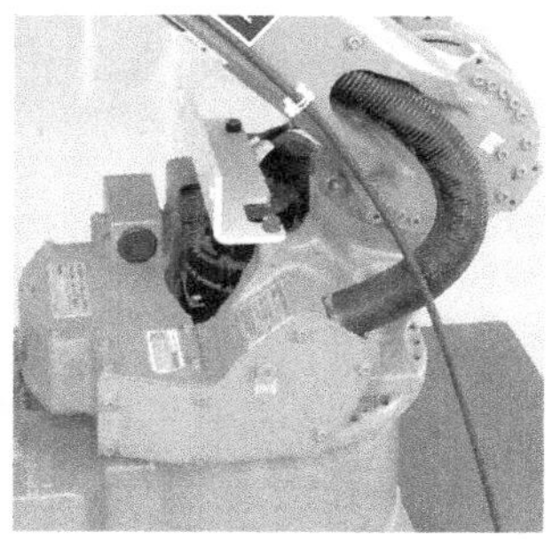
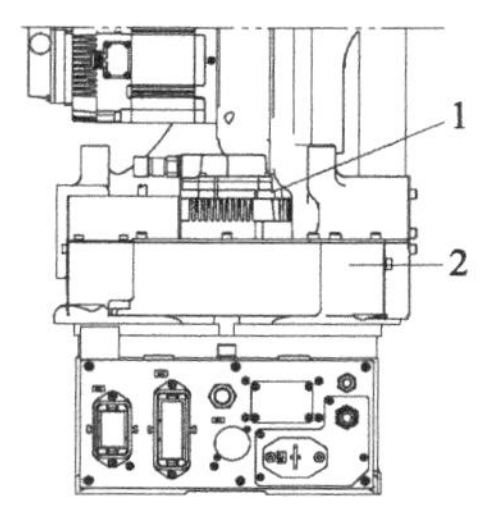

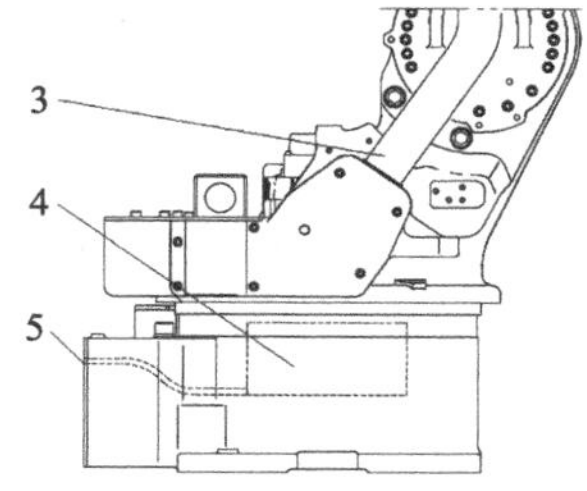

图6.3-7　腰部组成

1—驱动电机；2—腰体；3—线缆管；4—减速器；5—润滑油管

6.3.3　上/下臂结构剖析

1. 下臂结构

下臂是连接腰部和上臂的中间体，下臂可以连同上臂及后端部件在腰上摆动，以改变参考点的前后及上下位置。MH6机器人下臂如图6.3-9所示。

下臂体3及驱动下臂摆动的L轴伺服驱动电机2，分别安装在腰体上部突耳的左右两侧；RV减速器安装在腰体1上，伺服电机2通过减速器驱动下臂摆动。

MH6机器人下臂的机械传动系统结构如图6.3-10所示。下臂体5的下端形状类似端盖，它用来连接RV减速器7的针轮（壳体）；臂的上端类似法兰盖，它用来连接上臂回转驱动的RV减速器输出轴；臂中间部分的截面为U型，内腔用来安装线缆管。

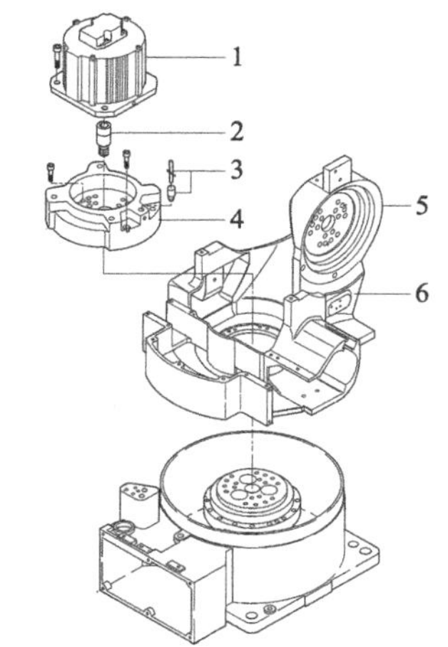

图6.3-8　腰部结构

1—驱动电机；2—减速器输入轴；3—润滑管；4—电机座；5—下臂安装端面；6—腰体

下臂摆动的RV减速器同样采用输出法兰固定、针轮回转的安装方式。L轴伺服驱动电机1安装在腰体突耳左侧，电机轴直接与RV减速器7的输入轴2连接；RV减速器的输出法兰通过螺钉4固定在腰体上，针轮（壳体）通过螺钉8连接下臂；当电机旋转时，减速器针轮（壳体）将带动下臂在腰体上摆动。

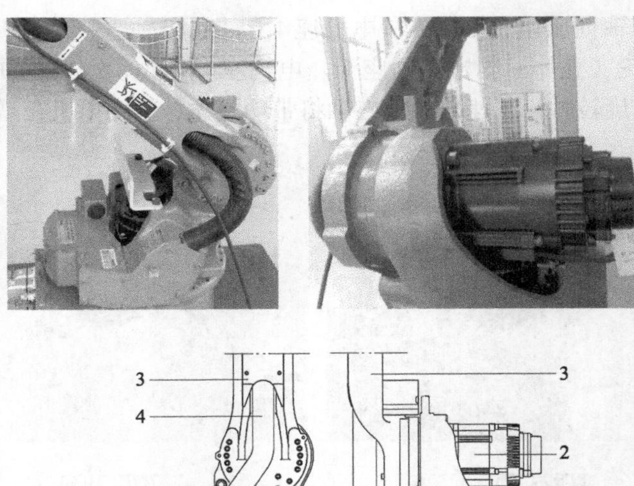

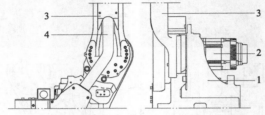

图6.3-9　MH6机器人下臂

1—腰体；2—驱动电机；3—下臂体；4—线缆管

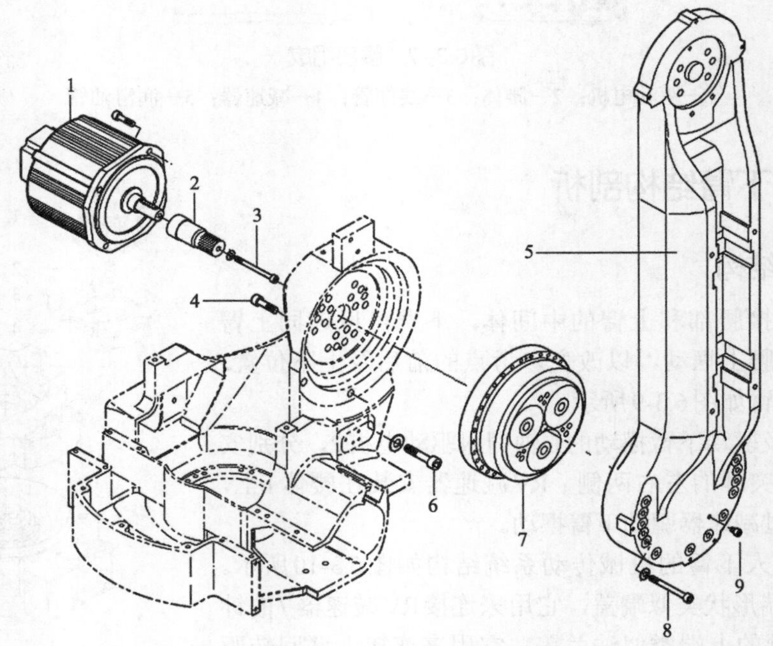

图6.3-10　下臂机械传动系统

1—驱动电机；2—减速器输入轴；3、4、6、8、9—螺钉；5—下臂体；7—RV减速器

2. 上臂结构

上臂是连接下臂和手腕的中间体，上臂可以连同手腕及后端部件在上臂上摆动，以改变参考点的上下及前后位置。MH6机器人上臂的组成如图6.3-11所示。

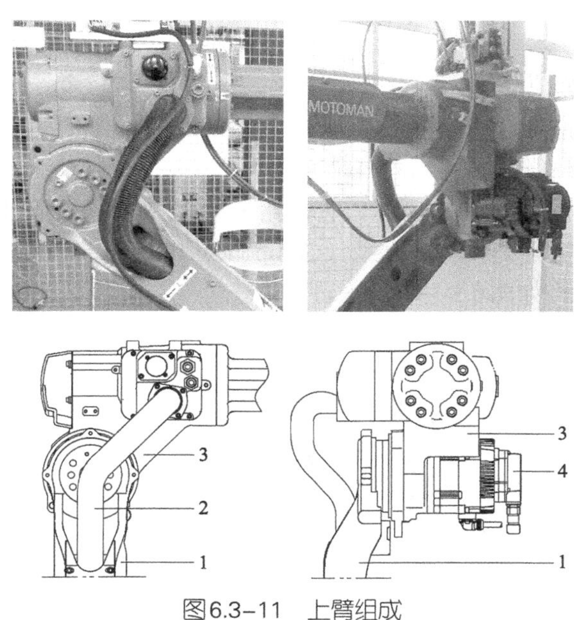

图6.3-11　上臂组成

1—下臂；2—线缆管；3—上臂；4—驱动电机

上臂3安装在下臂的左上侧，上臂回转摆动的U轴伺服驱动电机4、RV减速器安装在上臂关节左侧；电机、减速器的轴线和上臂回转轴线同轴；伺服驱动电机4的连接线从右侧线缆管2引入。电机旋转时，电机、减速器将随同上臂在下臂上摆动。

MH6机器人上臂的传动系统结构如图6.3-12所示。

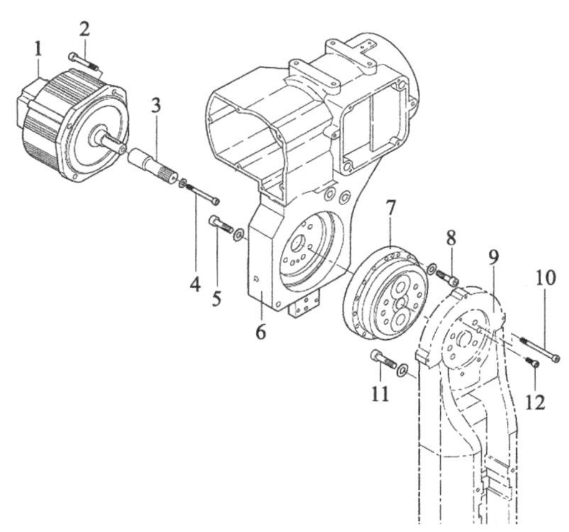

图6.3-12　上臂传动系统结构

1—驱动电机；3—RV减速器输入轴；2、4、5、8、10、11、12—螺钉；6—上臂；7—减速器；9—下臂

上臂6的上方为箱体结构，内腔用来安装手腕回转的R轴伺服驱动电机及减速器。上臂回转的U轴伺服驱动电机1安装在臂的左下方，电机利用螺钉2安装于上臂，电机轴直接与与RV减速器7的输入轴3连接。RV减速器7安装在上臂右下方的内侧，减速器的针轮（壳体）利用连接螺钉5或8与上臂连接；输出轴通过螺钉10连接下臂9；电机旋转时，上臂及电机可绕下臂摆动。

6.3.4 手腕结构剖析

1. 总体结构

MH6机器人的手腕如图6.3-13所示，它采用前驱RBR结构，所使用的谐波减速器均为刚轮、柔轮、谐波发生器可分离的部件型（Component type）谐波减速器。手腕单元的B、T轴机械传动系统总体结构如图6.3-14所示。

图6.3-13　手腕外观

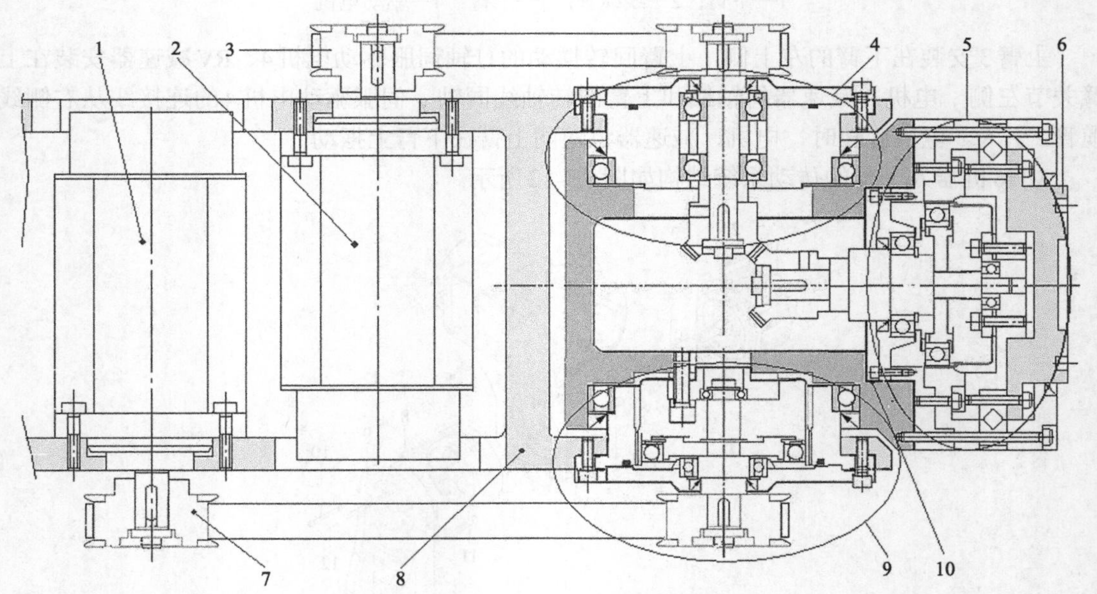

图6.3-14　B、T轴机械传统系统结构图

1—B轴电机；2—T轴电机；3—T轴传动；4—T中间轴；
5—T减速器；6—法兰；7—B轴传动；8—手腕体；9—B减速器；10—B摆动体

摆动轴B的传动部件布置于手腕右侧。B轴驱动电机1安装在手腕体8的后部，B轴谐波减速器9安装在手腕体8的右前侧，两者通过同步带传动部件7连接后，将动力传递到减速器的输入轴（谐波发生器）上。B轴减速器的输出（柔轮）连接摆动体10，驱动电机1旋转时，摆动体便可低速摆动。

手回转轴T的传动部件主要布置于摆动体上。T轴驱动电机2安装在手腕体8的中部，T轴减速器5安装在摆动体10上。为了将驱动电机2的动力传递到摆动体10上，首先，通过位于手腕体8左侧的同步带传动部件3，将动力传递至手腕体8左前侧的T中间轴4上，通过伞齿轮变换方向后，将动力传递至T轴谐波减速器输入轴（谐波发生器）上。T轴减速器输出（谐波减速器的柔轮）连接末端执行器安装法兰6，驱动电机2回转时，末端执行器安装法兰便可进行手回转运动。

MH6机器人的末端执行器安装法兰如图6.3-15所示。法兰的凸缘为ϕ50×6，中间有ϕ25×6的内孔；法兰端面布置与6个ϕ6深6mm定位孔和4个M6深9mm的安装螺孔。

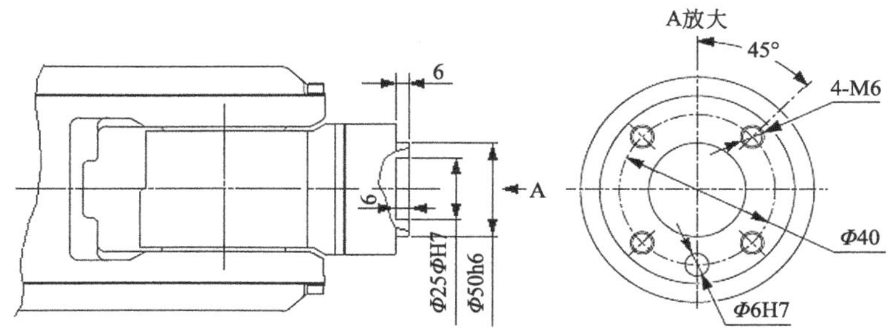

图6.3-15　MH6末端执行器安装法兰

MH6机器人手腕单元各轴的传统系统结构如下。

2. R轴结构

MH6机器人的手腕回转轴R的组成及安装如图6.3-16所示。

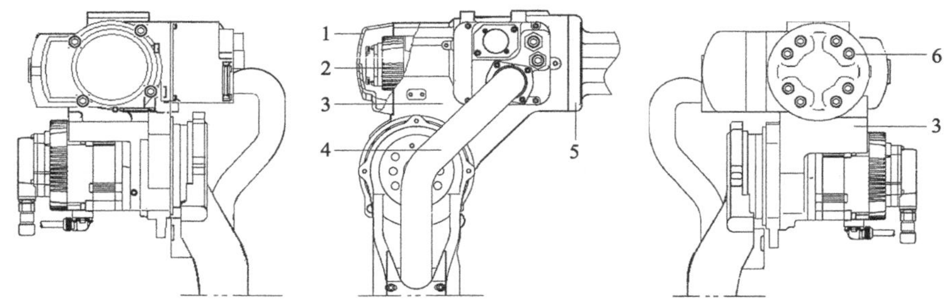

图6.3-16　回转轴R组成及安装

1—保护罩；2—驱动电机；3—上臂；4—线缆管；5—手腕回转体；6—安装螺钉

手腕回转轴R采用的是刚轮、柔轮、谐波发生器可分离的部件型谐波减速器。R轴驱动电机、减速器、过渡轴等传动部件均安装在上臂的内腔中；手腕回转体安装在上臂的前端；减速器输出和手腕回转体之间，通过过渡轴进行连接；因此，手腕回转体可起到延长上臂的作用，故R轴又称上臂回转。R轴驱动电机的电缆从右侧线缆管进入内腔；电机后侧安装有保护罩1。

R轴传动系统主要由驱动电机、谐波减速器、过渡轴等主要部件组成，其机械传动系统结构如图6.3-17所示。

谐波减速器3的刚轮和电机座2固定在上臂的内壁上；R轴驱动电机1的输出轴和减速器的谐波发生器直接连接；谐波减速器的柔轮输出和过渡轴5连接。

过渡轴5是连接谐波减速器和手腕回转体8的中间轴，它安装在上臂内部，可在上臂内回转。过渡轴的前端面安装有交叉滚子轴承7（CRB）；后端面与谐波减速器的柔轮连接。过渡轴的后支承为径向轴承4，轴承的外圈安装于上臂的内侧；内圈与过渡轴5的后端配合。过渡轴的前支承采用了可同时承受径向和轴向载荷的CRB轴承7，轴承的外圈固定在上臂前端面上，作为回转支承；内圈与过渡轴5、手腕回转体8连接，它们可在减速器输出的驱动下回转。

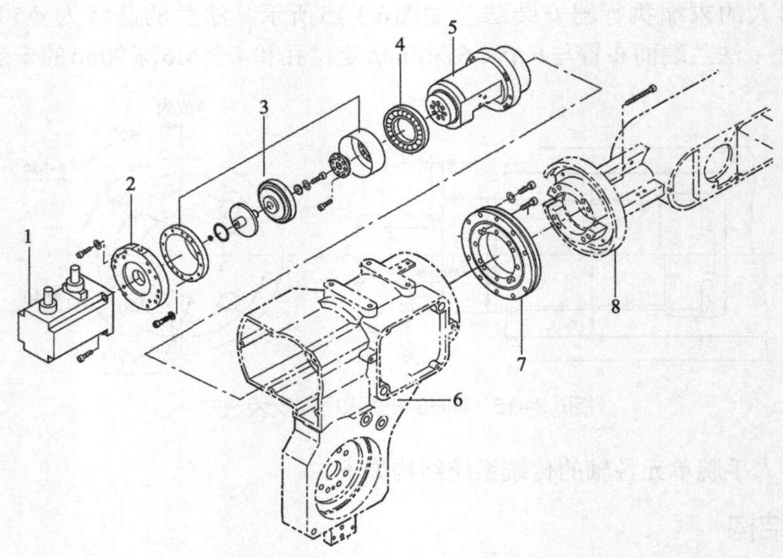

图6.3-17　R轴传动系统结构

1—驱动电机；2—电机座；3—谐波减速器；
4—轴承；5—过渡轴；6—上臂；7—CRB轴承；8—手腕回转体

3. B轴结构

MH6机器人的手腕采用的前驱结构，其摆动轴B和手回转轴T的伺服驱动电机，均安装在手腕体上。

MH6机器人的B轴传动系统结构如图6.3-18所示，它同样采用刚轮、柔轮、谐波发生器可分离的部件型谐波减速器。B轴伺服驱动电机2安装在手腕体17的后部，电机通过同步带5与安装在手腕前端的谐波减速器8输入轴连接，减速器柔轮连接摆动体12。

安装在手腕体17右前侧的谐波减速器刚轮和安装在左前侧的支承座14，是摆动体12摆动回转的支承，它们分别用来安装轴承11、13的内圈；轴承11、13的外圈和摆动体12连接、可随摆动体12回转。

摆动体12的回转驱动力来自右前侧谐波减速器8的柔轮输出，减速器的柔轮与摆动体12间利用连接螺钉10固定。因此，当驱动电机2旋转时，将通过同步带5带动减速器的谐波发生器旋转，减速器的柔轮输出将带动摆动体12摆动。

4. T轴结构

T轴机械传动系统由安装在手腕体上的中间轴和安装在摆动体上的回转减速部件组成，其传统系统分别如下。

（1）T中间轴部件

MH6机器人手回转轴T的中间轴传动部件的结构如图6.3-19所示。手回转轴T的驱动电机1安装在手腕体2的中部，电机通过同步带，将动力传递至手腕回转体的左前侧。安装在手腕回转体左前侧的支承座13为中空结构，其外圈作为腕摆动轴B的辅助支承；其内部安装有手回转轴T的中间传动轴。

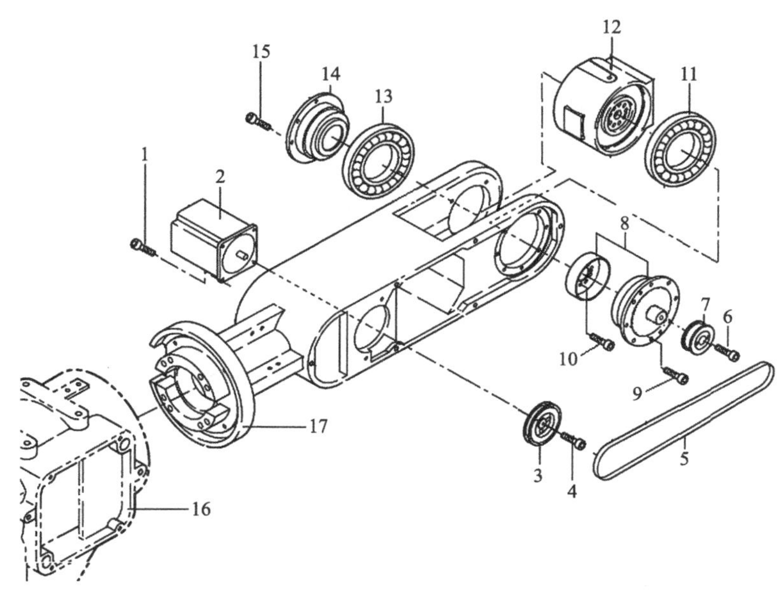

图6.3-18　B轴传动系统结构

1、4、6、9、10、15—螺钉；2—驱动电机；3、7—同步带轮；5—同步带；
8—谐波减速器；11、13—轴承；12—摆动体；14—支承座；16—上臂；17—手腕体

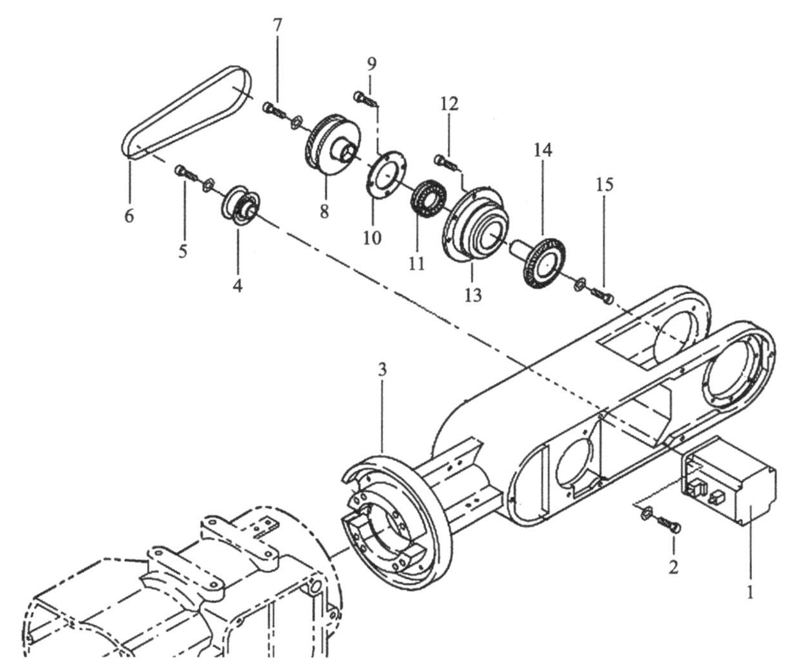

图6.3-19　T轴中间传动系统结构

1—驱动电机；2、5、7、9、12、15—螺钉；3—手腕回转体；
4、8—同步带轮；6—同步带；10—端盖；11—轴承；13—支承座；14—伞齿轮

中间传动轴的外侧安装有与电机连接的同步带轮8，内侧安装有伞齿轮14。伞齿轮14的倾斜角为45°，它和安装在摆动体上的另一倾斜角为45°的伞齿轮配合后，不仅可实现将传动方向的90°变换，将动力传递到手腕摆动体上；而且也能保证摆动体成不同角度时的齿轮可靠啮合。

（2）T轴回转减速部件

MH6机器人手回转轴T的回转减速部件的机械传动系统结构如图6.3-20所示，T轴同样采用刚轮、柔轮、谐波发生器可分离的部件型谐波减速器。谐波减速器等主要传动部件安装在由壳体7、密封端盖15所组成的封闭空间内；壳体7直接安装在摆动体1上。

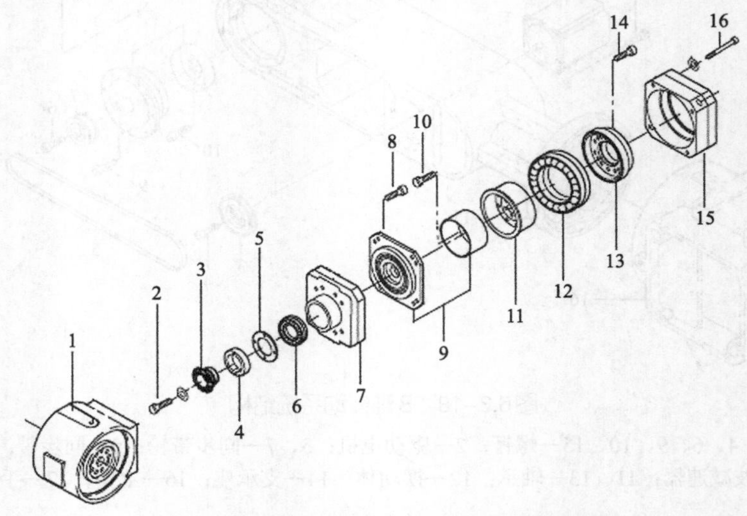

图6.3-20　T轴回转减速传动系统结构

1—摆动体；2、8、10、14、16—螺钉；3—伞齿轮；4—锁紧螺母；5—垫；6、12—轴承；7—壳体；9—谐波减速器；11—轴套；13—安装法兰；15—密封端盖

T轴回转减速传动轴通过伞齿轮3与中间传动轴的输出伞齿轮啮合。伞齿轮3与谐波减速器9的谐波发生器连接，减速器的柔轮通过轴套11，连接CRB轴承12的内圈及末端执行器安装法兰13；谐波减速器的刚轮、CRB轴承12的外圈固定在壳体7上。

谐波减速器、轴套、CRB轴承、末端执行器安装法兰的外部用密封端盖15封闭，并和摆动体1连为一体。由于末端执行器安装法兰采用CRB轴承支承，因此，它可同时承受径向和轴向载荷。

以上为安川MH6工业机器人本体的全部结构，其他同类工业机器人的结构类似，有关内容可参见机器人生产厂家提供的技术资料。

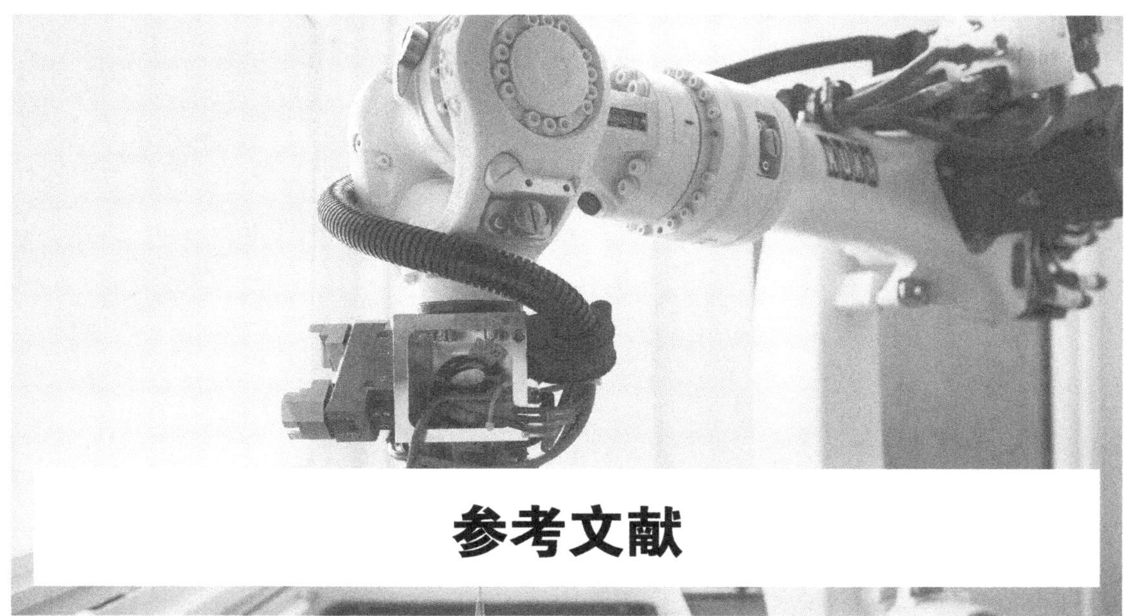

参考文献

[1] 龚仲华. 工业机器人从入门到应用[M]. 北京：机械工业出版社，2016.

[2] 安川MOTOMAN-MH6机器人使用说明书[M]. 安川电机（中国）有限公司，2009.

[3] 安川MOTOMAN-MA1400机器人使用说明书[M].安川电机（中国）有限公司，2009.

[4] Harmonic Drive精密控制用减速器综合样本[M]. Harmonic Drive System，Ltd . 2015.

[5] Nabtesco RV N系列减速器样本[M] .Nabtesco Corporation，2015.